プログラミング学習シリーズ

Java 実践編 第3版

ジャバ

三谷 純 著

アプリケーション作りの基本

SHOEISHA

本書内容に関するお問い合わせについて

このたびは翔泳社の書籍をお買い上げいただき、誠にありがとうございます。弊社では、読者の皆様からのお問い合わせに適切に対応させていただくため、以下のガイドラインへのご協力をお願い致しております。下記項目をお読みいただき、手順に従ってお問い合わせください。

●ご質問される前に

弊社Webサイトの「正誤表」をご参照ください。これまでに判明した正誤や追加情報を掲載しています。

正誤表　https://www.shoeisha.co.jp/book/errata/

●ご質問方法

弊社Webサイトの「刊行物Q&A」をご利用ください。

刊行物Q&A　https://www.shoeisha.co.jp/book/qa/

インターネットをご利用でない場合は、FAXまたは郵便にて、下記“翔泳社 愛読者サービスセンター”までお問い合わせください。

電話でのご質問は、お受けしておりません。

●回答について

回答は、ご質問いただいた手段によってご返事申し上げます。ご質問の内容によっては、回答に数日ないしはそれ以上の期間を要する場合があります。

●ご質問に際してのご注意

本書の対象を越えるもの、記述個所を特定されないもの、また読者固有の環境に起因するご質問等にはお答えできませんので、あらかじめご了承ください。

●郵便物送付先およびFAX番号

送付先住所　〒160-0006　東京都新宿区舟町5

FAX番号　03-5362-3818

宛先　（株）翔泳社 愛読者サービスセンター

はじめに

Javaは大規模なオンラインシステムの開発に使われる一方で、携帯電話などの小型電子デバイスに組み込まれるソフトウェアの開発にも使われています。Javaプログラムを開発できる人材は、幅広い分野で求められています。Java言語の仕様は1995年に登場して以来バージョンアップを重ね、現在も世の中の多くの要求に応えられるように改良が進められています。Javaを使ったプログラム開発の技術は、今後ますます重要性が高まることでしょう。

本書は、「入門編」をお読みになった方、または入門編で扱ったJava言語の基本とオブジェクト指向の基礎に関する知識をお持ちの方を対象に書かれています。

Javaには、「クラスライブラリ」と呼ばれる便利な機能を備えたクラス群があります。通常のプログラム作成で必要となる機能の多くが、これらのクラスの組み合わせで実現できます。Javaには優れた点がたくさんありますが、この充実したクラスライブラリが大きな魅力の1つであることは間違いありません。

入門編ではJava言語の文法やクラスの宣言を中心に学習しましたが、実践編ではクラスライブラリの使い方を中心に学習します。取り上げるのは、複数のオブジェクトを管理するコレクションフレームワーク、グラフィカルなアプリケーションを開発するためのSwingライブラリ、ファイルの入出力やネットワーク通信を行う際に使用するストリームオブジェクトなど、実際のプログラム開発で必要になるものです。また、スレッド、例外処理、ガーベッジコレクションといったJavaプログラムを作成する上で重要な機能を解説するほか、クラスライブラリの説明書となるAPI仕様書の調べ方についても紙幅を割いています。さらに、ラムダ式やStream APIなど、近年Javaに導入された技術についても解説しています。これらは興味のある章から読み始めていただいて結構です。

本書を通して、Java言語で本格的なプログラム開発を始めるための準備をしましょう。

三谷 純

本書について

本書は、プログラミング学習シリーズのJava言語編です。同シリーズの趣旨として、初心者でも無理なくプログラミングの基礎力を養えるように配慮しています。この「実践編」では、コレクションフレームワークやSwingなどのクラスライブラリの使い方や、スレッド、例外処理、ガーベッジコレクションといったJavaプログラムを作成する上で重要な機能を、具体例とともに、わかりやすい言葉で、なおかつできるだけ正確に説明することを心がけています。本文中で紹介するプログラムコードには、その内容に関する詳細な説明文がつけられているため、プログラムの意図を理解する上で役立つことでしょう。また、各章末には学習した大切なポイントをおさらいする練習問題を用意しています。巻末の付録には問題の解答と解説も収録していますので、学習の到達度の確認に役立ててください。

本書は独習書としてはもちろん、大学、専門学校、企業での新人研修などの場でも利用できるように配慮しています。

本書の対象となる読者

- Java言語によるプログラミングの基礎を学習済みで、実用的な内容を学習したいと考えている人
- 本書の「入門編」をひととおり学習し、さらに進んだ内容を学習したいと考えている人
- ラムダ式やStream APIなど、近年のJavaの技術を体系的にきちんと勉強したいと考えている人
- 大学、専門学校、企業の教育部門などでJava言語によるプログラミングを教える立場の人

本書での学習にあたって

本書では、Java言語によるプログラミングを習得する上で重要な事柄について、具体的なサンプルコードを示しながら説明を進めていきます。Java言語の学習にあたって重要なのは、次の2つです。

- 自分の手でプログラムコードを書くこと
- プログラムを実行して動作を知る・理解すること

学習の効率をアップさせるために、できるだけ本書で示すサンプルコードを実際に入力・実行

して試しながら読み進めてください。サンプルコードに含まれる数値を変更するなど、自分なりに手を加えてみて、その変更が結果にどのような影響を与えるか、いろいろと試してみましょう。

本書では、プログラム作成の学習環境として、初心者から上級者まで幅広く使用されている統合開発環境「Eclipse（エクリプス）」の使用方法を紹介しています。学校や職場には、あらかじめ準備されていることが多いですが、自宅での学習用に、自分のパソコンにインストールし、プログラムを作成するための準備を整えておきましょう。準備の整え方（Eclipseの導入とサンプルプログラムの実行）については、付録Aにまとめています。

「オブジェクト」という言葉について

Javaはオブジェクト指向言語です。「オブジェクト指向」という言葉が示すように、プログラムの構成要素を「オブジェクト」と呼びます。ここではまず、本書で扱う「オブジェクト」という言葉について説明します。

本書では、「○○クラスのインスタンス」のことを「○○オブジェクト」や「○○型のオブジェクト」と呼びます。たとえば、「Pointクラスのインスタンス」であれば、「Pointオブジェクト」または「Point型のオブジェクト」となります。

Java言語で新しいインスタンスを生成するときには、newキーワードを使って次のように記述します。

```
Point p = new Point();
```

このとき、変数pには生成された「Pointクラスのインスタンスの“参照”」が代入されます。しかし、このような記述は長いので、単に「変数pにPointオブジェクトを代入する」と表現する場合があります。本書を読み進めるうちに「オブジェクト」という言葉の持つ意味について疑問に思ったら、この説明を再度読み返しましょう。

オブジェクト指向プログラミングの基本

本書での学習を進めるためには、クラスを構成するフィールドとメソッド、クラス間の継承、そしてインタフェースとポリモーフィズムなど、オブジェクト指向の基本を理解しておく必要があります。いずれも入門編で扱っている内容ですが、正しく理解できているか、ここで復習をしておきましょう。

■クラスの宣言とインスタンスの生成

クラスの宣言とインスタンスの生成、インスタンスメソッドの呼び出しを含む簡単なプログラムコードの例です。プログラムコードに書かれている吹き出しの説明を理解できているか確認しましょう。

```
class A {
  int i;
  int j;      } フィールドの宣言です。iとjはクラスAのインスタンス変数です

  A(int i, int j) {
    this.i = i;
    this.j = j;
  }            } コンストラクタの宣言です。2つの引数を受け取ります

  void printInfo() {
    System.out.println("i=" + this.i);
    System.out.println("j=" + this.j);
  }            } インスタンスメソッドの宣言です。引数も戻り値もありません
}

public class Example1 {
  public static void main(String[] args) {
     A a = new A(5, 8); ←クラスAのインスタンスを生成します
     a.printInfo(); ←生成したインスタンスのprintInfoメソッドを呼び出します
  }
}
```

実行結果

```
i=5
j=8
```

■継承とオーバーライド

extends キーワードを使って、あるクラスが別のクラスを継承できます。継承元のクラス（スーパークラス）に含まれるメソッドと同じ名前のメソッドを宣言することをオーバーライドといいます。**super** という記述で、スーパークラスのコンストラクタやメソッドを呼び出すことができます。

```
class B extends A { ←クラスBはクラスAを継承します
  int k;

  B(int i, int j, int k) { ←クラスBのコンストラクタです
    super(i, j); ←クラスAのコンストラクタを呼び出します
    this.k = k;
```

```
  }

  void printInfo() {  ←クラスAのprintInfoメソッドを「オーバーライド」します
    super.printInfo();  ←クラスAのprintInfoメソッドを呼び出します
    System.out.println("k=" + this.k);
  }
}
```

■インタフェースとポリモーフィズム

インタフェースは、クラスが持つべきメソッドを記したものです。あるインタフェースを実装したクラスは、インタフェース内に宣言されたメソッドの定義を持たなくてはいけません。

インタフェース型の変数には、そのインタフェースを実装したクラスのインスタンスを代入できます。代入されたインスタンスに対してメソッドを呼び出すと、そのインスタンスが持つメソッドが適切に実行されます（インスタンスがどのクラスのインスタンスであるかによって、処理の内容が変化します）。このような仕組みをポリモーフィズムと呼びます。

```
interface I {  ←インタフェースの宣言です
  String methodI();  ←このインタフェースを実装するクラスは、
}                       このメソッドの定義を持つ必要があります

class C implements I {  ←インタフェースIを実装します
  public String methodI() {
    return "class C";        } methodIを含めます
  }
}

class D implements I {  ←インタフェースIを実装します
  public String methodI() {
    return "class D";        } methodIを含めます
  }
}

public class Example2 {
  public static void main(String[] args) {
    I i1 = new C();   } インタフェース型の変数に、クラスC、
    I i2 = new D();   } クラスDのインスタンスを代入できます
    System.out.println(i1.methodI());  } それぞれのインスタンスに対して
    System.out.println(i2.methodI());  } methodIを呼び出します
  }
}
```

実行結果

```
class C  ←クラスCの持つmethodIが実行されています
class D  ←クラスDの持つmethodIが実行されています
```

サンプルのダウンロードについて

本書に掲載しているサンプルコードは、次のWebサイトの「サンプルファイル」からダウンロードできます。

https://www.shoeisha.co.jp/book/download/9784798167077

サンプルコードはZip形式で圧縮されており、解凍すると次のようなフォルダ構成になっています。

readme.txtファイル

サンプルコードの内容、注意点についてまとめています。ご利用になる前に必ずお読みください。

sampleフォルダ

本書に掲載しているサンプルコードをEclipseにそのまま読み込める「プロジェクト」の形で収録しています。これを参照したり実行したりするには、付録Aを参照してください。

ご注意ください

株式会社翔泳社

本書のサンプルコードは、通常の運用においては何ら問題ないことを編集部では確認しておりますが、運用の結果、いかなる損害が発生したとしても著者、ソフトウェア開発者、株式会社翔泳社はいかなる責任も負いません。

sampleフォルダに収録されたファイルの著作権は、著者が所有します。ただし、読者が個人的に利用する場合においては、ソースコードの流用や改変は自由に行うことができます。

なお、個別の環境に依存するお問い合わせや、本書の対応範囲を超える環境で設定された場合の動作や不具合に関するお問い合わせは、受けつけておりません。

目 次

第1章　パッケージとJava API

- パッケージの利用
- API仕様書
- 基本的なクラス
- パッケージの作成
- クラスのアクセス制御

Java

この章のテーマ

Javaには、便利なクラスがたくさん用意されており、必要に応じて自由に使うことができます。それらは「クラスライブラリ」と呼ばれ、その種類や用途に応じて「モジュール」と「パッケージ」という単位で管理されています。この章では、それらの使い方と、各クラスの説明書（API仕様書）の見方を学習します。

また、パッケージを自分で作って、その中にクラスやインタフェースを入れて管理することもできます。ここではその方法も説明します。

なお、プログラムの作成と実行にはJavaの統合開発環境「Eclipse（エクリプス）」を使います。

1-1　パッケージの利用
- モジュールとパッケージ
- モジュールの扱い
- クラスライブラリに含まれるクラスの利用
- 複数のクラスを使用する場合
- java.langパッケージ

1-2　API仕様書
- 豊富なライブラリ
- API仕様書の見方

1-3　基本的なクラス
- java.lang.Stringクラス
- Stringオブジェクトの生成方法による違い
- Stringクラスのメソッド
- Mathクラス

1-4　パッケージの作成
- パッケージの作成方法
- パッケージ名とフォルダの階層構造
- パッケージ名の設定
- クラスの継承とパッケージ

1-5　クラスのアクセス制御
- クラスにつけるアクセス修飾子
- メソッドとフィールドのアクセス修飾子
- 複数のクラス宣言を持つプログラムコード

1-1 パッケージの利用

学習のポイント

- Javaには「クラスライブラリ」と呼ばれる、便利なクラスやインタフェースの集まりがあらかじめ準備されています。
- クラスライブラリは必要に応じて自由に使うことができます。
- クラスやインタフェースはその種類や用途に応じて複数の「モジュール」と「パッケージ」に分けて管理されています。

モジュールとパッケージ

入門編では、簡単なクラスとインタフェースを自分で作る方法を学びました。しかし、「ファイルにデータを保存する」「ネットワーク通信を行う」などの機能を持ったプログラムを作成する場合、それらを実現するためのクラスを何でもゼロから自分で作るのは現実的ではありません。

Javaには、多くのプログラムで共通に必要とされる機能を持ったクラスがあらかじめ用意されています。これらを総称して**クラスライブラリ**または単に**ライブラリ**と呼び、誰でも自由に使うことができます。クラスライブラリを上手に活用することで、Java言語で作成するプログラム（以下、Javaプログラムといいます）に高度な機能を簡単に組み込むことができます。

KEYWORD
●クラスライブラリ

たとえば入門編で、コンソール（Eclipseでは［コンソール］ビュー）に文字列を出力するために使っていた`System.out.println`という命令文も、クラスライブラリに含まれる`PrintStream`というクラスの機能を使って実現されています。Java言語によるプログラミングでは、このようにクラスライブラリを有効に使うことが大切なポイントです。

クラスライブラリに含まれるクラスやインタフェースは、用途やその種類に応じて**モジュール**と**パッケージ**と呼ばれる単位で管理されています。モジュールとパッケージはWindowsやmacOSの「フォルダ」のようなもので、パッケージはクラスやインタフェースを管理します。一方で、モジュールはパッケージを管理します（注❶-1）（図❶-1）。

KEYWORD
●モジュール
●パッケージ

注❶-1
モジュールという概念はJava 9で導入されました。

図❶-1 パッケージはクラスとインタフェースをまとめたもの。モジュールはパッケージをまとめたもの

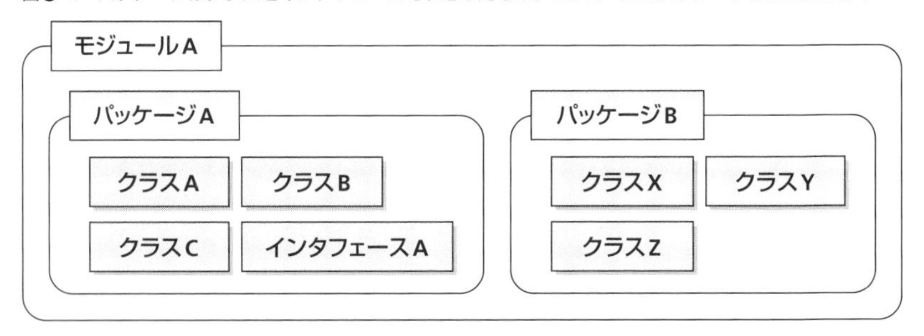

Javaに標準で用意されている主なモジュールとパッケージには表❶-1のようなものがあります(注❶-2)。それぞれのパッケージにはその用途に応じたクラスやインタフェースが含まれ、新しいプログラムを作成するときに、必要に応じてこれらを使用できます。

注❶-2
表❶-1に挙げられているものは全体のほんの一部です。

KEYWORD
- java.langパッケージ
- java.utilパッケージ
- java.ioパッケージ
- java.netパッケージ
- javax.swingパッケージ
- java.awtパッケージ
- java.awt.eventパッケージ

表❶-1 本書で使用するJavaの主なモジュールとパッケージ

モジュール名	パッケージ名	説明
java.base(ジャバ・ベース)	java.lang(ジャバ・ラング)	Javaの基本的な機能を提供するクラス群(多くのクラスで使用する)
	java.util(ジャバ・ユーティル)	便利な機能を提供するクラス群(第5章のコレクションフレームワークで扱う)
	java.io(ジャバ・アイオー)	入出力を扱うクラス群(第7章の入出力処理で扱う)
	java.net(ジャバ・ネット)	ネットワーク機能を提供するクラス群(第10章のネットワーク接続処理で扱う)
java.desktop(ジャバ・デスクトップ)	javax.swing(ジャバエックス・スイング)	グラフィカルなインタフェースを実現するための、ボタンやチェックボックスなどのコントロールを提供するクラス群(第8章のGUIアプリケーションの作成で扱う)
	java.awt(ジャバ・エーダブリューティー)	四角や円などの図形の描画に関連するクラス群(第9章のグラフィックス描画で扱う)
	java.awt.event(ジャバ・エーダブリューティー・イベント)	マウス操作やキーボード操作などのイベントを処理するためのクラス群(第8章、第9章のイベント処理で扱う)

モジュールの扱い

クラスやインタフェースを管理するためにパッケージがありますが、開発されるプログラムの規模が時代とともに大きくなり、複数のパッケージを効率よく管理する仕組みが必要になってきました(注❶-3)。このような経緯で新しく導入さ

注❶-3
たとえば外部のプログラムからの参照を許可するかどうかなど、アクセス権限の設定などが含まれます。

れたのがモジュールです。小規模なプログラムの開発ではモジュールの仕組みは必要ないことが多いため、本書では、モジュールの仕組みは使用しないことを前提として、これ以降の説明を行います。

Eclipseを使った開発では、新しいプロジェクトを作成するときに、**画面❶-1**のダイアログが表示されます。ここでモジュール名を空欄のままにして［作成しない］を選択することで、モジュールの仕組みを使用しないで開発を進めることができます。モジュールを使用する場合は、モジュール名を入力して［作成］を押します。モジュールの使用については、次の「ワン・モア・ステップ！」を参照してください。

画面❶-1 Eclipseでモジュールを作成するためのダイアログ

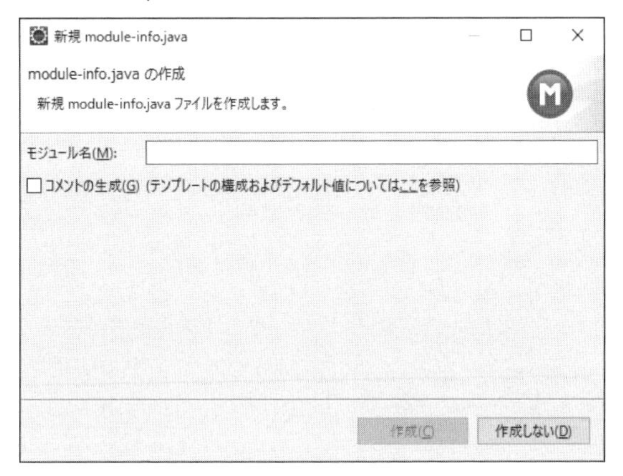

ワン・モア・ステップ！

モジュールの使用

モジュールを使用する場合は、プロジェクトごとにmodule-info.javaという名前のファイルを作成し、その中に

```
module モジュール名 {
}
```

と記述してモジュールの定義を行います（注❶-4）。{ }の中に、依存する外部のモジュールの宣言（requires宣言）（注❶-5）と、外部に公開するパッケージの宣言（exports宣言）を以下のように記述します。特になければ、空のままでかまいません。

注❶-4
画面❶-1で［作成］ボタンを押すと、module-info.javaファイルが自動的に作成されます。

注❶-5
たとえば、モジュールAを使用することを、「モジュールAに依存する」といいます。

構文❶-1 モジュールの定義

```
module モジュール名 {
    requires 依存するモジュール名;
    exports 外部に公開するパッケージ名;
}
```

依存するモジュール名、外部に公開するパッケージ名が複数ある場合は、その分だけrequires宣言とexports宣言を並べて記述します。たとえば、プロジェクト作成時にmymoduleというモジュール名を使用することに決め、java.desktopモジュールとjava.net.httpモジュールに依存し、そしてjp.co.javacompany.developという名称のパッケージを外部に公開する場合は、次のように記述します。

module-info.javaの例

```
module mymodule {
    requires java.desktop;
    requires java.net.http;
    exports jp.co.javacompany.develop;
}
```

java.baseモジュールだけはrequires宣言しなくても無条件に使用できます。java.baseモジュールには、java.lang、java.ioなどの基本的なパッケージが含まれています。

KEYWORD
- 標準ライブラリ
- Randomクラス

注❶-6
utilはutility（役に立つもの）という単語の略です。

注❶-7
Randomクラスは毎回違う数（乱数）を生成できます。

注❶-8
「クラス名+オブジェクト」という表現が出てきました。巻頭のVページで説明したとおり、Randomオブジェクトは「Randomクラスのインスタンス」という意味です。よく使われる表現なので、少しずつ慣れていきましょう。

クラスライブラリに含まれるクラスの利用

Java実行環境に標準で備わっているクラスライブラリ（標準ライブラリといいます）に含まれるクラスは、自分で作ったクラスと同じように使用できます。たとえば、java.utilパッケージ（注❶-6）にはRandomというクラス（注❶-7）がありますが、このクラスの機能を使うためにRandomオブジェクト（注❶-8）を生成するには次のように記述します。

```
java.util.Random rand = new java.util.Random();
```

パッケージ名　クラス名　変数名

構文は、自分で宣言したクラスのインスタンスを生成するときと変わりません。ただし、これまでクラス名しか書いてこなかったところに、パッケージ名とクラ

KEYWORD
- ●ドット（.）
- ●完全限定名

注❶-9
同じ名前のクラスが異なるパッケージに存在する場合もあるため、パッケージ名とクラス名の両方を明記する必要があるのです。

ス名をドット（.）でつなげて表記しています。このようにして記述されるクラス名のことを、クラスの完全限定名（かんぜんげんていめい）といい、どのパッケージに含まれている何というクラスを指すかを一意に（ただ1つを）示すために使用されます（注❶-9）。

完全限定名はどこまでがパッケージ名で、どこからがクラス名かわかりにくいかもしれませんね。どの完全限定名でも、最後のドットまでがパッケージ名で、それ以降がクラス名です。クラス名にドットが含まれることはありません（含めてはいけません）。

しかし、パッケージ名が長い場合（**javax.xml.bind.annotation.adapters**のような長い名前のパッケージもあります）、完全限定名を毎回書くのではクラス名を入力する手間がたいへんです。

KEYWORD
- ●import

そこで、**import**（インポート）宣言をプログラムコードの先頭に記述します。

構文❶-2 import宣言

```
import パッケージ名.クラス名;
```

KEYWORD
- ●インポート

import宣言は、使用したいクラスをクラスライブラリからプログラムの中へ取り込みます（インポートといいます）。すると、**import**宣言を記述したプログラムコードの中では、クラス名を書くだけで「あのパッケージのクラスのことね」とわかってくれるようになります。完全限定名を書く必要がなくなるわけです（図❶-2）。

図❶-2 import宣言の効果

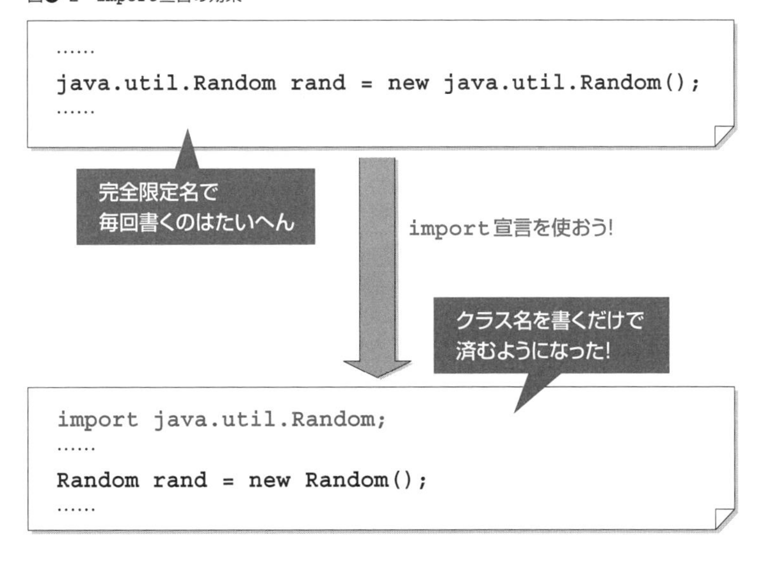

List❶-1のプログラムコードは、import宣言でjava.utilパッケージのRandomクラスをインポートしている例です（注❶-10、11）。

注❶-10
Eclipse上でプログラムを作成し、実行する手順については、本書の付録Aを参照してください。

注❶-11
本書では説明の便宜上、プログラムコードに行番号（行頭の色のついた数字）を振っている場合があります。行番号は、実際のプログラムコードには不要です。

注❶-12
Listのキャプションは「（Eclipse上の）プロジェクト名/プログラムファイル名」というつけ方になっています。本書のサンプルプログラムコードは、すべてこの形式で名前を表示します。

List❶-1　01-01/ImportExample.java（注❶-12）

```
1: import java.util.Random;
2:
3: public class ImportExample {
4:   public static void main(String[] args) {
5:     Random rand = new Random();
6:     // 0～1の間のランダムな値を出力する
7:     System.out.println(rand.nextDouble());
8:   }
9: }
```

プログラムコードの先頭のimport宣言でjava.utilパッケージの中のRandomクラスを使用することを宣言します

java.util.Randomクラスのパッケージ名の部分（java.util）を省略できます

実行結果

```
0.8142562060664023
```

ランダムな数値を出力するプログラムなので、実行するたびに結果が変わります

最初にimport宣言でjava.util.Randomクラスをインポートしたおかげで、このプログラムコードでは完全限定名を使わず、Randomとクラス名を書くだけで済んでいます。

複数のクラスを使用する場合

複数のクラスをインポートする場合、import宣言をインポートするクラスの数だけ書きます。java.utilパッケージの中のArrayListクラス（注❶-13）とRandomクラスを使用する場合、プログラムコードの先頭に次のように書きます。

注❶-13
複数のオブジェクトを格納できるクラス。第5章で紹介します。

```
import java.util.ArrayList;
import java.util.Random;
```

2つだけならよいのですが、使用するクラスがさらに多くなると、このような記述さえたいへんになってきます（注❶-14）。そこで、同じパッケージに含まれるクラスはアスタリスク（*）を使って、次のようにまとめて1行で記述できます。

注❶-14
第8章で学習するGUIアプリケーションでは、一度に数多くのクラスを使用することになります。

KEYWORD
●アスタリスク（*）

構文❶-3　アスタリスクを使ったimport宣言

```
import パッケージ名.*;
```

java.utilパッケージに含まれるクラスを使用する場合には、

```
import java.util.*;
```

と記述します。このようにすると、**java.util**パッケージの中のすべてのクラスをインポートしたのと同じことになります。

ところで、Java実行環境に準備されているパッケージの中には、**java.util**というパッケージと、**java.util.zip**というパッケージがあります。**java.util.zip**は**java.util**パッケージに含まれているように見えますが、これらは独立した別々のパッケージです。そのため、

```
import java.util.*;
```

と記述しても、**java.util.zip**パッケージ内のクラスはインポートされません。**java.util.zip**パッケージ内のクラスをすべてインポートするには、

```
import java.util.zip.*;
```

と記述します。**java.util**パッケージ内のクラスと、**java.util.zip**パッケージ内のクラスの両方を使用する場合には、次のように記述することになります。

```
import java.util.*;
import java.util.zip.*;
```

メモ

Eclipseでは、プログラムコードを保存するときにインポート文が自動編集されます。たとえば、アスタリスクを使ったインポート文は、具体的なクラスに対する個別の**import**文に変換され、プログラムコードで使っていないクラスのインポート文は削除されます。

このような自動編集機能をオフにするには、Eclipseの［ウィンドウ］メニューの［設定］で、［Java］→［エディター］→［保存アクション］を選択し、「保存時に選択したアクションを実行」に含まれる「インポートの編成」のチェックをはずします。

java.langパッケージ

java.langパッケージには、Javaプログラムの基本的な機能を提供する重要なクラスが含まれます。本書でもずっと使っているSystem.out.printlnという命令の正体は、「SystemクラスのクラスoutがSystem参照しているPrintStreamオブジェクトのprintlnメソッド」なのですが、このSystemクラスもjava.langパッケージに含まれています。

このように、java.langパッケージに含まれるクラスは使用されることが多いことから、

```
import java.lang.*;
```

という記述は省略してもよいことになっています。

入門編の第1章で見た次のようなプログラムコードは、本来先頭にあるべきimport java.lang.*;という文を省略していたのです。

```
public class FirstExample {      ← 先頭にあるべきimport java.lang.*;
                                    という記述が省略されています
  public static void main(String[] args) {
    System.out.println("こんにちは");
  }   ↑ Systemクラスはjava.langパッケージに含まれています
}
```

このように、プログラムを作成する上で必要になる機能の多くは、Java実行環境に準備されているクラスライブラリの中のクラスを使うことで実現できます。それでは、表❶-1に示した各パッケージの中に含まれるクラスの種類や機能を、どのようにしたら知ることができるでしょうか。これについて、次節で説明を行います。

ワン・モア・ステップ！

外部から入手したクラスライブラリの活用

一般に、クラスライブラリとして利用可能なクラスはモジュールやパッケージにまとめられています。モジュールやパッケージはクラスをまとめる「フォルダ」のようなものだと説明しましたが、実際にはそれが圧縮され、拡張子を「.jar」とした1つのファイルになっています。

クラスライブラリはJava実行環境が標準で用意しているほかに、インターネット上でたくさん配布されており、入手して使用できます。ただし、入手したクラスライブラリを自分のプログラムで使うには、それら（.jarファイル）をどこに置いたのかをJava実行環境に教えなければなりません。その場所を記述するのがクラスパスです。Java実行環境は、クラスパスに記述された場所をあたって、プログラム中で使用されているクラスを見つけ出します。

Eclipseでクラスパスを指定する方法については、付録Bを参照してください。

KEYWORD

●クラスパス

登場した主なキーワード

- **クラスライブラリ**：多くのプログラムで共通に必要とされる機能を持ったクラスをまとめ、プログラムの開発者が自由に使えるようにしたもの。
- **パッケージ**：クラスやインタフェースをひとまとめにして管理するためのもの。WindowsやmacOSのフォルダのようなものです。
- **モジュール**：複数のパッケージをひとまとめにして管理するためのもの。
- **完全限定名**：パッケージ名とクラス名をドット（`.`）でつなげた表記方法によるクラス名。
- **`import`宣言**：プログラムコードの中で使用するクラスの完全限定名を宣言するために使用する文。この文があると、プログラムコード内では完全限定名を使わずにクラス名を書くだけで済みます。
- **クラスパス**：プログラムのコンパイル時や実行時に使用するクラスのファイルが存在する場所。

まとめ

- Javaには、標準ライブラリと呼ばれる、便利なクラスやインタフェースの集まりがあらかじめ準備されています。
- クラスライブラリに含まれるクラスやインタフェースは、モジュールとパッケージによって管理されています。
- パッケージに含まれるクラスを使用するときには、パッケージ名の後ろにドット（.）をつけ、その後にクラス名を続けた完全限定名を指定します。
- 使用するクラスの完全限定名を**import**文で最初に宣言しておく（インポートしておく）と、パッケージ名を省略しクラス名を書くだけで済みます。

1-2 API仕様書

学習のポイント

- Javaには、あらかじめ4000以上のクラスやインタフェースが用意されています。
- API仕様書を見ることで、それらの使い方を知ることができます。

KEYWORD

- API仕様書

豊富なライブラリ

Java実行環境には4000を超える便利なクラスやインタフェースがクラスライブラリとして用意され、自由に使えるようになっています。

ところで、このクラスライブラリにはどのようなクラスやインタフェースがあり、それらはどのような機能を持っているのでしょうか？ これはAPI仕様書（しようしょ）から知ることができます。

APIはApplication Program Interfaceの略で、アプリケーションを開発するときに使用できるプログラムの部品（Javaの場合はクラスやインタフェース）の集合のことです。API仕様書には、各クラスの働きや使い方、含まれるフィールドやメソッド、コンストラクタの一覧と、それぞれの詳細な説明など、プログラムを作成する上で有益な情報がまとめられています。本書に掲載しているプログラムコードやほかの人が作ったプログラムコードを見ているときに、使い方のわからないクラスやメソッドが出てきたら、まず最初にAPI仕様書で調べるようにしましょう。

ワン・モア・ステップ！

Javaプログラムの実行環境

Javaプログラムは、Java仮想マシン上で実行されることを入門編で説明しました。実際には、JavaプログラムはJava仮想マシンだけで動作するのではありません。クラスライブラリをはじめとするさまざまなプログラムが集まって動かしています。それをJava実行環境（じっこうかんきょう）などといいます。

Java実行環境にはいくつか種類があります。本書では標準的な「Java Platform, Standard Edition」(略してJava SE) を前提としています。企業で使うシステムなど大規模なプログラムを作るときには「Java Platform, Enterprise Edition」(略してJava EE) が利用されます (注❶-15)。Java EEはWebアプリケーションの作成も強力に支援してくれます。そのほか、携帯情報端末などの組み込み機器向けに「Java Platform, Micro Edition」(略してJava ME) があります。

本書の執筆時点では、オラクルよりリリースされているJava SEの最新版はJava Platform, Standard Edition 15 (略してJava SE 15) です。Java SE 15では4600に及ぶクラスやインタフェースが標準で使えるようになっています。

KEYWORD
●Java実行環境

注❶-15
Java EE 9以降は、Jakarta EEの名称で開発が進められています。

API仕様書の見方

Java SEの日本語版のAPI仕様書は、次のURLで見ることができます。

https://docs.oracle.com/javase/jp/[バージョン]/docs/api/

[バージョン]には、Java SEのバージョン番号が入ります。たとえば、Java SE 11のAPI仕様書があるのは次のURLです。

Java Platform, Standard Edition 11 API仕様
https://docs.oracle.com/javase/jp/11/docs/api/

このWebサイトのページをWebブラウザで開くと、画面❶-2のように表示されます。

画面❶-2 Java Platform, Standard Edition 11 API仕様

概要 モジュール パッケージ クラス 使用 階層ツリー 非推奨 索引 ヘルプ　Java SE 11 & JDK 11

すべてのクラス　検索 Search

機械翻訳について

Java® Platform, Standard Edition & Java Development Kit
バージョン11 API仕様

このドキュメントは、次の2つのセクションに分かれています。

Java SE

Java Platform、Standard Edition (Java SE) APIは、汎用コンピューティングのためのコアJavaプラットフォームを定義します。 これらのAPIは、名前がjavaで始まるモジュール内にあります。

JDK

Java Development Kit (JDK) APIはJDK固有のものであり、必ずしもJava SEプラットフォームのすべての実装で使用できるとは限りません。 これらのAPIは、名前がjdkで始まるモジュール内にあります。

すべてのモジュール　Java SE　JDK　他のモジュール

モジュール	説明
java.base	Java SE Platformの基盤となるAPIを定義します。
java.compiler	言語モデル、注釈処理、およびJavaコンパイラAPIを定義します。
java.datatransfer	アプリケーション間およびアプリケーション内でデータを転送するためのAPIを定義します。
java.desktop	AWTとSwingのユーザー・インタフェース・ツール・キットとアクセシビリティ、オーディオ、イメージング、印刷、およびJavaBeans用のAPIを定義します。
java.instrument	エージェントがJVM上で実行されているプログラムを計測できるようにするサービスを定義します。
java.logging	Java Logging APIを定義します。
java.management	Java Management Extensions (JMX) APIを定義します。
java.management.rmi	Java Management Extensions (JMX)リモートAPIの「RMIコネクタ」を定義します。
java.naming	Java Naming and Directory Interface (JNDI) APIを定義します。
java.net.http	HTTPクライアントおよびWebSocket APIを定義します。
java.prefs	Preferences APIを定義します。

開いた直後は、Java実行環境に用意されているすべてのモジュールが一覧表示されます。この中から調べたいモジュールの名前を探し出し、「モジュール名」→「パッケージ名」→「クラス名」の順番で詳細を調べていくことができます。

画面右上の検索欄に調べたいクラスの名称を入れることで、詳細ページに直接移動できます。検索欄にクラス名の一部分を入れるだけで、複数の候補が表示されるので、その候補から選択することもできます(画面❶-3)。

画面❶-3 クラス名の検索

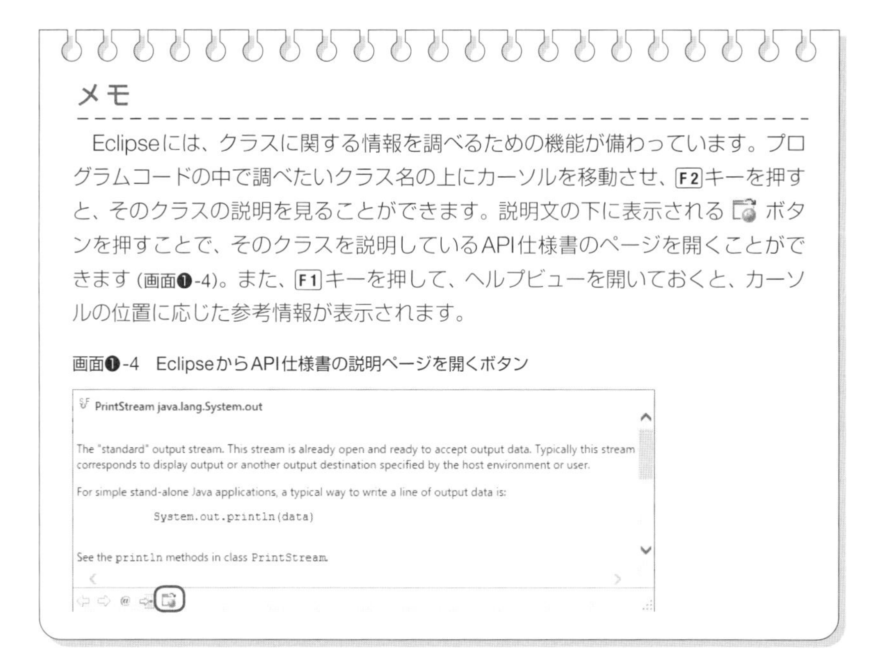

メモ

Eclipseには、クラスに関する情報を調べるための機能が備わっています。プログラムコードの中で調べたいクラス名の上にカーソルを移動させ、F2キーを押すと、そのクラスの説明を見ることができます。説明文の下に表示されるボタンを押すことで、そのクラスを説明しているAPI仕様書のページを開くことができます(画面❶-4)。また、F1キーを押して、ヘルプビューを開いておくと、カーソルの位置に応じた参考情報が表示されます。

画面❶-4 EclipseからAPI仕様書の説明ページを開くボタン

Javaは言語としての仕組みが優れているだけでなく、あらかじめ準備された豊富なクラス群があることが大きな魅力の1つです。たくさんあるクラスをうまく使いこなせるように、API仕様書をまめに調べることを習慣づけるようにしましょう。

ただし、API仕様書はいわばクラスの辞書のようなものなので、「～をしたいときには、どのクラスを使えばよいか」といった疑問の答えを見つけることは難しいでしょう。目的の機能を備えたクラスがありそうなパッケージを選択し、その中に含まれるクラスの名前からそれらしいものを探すのも1つの手ですが、関連する単語をキーワードにしてWeb検索してしまうのも効果的な方法です。

本書では、これ以降の章で「複数のオブジェクトの管理」「ファイルへの入出力」「GUIアプリケーションの開発」「ネットワーク通信」「スレッド処理」など、より具体的な機能を実現するための方法を説明していきますが、本書だけでカバーしきれない内容は、『逆引き～』といったタイトルの記事や書籍を参照して、実現方法を調べるのもよいでしょう。

KEYWORD
- Javadoc
- /** ～ */
- ドキュメンテーションコメント

メモ

ここで紹介したAPI仕様書はHTMLファイルで記述されています。このようなファイルは「Javadoc」と呼ばれるプログラムによって自動生成されたものです。自分で作ったクラスについても、/** ～ */という形で記述するドキュメンテーションコメントをプログラムコードの中に記述することで、このような仕様書を自動生成できます。本書では詳しく説明しませんが、興味がある方はWebなどで調べてみましょう。

登場した主なキーワード

- **API仕様書**：ライブラリに含まれるクラスやインタフェースの説明書のこと。

まとめ

- Javaにはあらかじめ準備された便利なクラスやインタフェースがたくさんあります。
- API仕様書から、クラスやインタフェースの詳細を知ることができます。

1-3 基本的なクラス

学習のポイント

- Javaのクラスライブラリに含まれる基本的なクラスを学習します。
- `java.lang.String`クラスを使うと、文字列を扱うことができます。
- `java.lang.Math`クラスには、三角関数（sin、cos、tan）などの数学的な計算を行うクラスメソッドが集められています。

java.lang.Stringクラス

入門編でも、文字列を表す型として`String`型を紹介しました。プログラムコードの中では、`String`型の変数は次のように初期化して使います。

```
String message = "こんにちは";
```

この記述方法は`int`型や`double`型といった基本型と同じ形式をしているので、一見すると`String`は基本型のように見えます。しかし、`String`は`java.lang`パッケージに含まれるクラスの1つ（`String`（ストリング）クラス）で、基本型ではありません。

KEYWORD
- Stringクラス

`String`クラスのインスタンスは、ほかのクラスと同様に`new`キーワードを使って生成することもできます。

```
String message = new String("こんにちは");
```

ほかのクラスと同様に考えれば、こちらの記述が正しい方法であるともいえますが、文字列は通常のプログラムで頻繁に使用するものなので、`new`を使わなくてもインスタンスを作成できる、特別な扱いになっています。

Stringオブジェクトの生成方法による違い

Stringクラスのインスタンス（Stringオブジェクト）はnewを使っても使わなくても、どちらでも生成できますが、生成方法によってプログラムの挙動が異なる場合があるので注意が必要です。

例として、次のプログラムコードを考えてみます。

```
String s1 = new String("こんにちは");
String s2 = new String("こんにちは");
System.out.println(s1 == s2);
```

実行するとfalseとコンソールに出力されます。変数s1とs2が表す文字列はどちらも「こんにちは」ですが、生成した2つのインスタンスの内容がたまたま一緒であっただけで、変数s1とs2は別々のインスタンスを参照しています（図❶-3）。そのため、s1==s2という式の値はfalseになります。

図❶-3　文字列の内容は同じでも異なるインスタンスを参照する

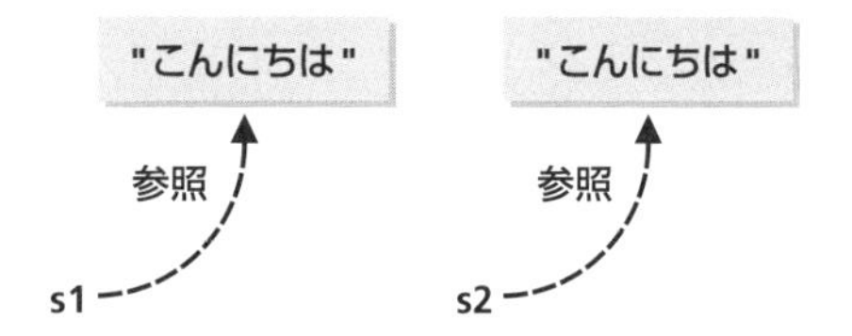

今度は、次のプログラムコードの実行結果を考えてみましょう。

```
String s1 = "こんにちは";
String s2 = "こんにちは";
System.out.println(s1 == s2);
```

こちらを実行したときにはtrueとコンソールに出力されます。不思議に思うかもしれませんが、変数s1とs2は共通のインスタンスを参照するのです（図❶-4）。これはプログラムコードがコンパイルされるときに、「プログラムコードの中に同じ文字列を代入する文が複数回現れたときには、1つのインスタンスで済ませてしまう」という処理が行われるためです。これは、メモリの使用効率を高めるために行われます。

図❶-4 1つのインスタンスを参照する

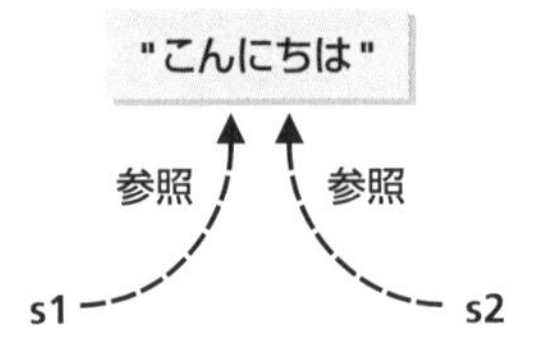

このように、newを使ってインスタンスを生成した場合と、String s = "こんにちは";と記述した場合では、処理の結果が異なることがあります。

Stringクラスのメソッド

Stringクラスには、文字列を扱うための便利なメソッドがいろいろ準備されています。詳しくはAPI仕様書で見ることができますが、ここでは比較的よく使われるメソッドを取り上げ、その使用例を紹介します。

KEYWORD
●lengthメソッド

●int length()（レングス）

文字列の長さを返します。全角／半角は問いません。どの文字も等しく1文字としてカウントし、その数を戻り値として返します。

使用例

```
String str = "Javaの学習";
System.out.println(str.length());  ←文字数を出力します
```

実行結果

```
7
```

KEYWORD
●indexOfメソッド

●int indexOf(String str)（インデックスオブ）

引数で指定された文字列を含んでいる場合、何文字目を起点として含んでいるかを返します（先頭の文字を0としてカウントします）。含まれない場合には-1が返されます。アルファベットの大文字と小文字は区別されます。

使用例

```
String str = "Javaの学習";
System.out.println(str.indexOf("学習"));  ←「学習」という文字が何文字目にあるか調べます
System.out.println(str.indexOf("Ruby"));  ←「Ruby」という文字が何文字目にあるか調べます
```

実行結果

```
5
-1
```

KEYWORD
●containsメソッド

●boolean contains(CharSequence s)（コンテインズ）

引数で指定された文字列を含むときに**true**を返します。アルファベットの小文字と大文字は区別されます。

使用例

```
String str = "Javaの学習";
System.out.println(str.contains("Java"));   ←「Java」という文字列が含まれるか調べます
System.out.println(str.contains("Ruby"));   ←「Ruby」という文字列が含まれるか調べます
```

実行結果

```
true
false
```

メモ

containsメソッドの引数の型になっている**CharSequence**はインタフェースです。このインタフェースを実装したオブジェクトを引数に使用できます。**String**クラスは**CharSequence**インタフェースを実装しているので、引数に指定できます。ダブルクォーテーション（"）で囲んだ文字列を直接引数にすることもできます。

KEYWORD
●replaceメソッド

●String replace(CharSequence target,
CharSequence replacement)（リプレース）

第1引数**target**で指定した文字列が内部に含まれる場合は、その文字列を第2引数**replacement**で指定した文字列に置換した結果を返します。**target**で指定した文字列が複数含まれる場合は、それらがすべて置換されます。

使用例

```
String str = "Javaの学習";           「Java」という文字列を「Java言語」に置換します
System.out.println(str.replace("Java", "Java言語"));
```

実行結果

```
Java言語の学習
```

なお、戻り値は文字列を置換した結果を反映した新しい**String**オブジェクトであり、もとの文字列（変数**str**）は変更されません。

● **String[] split(String regex)**

KEYWORD
● splitメソッド
● 正規表現

引数で指定された正規表現に一致する位置で文字列を分割し、分割した結果を文字列の配列で返します。

正規表現とは、文字列における文字の出現パターンを、記号を使って表現する方法のことです。

正規表現は奥が深く、きちんと説明し出すとたいへんです。そのため詳細は省略しますが、この**split**メソッドを単純な記号で文字列を分割する目的で使うのであれば、その区切り記号を引数にするだけで済みます。次の例では、年月日を区切り文字「/」で分割しています。

使用例

```
String str = "2020/11/22";
String[] items = str.split("/");    ←「/」を区切りとして文字列を分割します
for (int i = 0; i < items.length; i++) {
  System.out.println(items[i]);
}
```

実行結果

```
2020
11
22
```

Mathクラス

KEYWORD
● Mathクラス

java.langパッケージには**Math**クラスという、数学的な計算を行う各種クラスメソッドを提供するクラスがあります。**java.lang**パッケージに含まれるので、**String**クラスと同様に**import**宣言を書かなくても使用できます。

Mathクラスには、表❶-2に挙げているようなクラスメソッドがあります。

表❶-2 Mathクラスの主なクラスメソッド

メソッド	説明
static double abs(double d)	dの絶対値を返す
static int abs(int i)	iの絶対値を返す
static double sin(double radians)	radiansの正弦（サイン）を返す
static double cos(double radians)	radiansの余弦（コサイン）を返す
static double tan(double radians)	radiansの正接（タンジェント）を返す
static double sqrt(double d)	dの平方根を返す
static double pow(double x, double y)	xのy乗を返す
static double log(double d)	dの自然対数を返す
static double max(double d, double e)	dとeの大きいほうの値を返す
static int max(int i, int j)	iとjの大きいほうの値を返す
static double min(double d, double e)	dとeの小さいほうの値を返す
static int min(int i, int j)	iとjの小さいほうの値を返す
static double random()	0.0以上で1.0より小さい乱数を返す

KEYWORD
- absメソッド
- sinメソッド
- cosメソッド
- tanメソッド
- sqrtメソッド
- powメソッド
- logメソッド
- maxメソッド
- minメソッド
- randomメソッド

クラスメソッドなので、インスタンスを生成せずに、

```
double d = Math.abs(-9.5);
```

のように「Math.メソッド名(引数)」と書いて呼び出せます。

KEYWORD
- E
- PI

なお、Mathクラスにはメソッドだけでなく、E（イー）（自然対数の底：2.718281828459045）とPI（パイ）（円周率：3.141592653589793）という定数が宣言されています。

次のプログラムコードはMathクラスの使用例です（List❶-2）。

List❶-2 01-02/MathExample.java

```
1: public class MathExample {
2:   public static void main(String[] args) {
3:     System.out.println("-5の絶対値は" + Math.abs(-5));
4:     System.out.println("3.0の平方根は" + Math.sqrt(3.0));
5:     System.out.println("半径2の円の面積は" + 2 * 2 * Math.PI);
6:     System.out.println("sin60°は" + Math.sin(60.0 * ➡
       Math.PI / 180.0));
7:   }
8: }
```

絶対値を返します
平方根を返します
sinの値を返します
円周率を表す定数です

➡は紙面の都合で折り返していることを表します。

実行結果

```
-5の絶対値は5
3.0の平方根は1.7320508075688772
半径2の円の面積は12.566370614359172
sin60°は0.8660254037844386
```

なお、サイン、コサイン、タンジェントを求める各メソッドでは、引数の値の単位がラジアン（注❶-16）なので注意しましょう。sin60°の値を求めるには、**Math.sin(60.0 * Math.PI / 180.0)**と、単位を度からラジアンに変える必要があります。

注❶-16
360°の値を2πとして扱う単位。

登場した主なキーワード

- **String クラス**：文字列を扱うためのクラス。文字列を調べたり操作したりするメソッドを持っています。
- **Math クラス**：数学的な計算を行うためのクラス。さまざまな計算を行うためのメソッドを、クラスメソッドとして持っています。

まとめ

- 文字列を扱うための**java.lang.String**クラスがあります。
- **String**クラスのインスタンスは、**new**キーワードを使わなくてもダブルクォーテーションを使って生成できます。
- **Math**クラスには数学的な演算を行うのに便利なクラスメソッドが多数あります。

1-4 パッケージの作成

学習のポイント

- パッケージを使うと、クラスを管理できます。
- パッケージは自分で作ることができます。

パッケージの作成方法

前節までに、Javaにはさまざまなパッケージがあることと、それに含まれるクラスを使用する方法を説明しました。また、それらの使いこなしがJavaプログラムを作成する上でポイントになることも述べました。

パッケージは自分で作ることもできます。扱うクラスの数が多いプログラムを開発する場合には、パッケージを使い、クラスを用途に応じて分類するなどの管理が重要になってきます。また、作成したクラスをほかの人に提供するときに、ほかのクラスと区別できるようにするためにもパッケージを使用します（注❶-17）。

注❶-17
パッケージを管理するために、モジュールを作成することもありますが、本書では扱いません。

KEYWORD
●package

クラスまたはインタフェースをパッケージに含めるには、プログラムコードの先頭（**import**宣言よりも前）に**package**（パッケージ）宣言を記述します。構文は次のとおりです。

構文❶-4　package宣言

```
package パッケージ名;
```

パッケージの名前は自由に決められますが、慣習としてアルファベットの小文字だけを使ってつけます。たとえば、あるクラスを**mypackage**という名前のパッケージに含めるには、そのクラスを宣言しているプログラムコードの先頭に次のように**package**宣言を記述します。

```
package mypackage;
```

メモ

Eclipseでは、[ファイル]メニュー→[新規]→[パッケージ]を選択することで、新しいパッケージを作成できます。パッケージの中に新しいクラスを作成するには、パッケージを選択した状態で[ファイル]メニュー→[新規]→[クラス]とします。このときには、「package パッケージ名;」という宣言が最初からプログラムコードの中に追加されます。

次のプログラムコードは、mypackageパッケージの中に入れるMyClassクラスを宣言している例です(List❶-3)。

List❶-3 01-03/mypackage/MyClass.java

```
1: package mypackage;
2:
3: public class MyClass {
4:   public void printMessage() {
5:     System.out.println("mypackageパッケージのMyClassの➡
       printMessageメソッドです");
6:   }
7: }
```

このプログラムコードで宣言されるクラスはmypackageパッケージに含まれることになります

➡は紙面の都合で折り返していることを表します。

このようにして作成したクラスを、mypackageパッケージに含まれていない外部のクラスで使う場合には、

```
mypackage.MyClass a = new mypackage.MyClass();
```

というように完全限定名で記述するか、またはプログラムコードの先頭に、

```
import mypackage.MyClass;
```

と記述し、クラス名だけを使って、

```
MyClass a = new MyClass();
```

と記述することになります。同じパッケージに含まれるクラスを使用する場合には、import宣言は不要です。

ところで、入門編で扱ってきたプログラムコードでは**package**宣言をしてきませんでした。**package**宣言が省略されたクラスは、デフォルト・パッケージ（あるいは無名（むめい）パッケージ）と呼ばれる、名前のない特殊なパッケージに含まれます。この仕組みにより、**package**宣言を省略できるようになっています。

KEYWORD
●デフォルト・パッケージ
●無名パッケージ

パッケージ名とフォルダの階層構造

パッケージを使ってクラスの管理を行う場合、Eclipseではプログラムコードの.javaファイルと、それをコンパイルして生成されたバイトコードの.classファイルが、パッケージ名を反映したフォルダ構造の中に保存されます。

例として、図❶-5は**jp.co.javacompany.develop**というパッケージに含まれる**MyClass**クラスのプログラムコード（MyClass.java）とバイトコード（MyClass.class）が保存される場所を示しています（注❶-18）。

パッケージ名に含まれるドット（**.**）がフォルダの区切りとなり、フォルダの階層構造が作られます。

注❶-18
プログラムコードをsrcフォルダ、それをコンパイルして生成されたバイトコードをbinフォルダに保存する場合。Eclipseの初期設定はこのようになっています。

図❶-5 プログラムコードとバイトコードが保存される場所

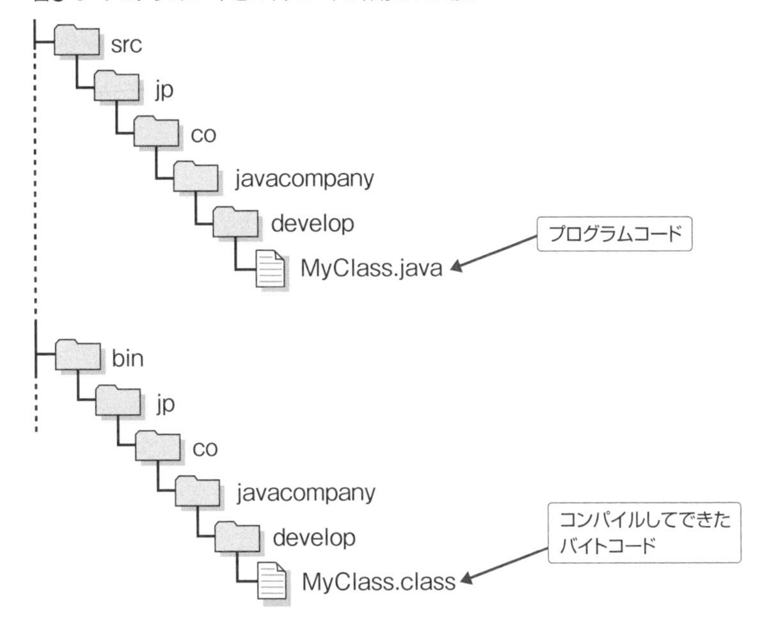

メモ

Eclipseを使ったプログラム開発では、Eclipseがファイルの管理を自動でするため、その保存場所を意識する必要はあまりありませんが、パッケージ名の構成とフォルダ構成は一致している、ということを覚えておくようにしましょう。

パッケージ名の設定

パッケージの名前は自由に決めてかまいませんが、ほかの人が作ったものと名前が重複すること(名前の衝突(なまえのしょうとつ))は避けなくてはなりません。パッケージの名前が同じだと、完全限定名を使っても使用するクラスを一意に決定できなくなるからです。

それでは、パッケージの名前はどのように決めればよいのでしょうか。一般には、メールアドレスやWebサイトのURLに使われているドメイン名(めい)をパッケージの名前に使用します(注❶-19)。たとえば、develop.javacompany.co.jpというドメイン名を持つ会社・部署がパッケージを作成する場合、ドメイン名に含まれる単語を後ろから順に並べた「`jp.co.javacompany.develop`」をパッケージ名の一部とします。

KEYWORD
- ●名前の衝突
- ●ドメイン名

注❶-19
ドメイン名とは、インターネット上に存在する個々のコンピュータやネットワークを識別するためにつけられた名前の一種です。世界中で重複しないように管理されています。

クラスの継承とパッケージ

クラスの継承は異なるパッケージのクラス間でも行えます。あらゆるパッケージのすべてのクラスが`java.lang`パッケージの`Object`クラスを継承していることからもわかるとおり、クラスの継承の階層とパッケージの階層構造は独立していて、互いに関係がないのです。つまり、既存のクラスライブラリに含まれるクラスを継承して、自分で新しいクラスを作ることもできます。

登場した主なキーワード

- `package`:クラスやインタフェースを、どのパッケージに含めるか宣言するために使用するキーワード。プログラムコードの先頭に記述します。
- **パッケージの名前の衝突**:異なるパッケージが同じ名前を持つこと。

まとめ

- クラスやインタフェースを特定のパッケージに含めるには、クラスの宣言の先頭で「`package パッケージ名;`」という宣言を行います。
- プログラムコードの.javaファイルと、それをコンパイルして生成された.classファイルの保存場所は、パッケージの階層構造をそのまま反映したフォルダになります。
- パッケージ名は、ほかの人が作ったパッケージと重複することがないように気をつける必要があります。通常は、世界中で重複することがないので、ドメイン名を使用します。

1-5 クラスのアクセス制御

学習のポイント

- アクセス修飾子を使って、クラスに対するパッケージ外部からのアクセスを制御できます。
- `public`修飾子のついたクラスはパッケージの外部からアクセスできますが、そうでないクラスは、同じパッケージ内からしかアクセスできません。

クラスにつけるアクセス修飾子

新しく宣言するクラスを、パッケージの外部からも使用できるようにするには、クラスを宣言するときに**public**修飾子をつける必要があります。先ほどの**MyClass**クラスは、宣言で「**public class MyClass { 中略 }**」としているので、パッケージの外部からも使用できます。**public**修飾子をつけない場合には、同じパッケージの中からのみ使用できるクラスになります。これはインタフェースでも同様です。

KEYWORD
●アクセス修飾子

このように、アクセスを制御するための修飾子をアクセス修飾子(しゅうしょくし)といいます。クラスとインタフェースにつけられるアクセス修飾子は**public**のみです(表❶-3)。

表❶-3 クラスとインタフェースに使用できるアクセス修飾子

アクセス修飾子	アクセスできる範囲
public	どのパッケージからもアクセスできる
なし	同じパッケージの中からのみ

パッケージが1つしかない場合には、クラスのアクセス修飾子について気にかける必要はありませんが、複数のパッケージから構成される場合や、インターネットなどで一般公開する場合には気をつける必要があります。

意図しないトラブルを防ぐには、「見せる必要のないものは見せない」という考え方が大切です。

メソッドとフィールドのアクセス修飾子

メソッドとフィールドのアクセス修飾子については入門編で説明しましたが、ここでもう一度復習しておきましょう。メソッド、フィールドに使用できる修飾子と、そのアクセス可能な範囲の関係は表❶-4のようになっています。

表❶-4　メソッドとフィールドに使用できるアクセス修飾子

アクセス修飾子	アクセスできる範囲
public	どのパッケージのクラスからもアクセスできる
protected	サブクラスまたは同じパッケージ内のクラスからのみ
なし	同じパッケージ内のクラスからのみ
private	同じクラス内からのみ

アクセス修飾子をつけない場合には、同じパッケージの中だけで呼び出したり参照したりできます。また、クラスが外部のパッケージからアクセスできない場合は、たとえその中のメソッドやフィールドのアクセス修飾子が**public**であっても、やはり外部のパッケージからはアクセスできません。フィールドやメソッドよりクラスのアクセス制限が優先されるのです（図❶-6）。

図❶-6　フィールドやメソッドよりクラスのアクセス制限が優先される

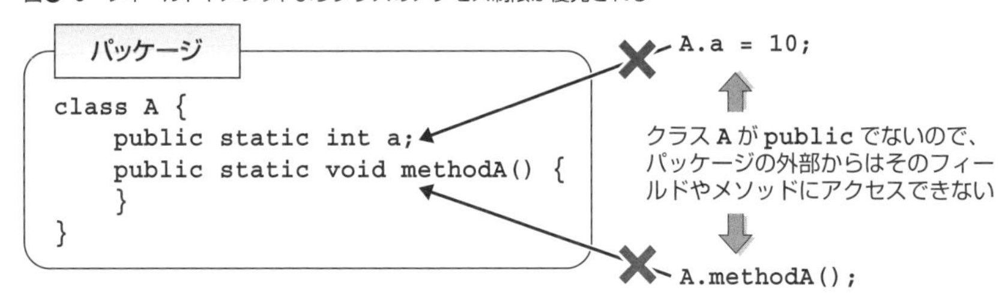

複数のクラス宣言を持つプログラムコード

1つのプログラムコード（.javaファイル）の中には複数のクラスを宣言できますが、**public**修飾子をつけることができるクラスは、その中のただ1つだけです。また、**public**修飾子のついたクラス名はファイル名（拡張子.javaをはずした部分）と同じである必要があります。

次のプログラムコードは、1つのプログラムファイルの中で**SimpleClass**と**MultiClassExample**という名前の2つのクラスを宣言している例です（List❶-4）。**MultiClassExample**クラスに**public**修飾子がついているので、ファイル名はMultiClassExample.javaである必要があります。

List❶-4 01-04/MultiClassExample.java

```
 1: class SimpleClass {
 2:     String str;
 3:     SimpleClass(String str) {
 4:         this.str = str;
 5:     }
 6: }
 7:
 8: public class MultiClassExample {
 9:     public static void main(String[] args) {
10:         SimpleClass sc = new SimpleClass("Hello.");
11:         System.out.println(sc.str);
12:     }
13: }
```

public修飾子のないSimpleClassクラスの宣言です

public修飾子のあるMultiClassExampleクラスの宣言です。このクラスの名前とファイル名を同じにします

実行結果

```
Hello.
```

MultiClassExampleクラスの**public**修飾子をはずしても問題はありませんが、**SimpleClass**クラスと**MultiClassExample**クラスの両方に**public**修飾子をつけることはできません。両方に**public**修飾子をつけたい場合には、それぞれを別のプログラムファイルに分けて記述します。

登場した主なキーワード

- **アクセス修飾子**：クラスやインタフェース、メソッド、フィールドなどの、アクセスを制御するために使用する修飾子。

まとめ

- アクセス修飾子には**public**、**protected**、**private**の3つがあり、クラス、インタフェース、フィールド、メソッドのアクセスを制御するのに使用します。
- クラスとインタフェースのアクセス制御に使用できるアクセス修飾子は**public**だけです。
- クラスとインタフェースをパッケージの外からも使用できるようにするには、宣言に**public**修飾子をつけます。
- アクセス修飾子をつけないフィールドやメソッドは、同じパッケージに含まれているクラスからのみアクセスできます。

練習問題

1.1 次の (1) ～ (4) の文章にはすべてに誤りが含まれています。どこに誤りがあるか指摘してください。

(1) `java.util`という名前のパッケージに含まれるクラスを使用する場合、先頭に`package java.util;`と記述する。
(2) `package`宣言は、クラスの宣言よりも前であれば、どこに記述してもよい。
(3) `package`宣言を記述しなかった場合、そのプログラムコードで宣言されるクラスは、`java.lang`パッケージに含まれる。
(4) 自分で作成するパッケージの名前は、ほかの人が作ったものと同じ名前になってもかまわないが、クラス名は同じ名前にならないように十分気をつける必要がある。

1.2 `import javax.swing.*;`と記述したときに、クラス名だけで使用できるものを選んでください。

(1) `javax.swing.event.MenuEvent`クラス
(2) `javax.swing.JButton`クラス
(3) `java.lang.Math`クラス
(4) `java.lang.reflect.Modifier`クラス

1.3 次の文章のうち、誤っているものには×を、正しいものには○をつけてください。

(1) クラスの宣言に`private`修飾子をつけると、パッケージの外から使用できないクラスになる。
(2) アクセス修飾子がクラスの宣言にもフィールドの宣言にもついていない場合、パッケージの外からフィールドを参照することはできない。
(3) 修飾子のついていないクラスに含まれている、`public`修飾子のついたメソッドは、パッケージの外から使用できる。
(4) 1つのプログラムコードの中に複数のクラスの宣言を記述できるが、必ず1つは`public`修飾子をつける必要がある。

第2章　例外処理

例外の発生と例外処理
例外オブジェクト
例外を作成して投げる

この章のテーマ

プログラム実行時に発生するトラブルを「例外」といいます。本章では、Java言語における例外の発生の仕組みと、例外の発生を考慮した処理（例外処理）の方法について学習します。例外処理を行うことで、プログラム実行時にトラブルが起きても、実行を継続させたり適切に対処したりといったことができるようになります。

2-1　例外の発生と例外処理

- プログラム実行時のトラブル
- 例外の発生する状況
- 投げられた例外をキャッチする
- finallyの処理
- catchブロックの検索

2-2　例外オブジェクト

- 例外オブジェクトとは
- 例外オブジェクトの種類による場合分け
- 例外のクラス階層

2-3　例外を作成して投げる

- 例外の作成
- メソッドの外への例外の送出

2-1 例外の発生と例外処理

学習のポイント

- コンパイルエラーがなくても、プログラムが問題なく動作するとは限りません。実行するときになってトラブルが起きた場合、「例外」が発生します。
- 適切な「例外処理」を含むプログラムコードを作成することで、例外の発生にも対処できます。

プログラム実行時のトラブル

KEYWORD
- コンパイルエラー
- ランタイムエラー

プログラムコードの中のつづりの間違いや文法の誤りは、コンパイル時に検知され、コンパイルエラーという形で知らされます。これに対して、コンパイルは問題なくできたものの、プログラムを実行させたときに発生するエラーもあります。これをランタイムエラーといいます。

ランタイムエラーはさまざまな原因で起こりますが、その1つに「プログラムの実行中にゼロによる割り算が発生した場合」があります。たとえば、次のように引数で渡された値を使って割り算をするメソッドがあるとします。

```
void divide(double a, double b) {
  System.out.println(a / b);
}
```

引数で渡されたaをbで割った値をコンソールに出力します

文法的には誤りがないため、問題なくコンパイルできます。しかし、メソッドに渡される**b**の値がゼロであった場合、このメソッドでは、ゼロによる割り算を計算することになってしまいます。そもそも、ある値をゼロで割った結果は数学の世界でも定義されていません。そのため、**b**の値がゼロであった場合には**a / b**を計算できず、処理が中断してしまいます。

KEYWORD
- 例外

プログラムを実行している途中に発生するこのようなトラブルや、それを表すものをJava言語では例外（れいがい）（exception）といいます（注❷-1）。例外が起きたことは「例外が発生する」のほか、「例外が投げられる」「例外がスロー（throw）される」などと表現されます（図❷-1）。「例外が投げられる」という表現には違和感

注❷-1
私たちは日ごろ「例外」という言葉を「いつもと違うこと」の意味で使っていますが、それとは少し意味が異なります。

を覚えるかもしれませんが、このように表現される理由は後ほど説明します。

図❷-1 トラブルの発生する処理では例外が投げられる

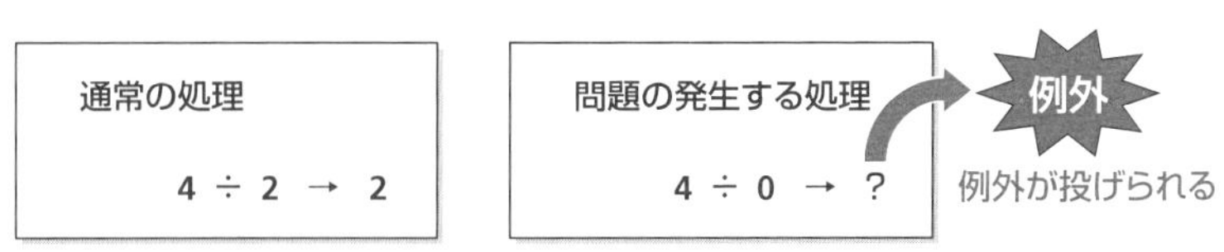

次のList❷-1は、ゼロによる割り算が含まれているプログラムコードの例です。

List❷-1 02-01/ExceptionExample.java

```
1: public class ExceptionExample {
2:   public static void main(String[] args) {
3:     int a = 4;
4:     int b = 0;
5:     int c = a / b;
6:     System.out.println("cの値は" + c);
7:     System.out.println("処理を正常に終了します");
8:   }
9: }
```

例外

4を0で割っているため、例外が投げられます

例外が投げられて以降の処理は実行されません

このプログラムコードには、文法上の誤りはないのでコンパイルエラーは発生しません。実行も、問題なく開始できます。しかし、5行目に記述されている割り算を行うことができず、次のようなメッセージがコンソールに出力されます。

```
Exception in thread "main" java.lang.ArithmeticException: / ➡
by zero
  at ExceptionExample.main(ExceptionExample.java:5)
```

➡は紙面の都合で折り返していることを表します。

このメッセージには、「ExceptionExample.javaのプログラムコードの5行目でゼロによる割り算が行われた」ということが書かれています。

また、プログラムコードの7行目にある「処理を正常に終了します」という文字列がコンソールに出力されていないことからも、トラブルが発生した5行目でプログラムが中断し、最後まで処理が行われなかったことがわかります。このように、プログラム実行中にトラブルが発生した場合、例外が投げられて処理が中断します。

例外の発生する状況

ゼロによる割り算以外にも、例外が投げられる原因はさまざまです。基本的には、「想定外のことが起きて、そのまま処理を継続できない」という状況が発生したときに例外が投げられます。

たとえば、第7章で学習するファイルの入出力（ファイルにデータを保存したり、ファイルからデータを読み込む処理）を行うプログラムでは、「存在すると思ったファイルが存在しなかった」「ファイルにデータを書き込もうとしたら、ハードディスクがいっぱいで書き込めなかった」といった状況で例外が投げられます。また、第10章で学習するネットワーク通信を行うプログラムでは、「パソコンがネットワークに接続されていなかった」「接続先のコンピュータが起動していなかった」といった状況で例外が投げられます。

もっと簡単な例として、配列を使っているプログラムでは、「配列の要素数を超える値をインデックスとして指定した」ことで投げられる例外があります。図❷-2は、要素数が3の配列`scores`に対し、範囲を超えたインデックスで参照しようとして例外が投げられたときのようすです。

図❷-2 範囲を超えたインデックスを指定すると例外が投げられる

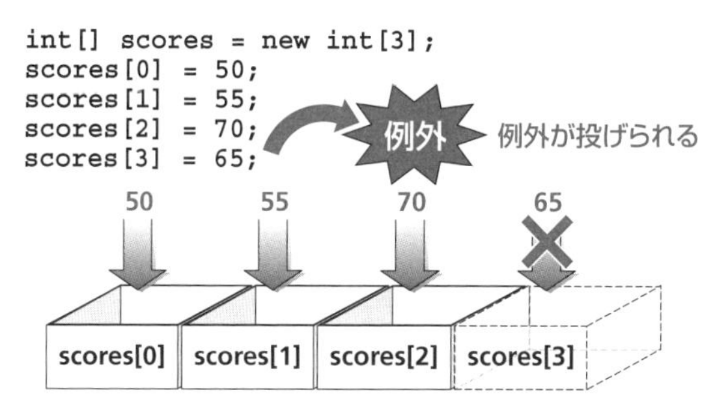

具体的なプログラムコードを見てみましょう（List❷-2）。

List❷-2 02-02/ExceptionExample2.java

```
1: public class ExceptionExample2 {
2:   public static void main(String[] args) {
3:     int[] scores = new int[3];
4:     scores[0] = 50;
5:     scores[1] = 55;
6:     scores[2] = 70;
7:     scores[3] = 65;
8:   }
9: }
```

- 3行目：scoresは要素の数が3の配列です
- 4〜6行目：配列のインデックスには0〜2を使用できます
- 7行目：インデックスの値が使用できる範囲を超えています → 例外

このプログラムを実行すると、次のようなエラーメッセージが表示されます。

実行結果

```
Exception in thread "main" java.lang.ArrayIndexOutOfBounds➡
Exception: Index 3 out of bounds for length 3
  at ExceptionExample2.main(ExceptionExample2.java:7)
```

➡は紙面の都合で折り返していることを表します。

実行結果から、プログラムコードの7行目で例外が投げられたことがわかります。配列の要素は3つであるため、インデックスに指定できる値は0～2ですが、それを超える3が指定されたことがその原因です。

この例のような単純なプログラムであれば、エラーによってプログラムが中断しても大した問題はありません。しかし、プログラムによっては「トラブルが発生してもそれに対処して、実行を継続してほしい」ということがあります。このような場合には、例外への適切な対処が必要になります。

投げられた例外をキャッチする

Javaプログラムでトラブルが発生したときには、例外という物が文字どおり「投げられる」のだとイメージしましょう。なぜなら、投げられた例外はキャッチ（catch）できるからです（図❷-3）。

図❷-3 例外はキャッチできる

注❷-2
List❷-1を実行したときには、例外が投げられてもキャッチされなかったので、プログラムが中断してしまったのです。

KEYWORD
●例外処理
●try
●catch

重要な処理を行うプログラムの場合、問題が発生したからといって、プログラムが止まってしまっては困ることがあります。そのため、Javaプログラムには例外が投げられたときに、その例外をキャッチして処理を続けることができる仕組みがあります（注❷-2）。このときの処理を例外処理（れいがいしょり）といいます。例外をキャッチするには、次のようなtry（トライ）～catch（キャッチ）文を使います。

構文❷-1 try～catch文

```
try {
   tryブロック
   本来実行したい処理。
   例外が投げられる可能性がある
}
catch (例外の型 変数名) {
   catchブロック
   例外が投げられたときの処理
}
finally {
   finallyブロック
   最後に必ず行う処理
}
```

KEYWORD
- tryブロック
- catchブロック
- finallyブロック

注❷-3
ループ処理の中でbreak文が実行されるのに似ています。

try（トライ）ブロックには、本来実行したい処理を記述します。ただし、実行中に例外が投げられる可能性があります。「途中でトラブルが発生するかもしれないけれどトライしてみる」というわけです。

tryブロックの中でトラブルが発生して例外が投げられた場合、それ以降の処理をスキップしてcatch（キャッチ）ブロックの中に処理が移ります（注❷-3）。catchブロックの引数には、投げられた例外の種類を表す「例外オブジェクト」（2-2節で説明します）が渡されます。そのため、catchブロックの引数には、変数の宣言と同じように型と変数名を指定します。

また、例外が投げられても投げられなくても、finally（ファイナリー）ブロックに記述した処理は、try～catch文の最後に必ず実行されます。finallyブロックはなくてもかまいません。

図❷-4は、tryブロックから例外が投げられた場合と投げられなかった（通常の）場合とで、try～catch文の処理の流れの違いを表したものです。

図❷-4 例外が投げられた場合の処理と投げられなかった場合の処理の流れの違い

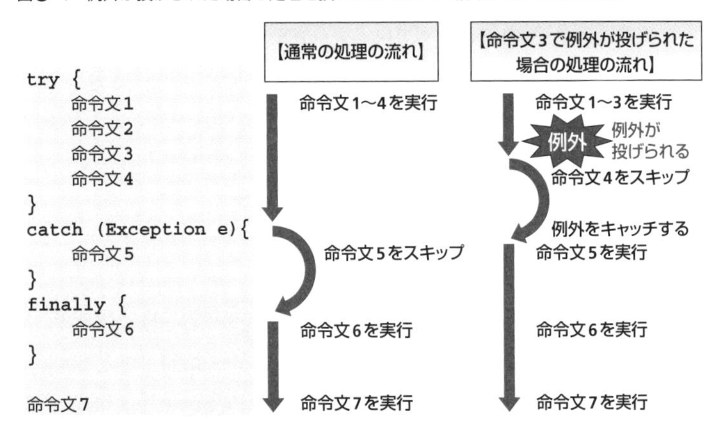

例外が投げられなかった通常の処理では、**catch**ブロックの中にある命令文は実行されません。**try**ブロックの中でトラブルが発生し例外が投げられると、その時点で処理が**catch**ブロックへジャンプし、その中にある命令文が実行されます。

List❷-1に**try**～**catch**文による例外処理を追加すると、次のようになります（List❷-3）。

List❷-3 02-03/ExceptionExample3.java

```
 1: public class ExceptionExample3 {
 2:   public static void main(String[] args) {
 3:     int a = 4;
 4:     int b = 0;
 5:     try {
 6:       int c = a / b;
 7:       System.out.println("cの値は" + c);
 8:     }
 9:     catch (ArithmeticException e) {
10:       System.out.println("例外をキャッチしました");
11:       System.out.println(e);
12:     }
13:     System.out.println("プログラムを終了します");
14:   }
15: }
```

例外

例外が投げられる可能性があるので、tryブロックで囲んでいます

ゼロで除算をした場合に投げられる例外をキャッチします

この記述で例外の内容をコンソールに出力できます

例外が発生した場合の処理です

実行結果

```
例外をキャッチしました
java.lang.ArithmeticException: / by zero
プログラムを終了します
```

例外の内容が出力されています

KEYWORD

● java.lang.Arithmetic Exceptionクラス

ゼロによる割り算が行われた時点で、**java.lang.ArithmeticException**という例外オブジェクトが投げられ、プログラムの次の処理が**catch**ブロックの中にジャンプします。「**System.out.println(e);**」という命令文で、引数として渡された例外オブジェクト**e**の内容を出力できます。「プログラムを終了します」という文字列が出力されていることから、プログラムを途中で終わらせることなく、最後まできちんと処理されたことがわかります。

finallyの処理

図❷-4の例では、命令文7が最終的には実行されるので、**finally**ブロックはあってもなくても違いがないように見えます。しかし、**catch**ブロックの中にメソッドを終了するための**return**文がある場合や、**catch**ブロックの中か

注❷-4
例外は自分で作って投げることもできます。詳しくは次節で説明します。

ら新しい例外を投げる場合（注❷-4）などには、命令文7が実行されずに処理が終わります。このような場合でも、**finally**ブロックの中にある命令文は必ず最後に実行されます。

次のプログラムコードは、エラー処理の**catch**ブロックの中に**return**文を追加した例です（List❷-4）。

List❷-4 02-04/ExceptionExample4.java

```
 1: public class ExceptionExample4 {
 2:   public static void main(String[] args) {
 3:     int a = 4;
 4:     int b = 0;
 5:     try {
 6:       int c = a / b;
 7:       System.out.println("cの値は" + c);
 8:     }
 9:     catch (ArithmeticException e) {
10:       System.out.println("例外をキャッチしました");
11:       System.out.println(e);
12:       return;  ← ここでメソッドを終了します
13:     }
14:     finally {   ↓ メソッドを終了する前に必ず実行されます
15:       System.out.println("finallyブロックの処理です");
16:     }
17:     System.out.println("プログラムを終了します");
18:   }
19: }
```

実行結果

```
例外をキャッチしました
java.lang.ArithmeticException: / by zero
finallyブロックの処理です
```

実行結果を見るとわかるように、例外をキャッチする**catch**ブロックの中に**return**文がある場合、そこでメソッドの処理が終わります（**main**メソッドの場合はプログラムが終わります）。しかし、**finally**ブロックがあるので、メソッドの処理を終える前に**finally**ブロックの中の処理を実行しています。**return**文によってメソッドを途中で終えているため、**try**～**catch**文の外側にある「**System.out.println("プログラムを終了します");**」という命令文が実行されていないことに注意してください。

プログラムの処理の流れを追うと、上から下に順番に進むのではないので違和感を覚えるかもしれませんね。メソッドを途中で抜ける場合にも必ず**finally**ブロックの処理は行われるのだ、と理解しましょう。

入門編からここまでに作成してきたプログラムでは、**finally**ブロックが必要になるケースはありません。しかし、本格的なプログラムを作成するようになったとき、とても重宝に感じることがあるでしょう。

catchブロックの検索

適切に例外処理を行うには、トラブルが発生する可能性のある命令文を**try**～**catch**文で囲みます。

それでは、あるメソッドの中で例外が投げられたものの、それが**try**～**catch**文の中ではなかったらどうなるのでしょうか。この場合には、メソッドの呼び出し元まで戻って**catch**ブロックが検索されます。メソッドの呼び出しを**main**メソッドまで戻っても**catch**ブロックが見つからなかった場合には、List❷-1の例のように、例外はキャッチされることなくエラーメッセージが出力されてプログラムが中断します。

次のプログラムコードで、このことを確認してみましょう（List❷-5）。

List❷-5　02-05/ExceptionExample5.java

```
 1: class SimpleClass {
 2:   void doSomething() {
 3:     int array[] = new int[3];     ← int型で要素数が3の配列を生成しています
 4:     array[10] = 99;     ← 配列のインデックスの指定が範囲（0～2）を超えています
 5:     System.out.println("doSomethingメソッドを終了します");
 6:   }
 7: }
 8:
 9: public class ExceptionExample5 {
10:   public static void main(String args[]) {
11:     SimpleClass obj = new SimpleClass();
12:     try {
13:       obj.doSomething();     ← SimpleClass型のオブジェクトのdoSomethingメソッドを呼び出しています
14:     }
15:     catch (ArrayIndexOutOfBoundsException e) {     ← 例外をキャッチします
16:       System.out.println("例外をキャッチしました");
17:       e.printStackTrace();     ← メソッドの呼び出し履歴を出力します
18:     }
19:   }
20: }
```

実行結果

```
例外をキャッチしました
java.lang.ArrayIndexOutOfBoundsException: Index 10 out of ➡
bounds for length 3
    at SimpleClass.doSomething(ExceptionExample5.java:4)
    at ExceptionExample5.main(ExceptionExample5.java:13)
```

➡は紙面の都合で折り返していることを表します。

このプログラムでは、`SimpleClass`クラスの`doSomething`メソッドの中で、配列のインデックスが範囲を超えて使用されています。`doSomething`メソッドの中で例外が投げられますが、メソッド内部には`try`～`catch`文がありません。

そのため、`doSomething`メソッドを呼び出した`ExceptionExample5`クラスの`main`メソッドにまで戻って`catch`ブロックの検索が行われます。実行結果に`doSomething`メソッド内に記述されている「`doSomething`メソッドを終了します」という文字列が出力されていないことから、例外が発生した時点で、`main`メソッドの`catch`ブロックに処理が移っていることを確認できます。

「`e.printStackTrace();`」という命令文では、例外が発生したところまでに、どのようにメソッドが呼び出されたかを示す情報（注❷-5）がコンソールに出力されます。出力内容から、「例外が発生したのはExceptionExample5.java（List❷-5）の4行目にある`doSomething`メソッドで、`doSomething`メソッドを呼び出したのはExceptionExample5.javaの13行目にある`main`メソッドの中である」ということがわかります。

注❷-5
「スタックトレース」といいます。2-2節で説明します。

登場した主なキーワード

- **例外**：プログラム実行時に発生したトラブルやそれを表すもの。例外が起きたことを、Java言語では「例外が発生する／投げられる」などと表現します。
- **`try`～`catch`文**：例外が投げられる可能性がある場合に、適切な対応をするために使用する構文。例外が投げられると`catch`ブロックに処理が移ります。
- **`finally`ブロック**：`try`～`catch`文の末尾に追加できるブロック。例外の発生の有無にかかわらず実行されます。

まとめ

- プログラム実行中に、そのままでは処理を継続できないトラブルが発生したときには例外が投げられます。
- 例外の発生する可能性のある処理を`try`ブロックに記述すると、例外が投げられたときに`catch`ブロックで処理できます。
- `finally`ブロックは、例外の発生の有無にかかわらず実行されます。
- 例外が発生した場所に`catch`ブロックがない場合、メソッドの呼び出し元に戻って`catch`ブロックが検索されます。

2-2 例外オブジェクト

学習のポイント

- 例外はExceptionクラスのサブクラスによって表現されます。
- 例外が発生すると、例外の種類に対応したクラスのインスタンスが投げられ、catchブロックの引数に渡されます。

KEYWORD
- 例外オブジェクト
- Exceptionクラス

例外オブジェクトとは

これまでに「例外が投げられる」と述べてきましたが、Java言語のプログラムの中で実際に投げられるものは例外(れいがい)オブジェクトです。

例外オブジェクトの実体は、java.langパッケージに含まれるException(エクセプション)クラスのサブクラスのインスタンスです。ゼロによる割り算を行ったときに投げられるArithmeticExceptionオブジェクトは、Exceptionクラスを継承したものです。Exceptionクラスのサブクラスには、例外の種類を表すクラスがたくさんあります。

投げられた例外オブジェクトは、catchブロックの引数に渡されます。たとえば、次のように記述されたcatchブロックでは、tryブロックで投げられたArithmeticExceptionオブジェクトが引数eに渡されます。

```
catch (ArithmeticException e) {
  命令文
}
```

catchブロックの中の命令文に

```
System.out.println(e);
```

と記述することで、受け取った例外オブジェクトに格納されている情報を出力できます。また、Exceptionクラスが持っているprintStackTrace(プリント スタック トレース)メソッドを、

KEYWORD
- printStackTraceメソッド

```
e.printStackTrace();
```

KEYWORD
●スタックトレース

のようにして呼び出すと、例外が発生するまでのスタックトレース（メソッドの呼び出し履歴）を見ることができます。

例外オブジェクトの種類による場合分け

発生した原因に応じて、投げられる例外オブジェクトの種類は異なります。ゼロによる割り算が行われた場合には、**ArithmeticException**オブジェクトが投げられますし、配列のインデックスが範囲を超えていた場合には、（とても長い名前の）**ArrayIndexOutOfBoundsException**（アレイ インデックス アウト オブ バウンズ エクセプション）オブジェクトが投げられます。

KEYWORD
●ArrayIndexOutOfBoundsExceptionクラス

try～**catch**文では、引数の異なる**catch**ブロックを並べることで、例外の種類に応じた例外処理ができるようになります。書き方は次のとおりです。

構文❷-2　複数のcatchブロックを並べる

```
try {
   例外が投げられる可能性のある処理
}
catch (例外の型1 変数名1) {
   例外が投げられたときの処理1
}
catch (例外の型2 変数名2) {
   例外が投げられたときの処理2
}
finally {
   最後に必ず行う処理
}
```

tryブロックの中で投げられた例外オブジェクトのクラスが「例外の型1」に該当する場合には、「例外が投げられたときの処理1」が実行されます。「例外の型1」ではなく「例外の型2」に該当する場合には、「例外が投げられたときの処理2」が実行されます。つまり、**switch**文のように上から順番に見ていって、最初に例外の型が一致した**catch**ブロックが実行されます。**catch**ブロックはいくつでも並べることができます。

次のプログラムコードは、**catch**ブロックを2つ並べることで、これまでに扱った2種類の例外（ゼロによる割り算と、配列の範囲を超えたインデックスの指定）に、それぞれ違う方法で対処する例です（List❷-6）。

List❷-6 02-06/ExceptionExample6.java

```
 1: public class ExceptionExample6 {
 2:   public static void main(String[] args) {
 3:     int[] scores = new int[5];
 4:     int a = 4;
 5:     int b = (int)(Math.random() * 10);
 6:     System.out.println("b=" + b);
 7:     try {
 8:       int c = a / b;
 9:       System.out.println("cの値は" + c);
10:       scores[b] = 10;
11:       System.out.println("処理が正常に行われました");
12:     }
13:     catch (ArithmeticException e) {
14:       System.out.println("ArithmeticException型の ➡
          例外をキャッチしました");
15:       System.out.println(e);
16:     }
17:     catch (ArrayIndexOutOfBoundsException e) {
18:       System.out.println("ArrayIndexOutOfBounds ➡
          Exception型の例外をキャッチしました");
19:       System.out.println(e);
20:     }
21:     System.out.println("プログラムを終了します");
22:   }
23: }
```

変数bに、randomメソッドが返す0以上1未満のランダムな値を10倍し、それをint型に型変換した0～9の整数を代入しています

例外が投げられる可能性があるので、tryブロックで囲んでいます

ゼロで除算をした場合に投げられる例外オブジェクトをキャッチします

この記述で例外の内容を出力できます

配列のインデックスに関する例外オブジェクトをキャッチします

この記述で例外の内容を出力できます

➡は紙面の都合で折り返していることを表します。

実行結果は、0～9の範囲でランダムに決まるbの値によって変化します。bの値がゼロになった場合には、次のように出力されます。

実行結果

```
b=0
ArithmeticException型の例外をキャッチしました
java.lang.ArithmeticException: / by zero
プログラムを終了します
```

bの値が5以上になった場合には、次のように出力されます。

実行結果

```
b=9
cの値は0
ArrayIndexOutOfBoundsException型の例外をキャッチしました
java.lang.ArrayIndexOutOfBoundsException: Index 9 out of ➡
bounds for length 5
プログラムを終了します
```

➡は紙面の都合で折り返していることを表します。

たしかに、例外の種類（例外オブジェクト）に応じて処理の内容を切り替えることができています。

メモ

例外オブジェクトは`Exception`クラスのサブクラスなので、`catch (Exception e)`のように、`catch`ブロックの引数の型を`Exception`型にすると、すべての例外オブジェクトをキャッチできます。

例外のクラス階層

例外オブジェクトの実体は、**Exception**クラスのサブクラスのインスタンスでした。**Exception**クラス自体は、**Throwable**（スローアブル）クラスのサブクラスです（注❷-6）。

KEYWORD
●`Throwable`クラス

注❷-6
Throwableは英語で「投げることができる」という意味です。`Throwable`クラスは`java.lang`パッケージに含まれています。

このような**Exception**クラスを中心とした継承関係は、図❷-5のような階層になっています。これまでに扱った2つの例外クラスと、階層の最も上位に位置する**Throwable**クラスに色をつけました。

図❷-5 例外を扱うクラスの階層

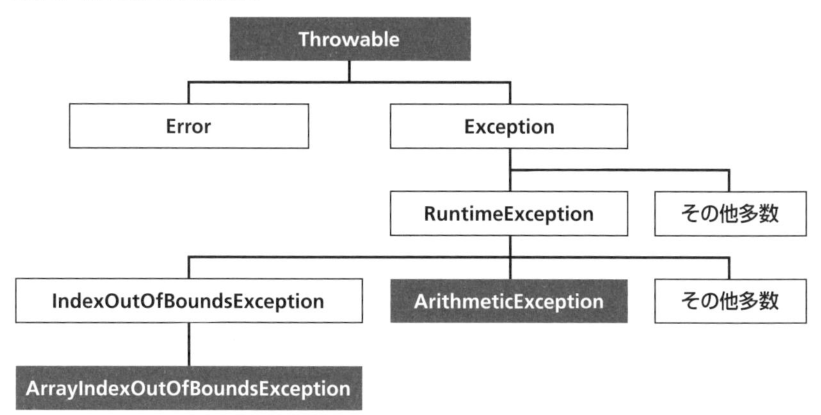

Throwableクラスを直接継承するクラスとして、**Error**クラスと**Exception**クラスがあります。

Errorクラスは、プログラムの実行を継続できない、通常はキャッチすべきでない大きなトラブルが発生したときに使用されます。**Exception**クラス（または**Exception**クラスのサブクラス）のインスタンス（つまり例外オブジェクト）は、try～catch文でキャッチできます。これらの例外オブジェクトが投げられる可能性がある場合には、原則としてtry～catch文を書かなくてはいけません。

KEYWORD
●RuntimeExceptionクラス

ただし、RuntimeException（ランタイム エクセプション）クラスだけは違います。RuntimeExceptionクラスもExceptionクラスのサブクラスですが、プログラムコードにtry～catch文がなくてもコンパイルエラーになりません。RuntimeExceptionを投げる例外は、割り算や配列の扱いといったよく行われる処理で発生するので、いちいちtry～catch文の存在をコンパイラがチェックしないのです。try～catch文を記述するかしないかは、プログラム開発者の判断にゆだねられています。

なお、これまでに登場したArithmeticExceptionクラスとArrayIndexOutOfBoundsExceptionクラスは、どちらもRuntimeExceptionクラスのサブクラスなので、プログラムコードにtry～catch文がなくてもコンパイルエラーにはなりません。

しかし、RuntimeException以外の例外が発生する可能性がある場合には、必ずtry～catch文を書かなくてはならず、try～catch文がないとコンパイルエラーになります。次章以降では、RuntimeException以外の例外の発生する処理が数多く登場します。ランタイムエラーが起きたときの対応をプログラムに含めておくことはとても大切です（注❷-7）。

注❷-7
Eclipseでは、必要なtry～catch文が抜けていると警告が表示されます。うっかりtry～catch文をつけ忘れても、すぐに気づくことができます。

登場した主なキーワード

- **例外オブジェクト**：プログラムの中で例外が発生したときに、catchブロックの引数に渡されるもの。具体的には、例外の内容に対応したExceptionクラスのサブクラスのインスタンスです。
- **スタックトレース**：メソッドの呼び出し履歴のこと。
- **RuntimeExceptionクラス**：Exceptionクラスのサブクラス。この例外が投げられる可能性があって、try～catch文がなくてもコンパイルエラーにはなりません。

まとめ

- プログラム実行時にトラブルが起こると、例外オブジェクトが投げられます。
- 例外オブジェクトとは、例外の内容に対応したExceptionクラスのサブクラスのオブジェクトです。このオブジェクトがcatchブロックの引数に渡されます。
- catchブロックを並べて、例外の内容に応じた処理の場合分けを行えます。

2-3 例外を作成して投げる

学習のポイント

- 例外オブジェクトを自分で作成して投げることができます。
- 自分で作成した例外オブジェクトを、メソッドの外へ投げることもできます。

例外の作成

前節では、プログラム実行中に投げられた例外をキャッチし、それに対応する処理を実行する方法を学習しました。しかし、例外に対して私たちができることは、このような受け身の処理だけではありません。自分で例外オブジェクトを生成して投げる（throw（スロー）する）こともできます。

例外を表す**Exception**クラスには次のようなコンストラクタがあり、引数には例外の内容を表すメッセージ（文字列）を指定できます。

構文❷-3　Exceptionクラスのコンストラクタ

```
Exception(String message)
```

したがって、次のような記述で新しい例外オブジェクトを生成できます。

```
Exception e = new Exception("○○という例外が発生しました");
```

KEYWORD
●throw

このようにして生成した例外オブジェクトは、次の**throw**（スロー）文を使って投げることができます。

構文❷-4　throw文

```
throw e;
```

次のように記述すると、変数**e**を使うことなく、生成した例外オブジェクトを直接投げることができます。

```
throw new Exception("○○という例外が発生しました");
```

throw文で投げられるのは、**Throwable**クラスを継承したクラスのインスタンスだけです。**Exception**クラスは**Throwable**クラスのサブクラスなので、そのインスタンスを例外オブジェクトとして投げることができます。

クラスライブラリにない例外を自分で新しく作成する場合には、**Exception**クラスを継承するクラスを宣言し、そのインスタンスを投げるようにします。次のプログラムコードは、自分で生成した例外オブジェクトを投げてキャッチする例です（List❷-7）。

List❷-7 02-07/MyExceptionExample.java

```
 1: class InvalidAgeException extends Exception {  ← Exceptionクラスを継承します
 2:   InvalidAgeException(String message) {
 3:     super(message);  ← スーパークラスであるExceptionクラスのコンストラクタを呼び出します
 4:   }
 5: }
 6:
 7: public class MyExceptionExample {
 8:   public static void main(String[] args) {
 9:     int age = -10;
10:     try {  ← 例外が発生する可能性があるので、tryブロックで囲んでいます
11:       if (age < 0) {
12:         throw new InvalidAgeException("年齢にマイナスの値が ➡
            指定されました");  ← 例外を生成して投げます
13:       }
14:       System.out.println("年齢は" + age + "歳です");  ← 変数ageの値を出力します
15:     }
16:     catch (InvalidAgeException e) {  ← 例外をキャッチします
17:       System.out.println("例外をキャッチしました");
18:       System.out.println(e);  ← キャッチした例外の内容を出力します
19:     }
20:   }
21: }
```

➡は紙面の都合で折り返していることを表します。

実行結果

```
例外をキャッチしました
InvalidAgeException: 年齢にマイナスの値が指定されました
```

変数**age**には年齢が入るものとすると、後の処理は当然**age**の値が0以上であることを前提として進められます。そこで、誤って変数**age**に負の数が設定されていたときに、独自に宣言した**InvalidAgeException**という例外オブジェクト（注❷-8）を投げるようにしています。**InvalidAgeException**クラスは1～5行目で定義しています。**Exception**クラスを継承し、文字列を引

注❷-8
invalidは「適切でない」という意味です。

数とするコンストラクタを宣言している点に注意しましょう。12行目で、この例外オブジェクトを生成して投げています。

実行結果からは、この例外オブジェクトを自分で投げ、catchブロックでキャッチできたことを確認できます。

メソッドの外への例外の送出

メソッドの中で例外が発生した場合、同じメソッドの中でキャッチせずに、メソッドの外へ投げることができます。例外処理をメソッドの中で行わず、呼び出し元で対処してほしいときに、このようにします。

例外を送出する可能性のあるメソッドを作成する場合、メソッドの宣言で次のようにthrows(スローズ)キーワードを使います。

KEYWORD
● throws

構文❷-5 throwsキーワードを使ったメソッドの宣言

```
戻り値 メソッド名(引数) throws 例外の型 {
  例外を投げる可能性のあるメソッドの内容
}
```

throwではなく、throwsである（sがついている）ことに注意しましょう。「このメソッドは例外オブジェクトを投げる可能性がありますよ」ということを宣言しているのです。このように宣言されたメソッドを呼び出すときには、呼び出し元でtry～catch文の準備をしておく必要があります。

次のプログラムは、メソッドの外に例外を投げる例です (List❷-8)。

List❷-8 02-08/ExceptionExample7.java

```
 1: class InvalidAgeException extends Exception {
 2:   InvalidAgeException(String message) {
 3:     super(message);
 4:   }
 5: }
 6:
 7: class Person {
 8:   int age;
 9:   void setAge(int age) throws InvalidAgeException {
10:     if (age < 0) {
11:       throw new InvalidAgeException("年齢にマイナスの値が➡
          指定されました");
12:     }
13:     this.age = age;
14:   }
15: }
```

- 9行目 throws InvalidAgeException：例外を投げる可能性のあるメソッドであることを宣言します
- 10行目：引数で渡されたageの値が負の場合
- 11行目：新しいExceptionオブジェクトを生成して投げます
- 13行目：引数のageが負の値でない場合だけ実行されます

```
16:
17: public class ExceptionExample7 {
18:   public static void main(String[] args) {
19:     Person p = new Person();
20:     try {
21:       p.setAge(-5);   ← PersonオブジェクトのsetAgeメソッドに-5を渡して呼び出します
22:     }
23:     catch (InvalidAgeException e) {   ← 例外をキャッチします
24:       System.out.println(e);   ← 例外の内容を出力します
25:     }
26:   }
27: }
```

➡は紙面の都合で折り返していることを表します。

実行結果

```
InvalidAgeException: 年齢にマイナスの値が指定されました
```

Personクラスには年齢を設定する**setAge**メソッドがあります。このメソッドは、引数で渡された値が負の数の場合、**InvalidAgeException**オブジェクトを生成して投げます。メソッドの宣言に**throws InvalidAgeException**と記述してあるように、この例外を内部で処理せずに、呼び出し元に投げます。

この**Person**クラスの**setAge**メソッドをほかのクラスから呼び出す場合、投げられた例外をキャッチできるように**try**～**catch**文の**try**ブロックから呼び出す必要があります。そうしないとコンパイルエラーになります。このようにすることで、意図しない値（マイナスの年齢）を設定しようとしたときにも、きちんと対応できるようになります。

登場した主なキーワード

- **throw**：例外オブジェクトを投げます。
- **throws**：例外を投げる可能性があるメソッドの宣言に使用します。

まとめ

- **Exception**クラス（またはそのサブクラス）のオブジェクトを生成し、**throw**文を使って投げることができます。
- **Exception**クラスのオブジェクトには、コンストラクタで独自のメッセージを設定できます。
- メソッドの宣言に「**throws 例外の型**」とつけることで、例外オブジェクトをメソッドの中で処理せずに、メソッドの外へ投げることができます。

- 例外オブジェクトを呼び出し元へ投げるメソッドを呼び出す場合、投げられる可能性のある例外オブジェクトを**catch**ブロックでキャッチできるようにする必要があります。

練習問題

2.1 次の文章のうち、誤っているものには×を、正しいものには○をつけてください。

(1) 例外処理とは、ゼロによる割り算のように、実行時に発生する可能性のある問題に対処するための仕組みである。

(2) 例外が発生すると、投げられる例外オブジェクトのクラスに関係なく、必ずcatchブロック内の処理が実行される。

(3) 例外はすべてThrowableクラスのサブクラスのオブジェクトによって表現される。

(4) 例外を投げる可能性のあるメソッドを呼び出す場合は、その例外をキャッチするtry～catch文を用意しておかないとコンパイルエラーになる。

(5) tryブロックの後にはcatchブロックとfinallyブロックの両方が必要である。

2.2 次に示すmethodAメソッドでは、FileReaderというクラスのインスタンスを生成していますが、FileReaderクラスのコンストラクタはFileNotFoundExceptionという例外オブジェクトを投げる可能性があるため、try～catch文を使って例外処理を行っています。
このメソッドを、メソッド内で例外処理せずに外部に例外を送出するように変更してください。

```
void methodA() {
  try {
    FileReader fr = new FileReader("test.txt");
  }
  catch (FileNotFoundException e) {
    System.out.println(e);
  }
}
```

2.3 次のプログラムコードは、「tryブロックの中で何らかの処理を行い、その処理の中でArrayIndexOutOfBoundsException型の例外オブジェクトが投げられたときには「例外処理A」というメッセージを出力し、それ以外の例外が投げられたときには「例外処理B」というメッセージを出力する」ためのものですが、誤りがあります。どのように修正すればよいでしょうか。

```
 1: public class Practice2_3 {
 2:   public static void main(String[] args) {
 3:     try {
 4:       // 何かの処理
 5:       System.out.println("処理が正常に行われました");
 6:     }
 7:     catch (Exception e) {
 8:       System.out.println("例外処理B");
 9:     }
10:     catch (ArrayIndexOutOfBoundsException e) {
11:       System.out.println("例外処理A");
12:     }
13:     System.out.println("プログラムを終了します");
14:   }
15: }
```

第3章 スレッド

スレッドの基本
スレッドの制御
マルチスレッドの適切な使い方

この章のテーマ

Javaプログラムでは、「スレッド」と呼ばれる実行単位を複数作成することで、異なる命令を同時に実行できるようになります。複数のスレッドを有効活用することで、使う人に便利なプログラムを作成できるのですが、スレッドの扱いには注意が必要です。本章では、スレッドの作成とその使い方、および扱う際の注意点について学習します。

3-1 スレッドの基本

学習のポイント

- マルチスレッドにより、2つ以上の命令を同時に実行させることができます。
- スレッドを作成して実行する方法を学びます。

スレッドとは

これまでに作成してきたプログラムは、mainメソッドを開始点として、プログラムコードに書かれた命令文が上から下に向かって順番に実行されました。ループ処理によってプログラムコードの同じ場所をぐるぐる回ったり、メソッドの呼び出しによってほかの場所にジャンプしたりすることもありますが、基本的に命令文は1つずつ順番に処理され、一続きの流れのようなものとみなすことができます。この流れの中では、複数の異なる命令が同時に実行されることはありません。

KEYWORD
- シングルスレッド
- スレッド
- マルチスレッド

このようなプログラムをシングルスレッドのプログラムといいます。スレッド（thread）は「糸」や「1本の川が曲がりくねって進む」という意味の言葉です。シングルスレッドのプログラムは、一度に1つずつ命令を実行しながら処理を進める、1本の川の流れのようなものです。

これに対して、一度に2つ以上の命令を同時に実行するプログラムを作ることもできます。これをマルチスレッドのプログラムといいます。プログラムの処理の流れが2本以上あり、それぞれが同時に進行するイメージです。これだけではどのようなプログラムを意味しているのかわからないと思いますので、もう少し説明を続けましょう。

たとえば、皆さんが普段使っているWebブラウザは、マルチスレッドで動作するプログラムの1つです（図❸-1）。

図❸-1 Webブラウザはさまざまな処理を同時に実行する

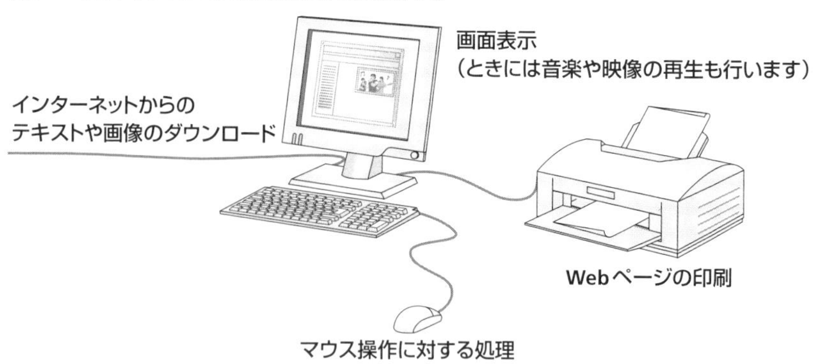

Webブラウザは、インターネットからのテキストや画像をダウンロードし、それを画面に表示します。画像のダウンロードに時間がかかる場合には、画像のダウンロードを継続しながら、先にダウンロードが完了したテキストだけを表示してしまいます。画像のダウンロード中も画面をスクロールさせたり、マウスでメニューを操作したりできます。普通のことに思えますが、「画像をダウンロードする」という処理をしつつ別の処理も実行しているのですから、よく考えてみると不思議です。これも、複数のスレッドが同時に進行するマルチスレッドだからこそ可能なことなのです。

マルチスレッドを使わないプログラムの場合、前の処理が終わらないと次の処理ができません。時間のかかる処理が実行されている間も、何もできずにただ待つしかありません。マルチスレッドを使えば、時間のかかっている処理の進捗状況を画面に表示したり、並行してほかの処理を実行したりできます(注❸-1)。待たされる時間が減れば、プログラムの使い勝手や利便性は大きく向上します。

注❸-1
1台のコンピュータの処理性能には限りがありますから、複数の処理を同時に実行できるとしても、トータルの処理量が増えるわけではありません。

スレッドを作成するには

今までに作成したプログラムは、すべて1つのスレッドで処理が行われていました。これに別のスレッドを追加することで、マルチスレッドによる処理(複数の命令を同時に行う処理)を行うことができます。新しいスレッドをプログラムに追加するには、次の2通りの方法があります。

- 方法1:`Thread`クラスを継承した新しいクラスを作成する
- 方法2:`Runnable`インタフェースを実装した新しいクラスを作成する

以降では、それぞれについて具体例を見ていきます。

方法1：Threadクラスを拡張する

これまで扱ってきたプログラムはスレッドが1つだけでした。このスレッドは**main**メソッドから処理を開始し、上から順番に命令文を実行します。このスレッドのことを**main**（メイン）スレッドと呼ぶこととします。

KEYWORD
- mainスレッド
- Threadクラス
- startメソッド
- runメソッド

これに新しいスレッドを追加するには、**java.lang**パッケージに含まれる**Thread**（スレッド）クラスのインスタンスを生成して、そのインスタンスの**start**（スタート）メソッドを呼び出します。プログラムコードは次のようになります。

```
Thread t = new Thread();
t.start();
```

しかし、**Thread**クラスには何も処理が実装されてない（実行する命令が何もない）ので、このままでは何もしないスレッドができてしまいます。新しく作成するスレッドで何か命令を実行させるには、次のように**Thread**クラスを継承するクラスを宣言し、**run**（ラン）メソッドをオーバーライドして実行したい命令を記述します。

```
public class MyThread extends Thread {   ← Threadクラスを継承します
  public void run() {   ← runメソッドをオーバーライドします
    命令文
  }
}
```

runメソッドは**Thread**クラスで宣言されていて、継承したクラスではそれをオーバーライドすることになります。

runメソッドに記述した命令文を新しく作成するスレッドで実行するには、**Thread**クラスで宣言されている**start**メソッドを呼び出します。**run**メソッドを直接呼び出すのではありません。**run**メソッドは**start**メソッドを経由して間接的に呼び出されます。

具体的なプログラムの例を見てみましょう。次のプログラムコードは**MyThread**というクラスを宣言し、マルチスレッドで処理を行うプログラムの例です（List❸-1）。

List❸-1 03-01/SimpleThreadTest.java

```
 1: class MyThread extends Thread {          ← Threadクラスを継承します
 2:   public void run() {                    ← runメソッドをオーバーライドします
 3:     for (int i = 0; i < 100; i++) {
 4:       System.out.println("MyThreadのrunメソッド➡
          (" + i + ")");
 5:     }
 6:   }
 7: }
 8:
 9: public class SimpleThreadTest {
10:   public static void main(String[] args) {
11:     MyThread t = new MyThread();          ← MyThreadオブジェクトを生成します
12:     t.start();                            ← startメソッドを呼び出します。これによりスレッドを開始します
13:
14:     for (int i = 0; i < 100; i++) {
15:       System.out.println("SimpleThreadTestのmain➡
          メソッド(" + i + ")");
16:     }
17:   }
18: }
```

runメソッドの中で出力を100回繰り返します

mainメソッドの中で出力を100回繰り返します

➡は紙面の都合で折り返していることを表します。

実行結果（実行するたびに異なります）

```
SimpleThreadTestのmainメソッド(0)
MyThreadのrunメソッド(0)
SimpleThreadTestのmainメソッド(1)
SimpleThreadTestのmainメソッド(2)
MyThreadのrunメソッド(1)
SimpleThreadTestのmainメソッド(3)
SimpleThreadTestのmainメソッド(4)
SimpleThreadTestのmainメソッド(5)
SimpleThreadTestのmainメソッド(6)
SimpleThreadTestのmainメソッド(7)
SimpleThreadTestのmainメソッド(8)
SimpleThreadTestのmainメソッド(9)
MyThreadのrunメソッド(2)
MyThreadのrunメソッド(3)
(以下略)
```

プログラムコードをじっくり見てみましょう。**MyThread**クラスは**Thread**クラスを継承し、**run**メソッドをオーバーライドしています。**run**メソッドの中には、次のような100回の出力を行う命令文が記述されています。

```
MyThreadのrunメソッド(0)
MyThreadのrunメソッド(1)
MyThreadのrunメソッド(2)
……
MyThreadのrunメソッド(99)
```

一方、**SimpleThreadTest**クラスの**main**メソッドでは、11〜12行目で**MyThread**オブジェクトを生成し、**start**メソッドを呼び出しています。これにより、**MyThread**クラスの**run**メソッドに記述された命令文が新しいスレッドによって実行されます。

また、この**main**メソッドの中では、14〜16行目で次のような100回の出力を行う命令を記述しています。

```
SimpleThreadTestのmainメソッド(0)
SimpleThreadTestのmainメソッド(1)
SimpleThreadTestのmainメソッド(2)
……
SimpleThreadTestのmainメソッド(99)
```

このプログラムを実行した結果は、**SimpleThreadTest**クラスの**main**メソッドの出力と、**MyThread**クラスの**run**メソッドの出力が相互に入り乱れた状態となります。これは、両クラスの**for**ループが同時に実行されているためです（図❸-2）。

図❸-2　2つのスレッドが同時に標準出力へ文字列を送り出している

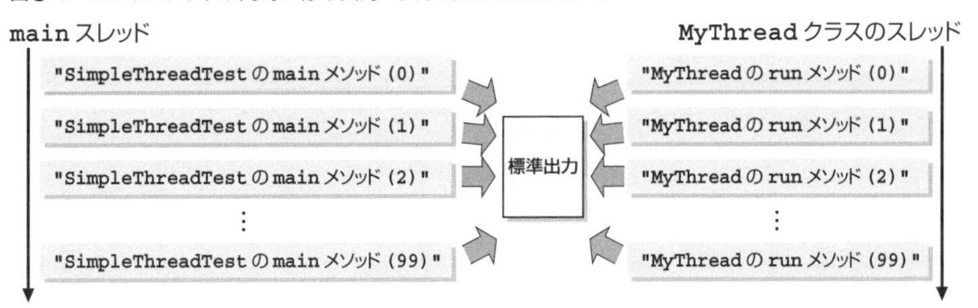

1回ずつ交互に実行されるわけではないことに注意しましょう。最初から存在する**main**スレッドと、新しく作成した**MyThread**クラスのスレッドは各自のペースで独立して動作します。各スレッドがどのようなタイミングで処理を進めるかは、プログラムを実行してみないとわかりません。そのため、実行結果は毎回異なります。

方法2：Runnableインタフェースを実装する

Java言語のクラスは、1つのクラスからしか継承できません。そのため、**MyThread**クラスがほかのクラスのサブクラスである場合、方法1でスレッドを作成することはできません。なぜなら、**MyThread**クラスを同時に複数のクラスのサブクラスにすることはできないからです。

KEYWORD
● Runnableインタフェース

Runnable(ランナブル)インタフェースを実装したクラスを宣言してスレッドを作成する方法で、この問題を解決できます。List❸-2は、この方法でList❸-1を書き換えたものです。地の色が濃くなっているところが追加されたプログラムコードで、それ以外は同じです。

List❸-2 03-02/SimpleThreadTest2.java

```
 1: class MyThread implements Runnable {      ← Runnableインタフェースを実装します
 2:   public void run() {
 3:     for (int i = 0; i < 100; i++) {
 4:       System.out.println("MyThreadのrunメソッド➡
          (" + i + ")");
 5:     }
 6:   }
 7: }
 8:
 9: public class SimpleThreadTest2 {
10:   public static void main(String[] args) {
11:     MyThread t = new MyThread();
12:     Thread thread = new Thread(t);       ← MyThreadオブジェクトを引数にしてThreadオブジェクトを生成します
13:     thread.start();      ← スレッドを開始します
14:
15:     for (int i = 0; i < 100; i++) {
16:       System.out.println("SimpleThreadTest2の➡
          mainメソッド(" + i + ")");
17:     }
18:   }
19: }
```

➡は紙面の都合で折り返していることを表します。

List❸-2では、**MyThread**クラスで**Runnable**インタフェースを実装しています。また、**main**メソッドでスレッドを作成するところは次のように変更されています。

```
11:     MyThread t = new MyThread();
12:     Thread thread = new Thread(t);
13:     thread.start();
```

Threadクラスのコンストラクタに、引数として**MyThread**オブジェクトを渡していることに注意しましょう。このようにして作成した**Thread**オブジェクトに対して**start**メソッドを呼び出すと、**MyThread**オブジェクト**t**の**run**メソッドが実行されます。実行するとList❸-1と同じように、2つのスレッドが独立して動作して出力が行われます。

登場した主なキーワード

- **スレッド**：プログラムでの処理の流れの単位。1つのスレッドは命令を1つずつ順番に実行します。
- **シングルスレッドプログラム**：スレッドが1つだけのプログラム。処理の流れが1つで、一度に1つの命令が実行されます。新しいスレッドを作らない限り、通常のプログラムはシングルスレッドプログラムです。
- **マルチスレッドプログラム**：スレッドが2つ以上あるプログラム。複数の処理の流れが存在し、同時に複数の命令が実行されます。

まとめ

- スレッドはプログラムの処理の流れの単位を表します。
- 1つのスレッドが存在するプログラムをシングルスレッドプログラム、複数のスレッドが存在するプログラムをマルチスレッドプログラムといいます。
- マルチスレッドプログラムでは、複数の処理の流れがあり、複数の異なる命令を同時に実行できます。
- マルチスレッドプログラムを作成するには、プログラムの中で新しいスレッドを作成し、**start**メソッドで実行を開始させる必要があります。
- 新しいスレッドで処理を実行するには、**Thread**クラスを継承する方法と、**Runnable**インタフェースを実装する方法のどちらかで、新しいクラスを宣言し、**run**メソッドの中に命令文を記述します。

3-2 スレッドの制御

学習のポイント

- sleepメソッドでスレッドを一定時間停止させます。
- joinメソッドで、ほかのスレッドでの処理が終わるのを待ちます。
- 外部からスレッドを好きなタイミングで止める方法があります。

KEYWORD
- sleepメソッド

スレッドの処理を一定時間停止させる

スレッドは処理を開始すると、それぞれが独立して自分のペースで処理を進めますが、この処理の進め方をある程度コントロールできます。

たとえば、スレッドが行っている処理を一定時間だけ停止させるには、Threadクラスのsleep(スリープ)メソッドを使用します。このsleepはクラスメソッドです。スレッドを一定時間停止させたいところでsleepメソッドを、

```
Thread.sleep(1000);
```

← 1000ミリ秒（1秒）だけ停止します

と記述することで、引数で指定した時間（単位：ミリ秒＝1000分の1秒）だけ停止させることができます。このsleepメソッドはInterruptedException型の例外を投げることがあるので、try～catch文の中に入れます。

次のプログラムコードは、1秒間停止してからコンソールに「*」を出力する処理を10回繰り返します（List❸-3）。

List❸-3　03-03/SleepExample.java

```
 1: public class SleepExample {
 2:   public static void main(String[] args) {
 3:     for (int i = 0; i < 10; i++) {
 4:       try {
 5:         Thread.sleep(1000);
 6:       } catch (InterruptedException e) {
 7:         System.out.println(e);
 8:       }
 9:       System.out.print("*");
10:     }
11:   }
12: }
```

（4～8行目）1000ミリ秒(1秒)だけ停止します。try～catch文で囲みます

実行結果

```
**********   ← 1秒ごとに1つずつゆっくり出力されます
```

このプログラムはシングルスレッドプログラムです。唯一のスレッドである**main**スレッドが**Thread.sleep(1000);**の命令文によって、1秒間だけ処理を停止します。1秒後にスレッドは再開され、結果として「*」が1秒ごとに1つ出力されることになります。

スレッドの処理が終わるのを待つ

マルチスレッドプログラムでは、複数の処理が同時に進行します。各スレッドはそれぞれが独立して処理を進めるので、どのタイミングで**run**メソッドの中に記述した命令が終わるのか事前にわかりません。

しかし、場合によっては「画像ファイルのダウンロードが全部終わってから、その画像を画面に表示する」というように、あるスレッドの処理が終わってから、ほかのスレッドの処理を始めたいことがあります。これを実現するには、スレッドの処理が終わるのを待つための**join**（ジョイン）メソッドを使います。たとえば、スレッドAの処理の中でスレッドBの**join**メソッドを呼び出すと、スレッドBの処理が終わるまで、スレッドAが処理を停止して待機します。

KEYWORD
●joinメソッド

次のプログラムコードはList❸-1に、**join**メソッドによるスレッドの待機を追加したものです（List❸-4）。地の色が濃くなっているところが追加されたプログラムコードで、それ以外は同じです。

List❸-4 03-04/SimpleThreadTest3.java

```
 1: class MyThread extends Thread {
 2:   public void run() {
 3:     for (int i = 0; i < 100; i++) {
 4:       System.out.println("MyThreadのrunメソッド➡
          (" + i + ")");
 5:     }
 6:   }
 7: }
 8:
 9: public class SimpleThreadTest3 {
10:   public static void main(String[] args) {
11:     MyThread t = new MyThread();
12:     t.start();
13:
14:     try {
15:       t.join();    ← スレッドtの処理が終わるのを待ちます
```

```
16:      } catch (InterruptedException e) {
17:        System.out.println(e);
18:      }
19:
20:      for (int i = 0; i < 100; i++) {
21:        System.out.println("SimpleThreadTest3クラスの➡
           mainメソッド (" + i + ")");
22:      }
23:    }
24: }
```

➡は紙面の都合で折り返していることを表します。

実行結果

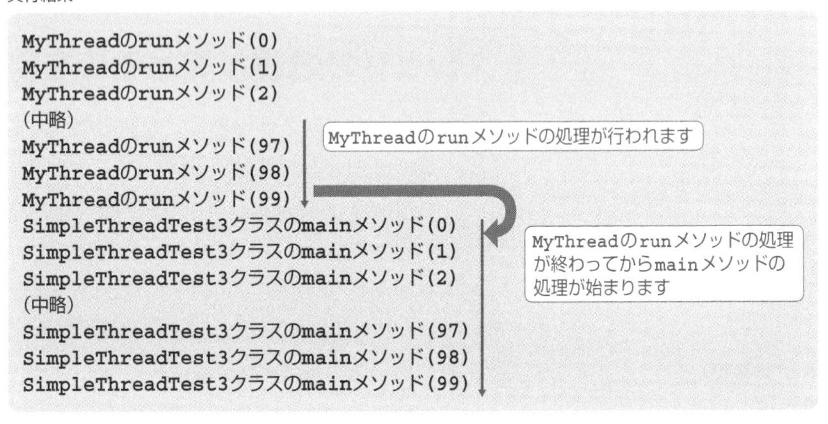

mainスレッドが、新しく作成したスレッド(**MyThread**オブジェクト**t**)の**join**メソッドを呼び出しています。このスレッドの実行が終わるまで、**main**スレッドは何もしないで待機します(図❸-3)。

図❸-3　joinメソッドを呼び出すと、mainスレッドはスレッドtの処理が終わるまで待機する

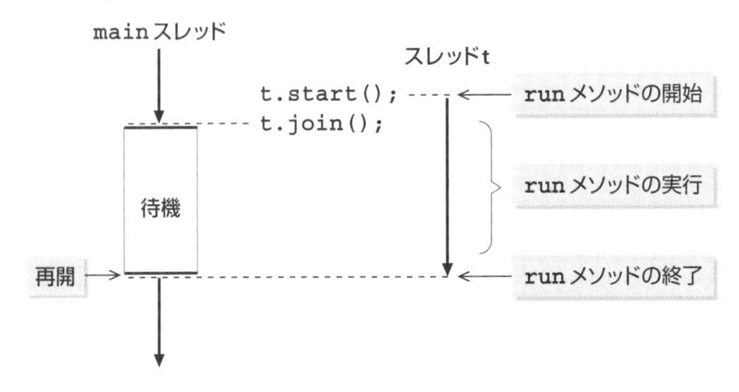

実行結果は前節のList❸-1と異なり、まず**MyThread**オブジェクトの**run**メソッドの中の処理が実行され、それが完全に終わってから**main**スレッドの残りの処理が行われたことを確認できます。

スレッドを止める

スレッドを使っていると、「ユーザーが［中断］ボタンを押した」など、何らかの条件が満たされたタイミングでスレッドを止めたいことがあります。

runメソッドの処理が終了すると、そのスレッドの動作は止まります。スレッドの外部からスレッドを好きなタイミングで止めたいときには、このことを利用します。次のプログラムコードを見てください。

```
public void run() {
  while(条件式) {
    繰り返し行う処理
  }
}
```

このrunメソッドは、条件式の値がfalseになった時点でrunメソッドが終了します。runメソッドが終了すれば、スレッドは動作を止めます。つまり、外部のクラスからスレッドの処理を終了するには、条件式の値を外部から変更できるようにすればよいわけです。

次のプログラムコードは、その方法で外部からスレッドを止めている例です(List❸-5)。

List❸-5 03-05/ThreadStopExample.java

```
 1: class MyThread extends Thread {
 2:   public boolean running = true;
 3:   public void run() {
 4:     while(running) {
 5:       System.out.print("*");
 6:     }
 7:     System.out.println("runメソッドを終了します");
 8:   }
 9: }
10:
11: public class ThreadStopExample {
12:   public static void main(String[] args) {
13:     MyThread t = new MyThread();
14:     t.start();
15:
16:     try {
17:       Thread.sleep(5);
18:     } catch (Exception e) {
19:       System.out.println(e);
20:     }
21:
22:     t.running = false;
23:   }
24: }
```

処理を繰り返す条件式です。外部から値を変更できるようにpublicにします

runningの値がtrueの間、「*」を出力し続けます

5ミリ秒待機します

runningの値をfalseにすることで、スレッドのrunメソッド内の繰り返し処理が終了します

実行結果

```
*****************************（中略）*****************************➡
runメソッドを終了します
```

➡は紙面の都合で折り返していることを表します。

MyThreadクラスのrunメソッドは、boolean型の変数runningの値がtrueの間、ひたすら「*」をコンソールに出力し続けるように記述されています。ThreadStopExampleクラスでは、MyThreadオブジェクトを生成してスレッドを開始してから、5ミリ秒経過した後に、この変数runningの値をfalseに変更し、スレッドの処理を終了させています。

このようにスレッドを中止するときには、外部から条件式の値を変更する方法を使います。

登場した主なキーワード

- **sleep**：Threadクラスのクラスメソッドで、ミリ秒単位でスレッドを一定時間停止させることができます。
- **join**：このメソッドが呼び出されたスレッドの終了を待機します。

まとめ

- Threadクラスのsleepクラスメソッドを使用して、スレッドを一定時間だけ停止させることができます。
- Threadクラスのjoinメソッドを呼び出すと、そのスレッドの処理が終わるのを待ちます。
- スレッドを止めるには、条件式の値を外部から変更できるwhileループを用いるなどの工夫をプログラムに施しておきます。

3-3 マルチスレッドの適切な使い方

学習のポイント

- マルチスレッドは便利ですが、適切に扱わないと問題が生じる場合があります。
- 複数のスレッドが同じメソッドを同時に実行しないように、メソッドにロックを掛ける（同期を取る）方法を学びます。

マルチスレッドで問題が生じるケース

マルチスレッドは同時に複数の処理を行えるすばらしい機能ですが、扱いには十分注意する必要があります。1つの変数に異なるスレッドが同時にアクセスすると、処理の結果に不整合が生じるおそれがあるのです。

さっそくですが、結果に不整合が発生するプログラムコードを見てみましょう（List❸-6）。**Bank**（銀行）クラス、**Customer**（顧客）クラス、これらを扱う**MultiThreadExample**クラスの3つのクラスから構成されています。それぞれのクラスの働きを簡単に説明します。

●Bankクラス

クラス変数として**money**（お金）を持ちます。最初は0円です。クラスメソッド**addOneYen**（1円を追加する）が呼び出されると、**money**の値は1増えます。

●Customerクラス

Threadクラスを継承しています。**run**メソッドが実行されると、**Bank.addOneYen()**というメソッド呼び出しを1万回行います。つまり、**Customer**クラスのスレッドが1つ実行されると、**Bank**クラスの**money**の値が1万増えることになります。

●MultiThreadExampleクラス

100個の**Customer**オブジェクトを生成し、それぞれのスレッドを**start**メソッドで開始します（100個のスレッドが同時に処理を実行するわけです）。そして、すべてのスレッドの処理が終わるのを待ってから、**Bank**クラスの

moneyの値をコンソールに出力します。100個の**Customer**オブジェクトがそれぞれ1万ずつ値を増やすので、最終的に**money**の値は100万になっているはずです。

List❸-6 03-06/MultiThreadExample.java

```
 1: class Bank {
 2:   static int money = 0;
 3:
 4:   static void addOneYen() {
 5:     money++;
 6:   }
 7: }
 8:
 9: class Customer extends Thread {
10:   public void run() {
11:     for (int i = 0; i < 10000; i++) {
12:       Bank.addOneYen();
13:     }
14:   }
15: }
16:
17: public class MultiThreadExample {
18:   public static void main(String[] args) {
19:     Customer[] customers = new Customer[100];
20:     for (int i = 0; i < 100; i++) {
21:       customers[i] = new Customer();
22:       customers[i].start();
23:     }
24:
25:     for (int i = 0; i < 100; i++) {
26:       try {
27:         customers[i].join();
28:       } catch (InterruptedException e) {
29:         System.out.println(e);
30:       }
31:     }
32:
33:     System.out.println(Bank.money);
34:   }
35: }
```


実行結果（実行するたびに変化します）

```
723675
```

実行結果を見てみましょう。**Bank.money**の値は100万になるはずですが、実行した結果は72万3675であり、100万になっていません。不足する分はどこに行ってしまったのでしょうか。

このような問題は、マルチスレッドを使ったことが原因で発生します。その理由を探っていきましょう。

BankクラスのaddオneYenメソッドは、次のように宣言されています。

```
static void addOneYen() {
    money++;
}
```

このメソッドの処理を2つのスレッドが同時に実行した場合に、どのようなことが起こるでしょうか。まず、ある時点でmoneyの値が98だったとし、スレッドAとスレッドBが、それぞれmoneyの値を1だけ増やすとします。問題がなければ、図❸-4のように処理が進みます。

図❸-4 問題なく処理が進んでいるとき

スレッドAの処理	moneyの値	スレッドBの処理
↓	98	│
スレッドAがmoneyの値を参照します。現時点で値は98です。	98	│
スレッドAがmoneyに98+1を代入します。moneyの値は99になります。	99	↓
│	99	スレッドBがmoneyの値を参照します。現時点で値は99です。
↓	100	スレッドBがmoneyに99+1を代入します。moneyの値は100になります。

この図のとおりに処理が行われていれば、特に問題は起こりません。しかし、スレッドAが処理を行っている間にスレッドBの処理が割り込んでしまうと、図❸-5のようなことが起こります。

図❸-5 スレッドBの処理が割り込んだとき

スレッドAの処理	moneyの値	スレッドBの処理
↓	98	│
スレッドAがmoneyの値を参照します。現時点で値は98です。	98	↓
│	98	スレッドBがmoneyの値を参照します。現時点で値は98です。
↓	99	スレッドBがmoneyに98+1を代入します。moneyの値は99になります。
スレッドAがmoneyに98+1を代入します。moneyの値は99になります。	99	↓

スレッドAが値を参照してから値を更新するまでの間に、スレッドBの処理が割り込んでしまうと、最終的なmoneyの値が意図しないものになってしまいます。moneyの値を増やしているのは、

```
money++;
```

というたった1つの命令文ですが、実際にプログラムがこの命令文を実行するときには「変数moneyの参照」と「変数moneyに1を加えた値の代入」という2つの処理が行われます。これらの2つの処理を順番に行っている間に、ほかのスレッドの処理が割り込む可能性があるのです。このようにして、複数のスレッドが同じ変数の値を操作すると、不整合が生じることになります。

スレッドの同期

KEYWORD
- synchronized修飾子
- 同期

List❸-6で起きた問題は、Bankクラスの addOneYen メソッドに対し、synchronized（シンクロナイズド）修飾子（しゅうしょくし）をつけるだけで解決できます。

synchronized修飾子をつけたメソッドは、あるスレッドから呼び出されて実行を始めたときに自動的にロックされ、ほかのスレッドからは呼び出せなくなります。先にメソッドを呼び出したスレッドでメソッド内の処理が終わるとロックが解除され、ほかのスレッドがそのメソッドを呼び出せるようになります。

つまり、1つのスレッドがsynchronized修飾子のついたメソッドを実行している間、このメソッドを呼び出すスレッドは自分の順番が来るのを待つことになります。このことを、スレッドの同期（どうき）といいます。

それでは、次のようにaddOneYenメソッドにsynchronized修飾子をつけて、再度実行してみましょう。

```
class Bank {
  static int money = 0;
                                    synchronized修飾子をつけます
  static synchronized void addOneYen() {
    money++;
  }
}
```

実行結果

```
1000000
```

実行結果を見ると、たしかに100万になっていることがわかります。

このように、マルチスレッドのプログラムを作成する場合には、複数のスレッドが同じメソッドを同時に実行したときに問題が生じないかどうかを適切に判断し、必要に応じて`synchronized`修飾子をつけるなどの対応が必要になります。

登場した主なキーワード

- `synchronized`：メソッドの前につける修飾子で、この修飾子をつけたメソッドは、一度に1つのスレッドしか実行できなくなります。あるスレッドがこのメソッドの処理を行っている間、ほかのスレッドは自分の順番が来るまで待機します。
- **同期**：`synchronized`修飾子をメソッドにつけることで、複数のスレッドが一度に同じメソッドを実行しないようにすること。

まとめ

- マルチスレッドのプログラムで、複数のスレッドが1つの変数の値を同時に変更する可能性がある場合は、結果に不整合が生じることがあります。
- `synchronized`修飾子をメソッドにつけると、そのメソッドを実行できるのは一度に1つのスレッドだけになります。

練習問題

3.1 次の文章のうち、誤っているものには×を、正しいものには○をつけてください。

(1) マルチスレッドプログラムでは、複数のスレッドがそれぞれ順番に1つずつ命令文を実行することで、複数の処理が並行して進行する。
(2) スレッドが実行する処理は`start`メソッドの中に記述する。
(3) `Thread`クラスまたはそのサブクラスで宣言されている`run`メソッドは直接呼び出すことができない。
(4) スレッド処理ができるクラスを作成するには、`Thread`クラスを継承するか、`Runnable`インタフェースを実装したクラスを宣言する。
(5) `Thread`クラスの`sleep`メソッドは例外を投げる可能性があるので、`try`～`catch`文の中で使う必要がある。
(6) マルチスレッドの処理で、複数のスレッドが同時に実行する可能性のあるメソッドには、必ず`synchronized`修飾子をつけなければならない。

3.2 次のプログラムコードでは、`Thread`クラスを継承した`SimpleThread`クラスを使って新しいスレッドを作成しています（List❸-7）。

List❸-7

```
class SimpleThread extends Thread {
  public void run() {
    for (int i = 0; i < 100; i++) {
      System.out.println(i);
    }
  }
}

public class ThreadTest {
  public static void main(String[] args) {
    SimpleThread st = new SimpleThread();
    st.start();
  }
}
```

`SimpleThread`クラスを、`Runnable`インタフェースを実装する形に変更してください。また、それに応じて、`ThreadTest`クラスの`main`メソッドの中身も変更してください。

第4章 ガーベッジコレクションとメモリ

スタックとヒープ

ガーベッジコレクションと空きメモリ

この章のテーマ

プログラムが実行されるときには、変数の値やインスタンスなどがメモリに格納されます。Java実行環境には「ガーベッジコレクション」という、プログラムが使用するメモリを管理する仕組みがあります。本章では、その仕組みについて学習します。

4-1 スタックとヒープ

- プログラムの実行とメモリの管理
- 空きメモリサイズの確認
- ヒープの限界

4-2 ガーベッジコレクションと空きメモリ

- ガーベッジコレクションとは
- ガーベッジコレクションの制御

4-1 スタックとヒープ

学習のポイント

- コンピュータは、プログラムの実行中に覚えておかなければならない情報をメモリに格納します。
- 情報を格納するメモリの領域にはスタックとヒープがあり、使用できるサイズの上限が決まっています。
- プログラムの中で生成されたインスタンスはヒープに格納されます。

プログラムの実行とメモリの管理

KEYWORD
- メモリ
- メモリ領域
- スタック
- ヒープ

コンピュータは、プログラムの実行中に覚えておかなくてはいけない情報（変数の値など）をメモリに格納します。メモリに格納した情報は、必要に応じて参照されます。

Javaプログラムの動作を理解する上で、プログラムで使用される各種の情報がメモリ上にどのように格納され、管理されているかを知ることは大切です。本章では、Javaプログラムの実行中、どのようにメモリが使用されるかを学ぶことにしましょう。

Java言語で作成されたプログラムでは、変数の値だけでなく、プログラムの中で生成されたインスタンスや、呼び出されたメソッドの履歴（注❹-1）などがメモリに格納されます。このような情報をメモリのどこに格納するかは、Java仮想マシンによって管理されています。

注❹-1
メソッドの中の命令文を実行し終えると、呼び出し元に処理が戻ります。つまり、メソッドがどこから呼び出されたかを覚えておく必要があるのです。

プログラム実行時に必要となる情報を格納する場所のことをメモリ領域（りょういき）（あるいは記憶領域）といいます。メモリ領域にはスタックとヒープの2種類があり、それぞれには次のような情報が格納されます。

「スタック」に格納される情報

メソッドの呼び出し履歴。メソッドの中で宣言された変数（ローカル変数）の値。

「ヒープ」に格納される情報

クラスから生成されたインスタンス。

次のメソッドを例に、スタックとヒープの働きを見てみましょう。

```
MyObject doSomething() {
  MyObject obj = new MyObject();
  return obj;
}
```

KEYWORD
●参照

2行目では、MyObjectクラスのインスタンスを生成し、変数objにそのインスタンスへの参照(さんしょう)を代入しています。続くreturn文で、変数objに代入されているインスタンスへの参照を、メソッドの戻り値として呼び出し元へ返します。

処理を分解して考えると、このメソッドが実行されるときには、次に挙げる3つの情報がメモリに格納されることがわかります。

① doSomethingメソッドを実行しているという情報
② 新しく生成されたMyObjectクラスのインスタンス
③ インスタンスが存在する場所を示す参照（変数objに代入される）

これらのうち、①と③はスタック、②はヒープに格納されます（図❹-1）。

図❹-1 スタックとヒープ

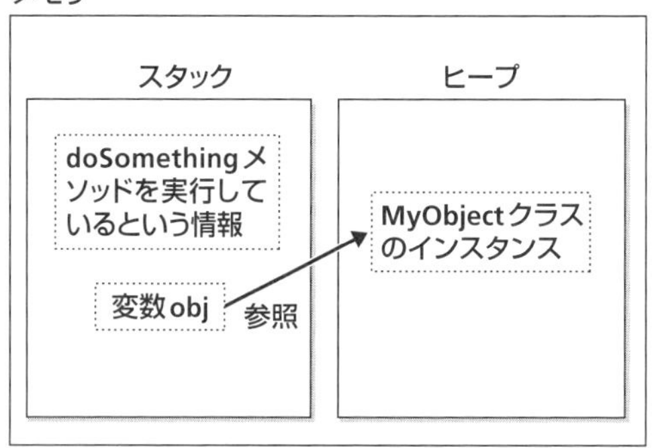

それではなぜ、スタックとヒープという2種類のメモリ領域に分けて情報を格納するのでしょうか。それは、それぞれの情報の性質が異なるからです。

スタックには、メソッドが呼び出されるたびに新しい情報（メソッドの呼び出し履歴や、メソッドの中で宣言されたローカル変数の情報）が格納されます(注❹-2)。メソッドの処理が終わると、そのメソッドに関する情報は必要なくなるため、スタックから削除されます(注❹-3)。

一方で、ヒープには新しく生成されたインスタンスが格納されます。先ほどの**doSomething**メソッドは、生成したインスタンスへの参照を戻り値としています。つまり、生成されたインスタンスは、メソッドが終わった後でも呼び出し元のメソッドの中で使用されるわけです。とすると、スタックに格納される情報のように、メソッドの処理が終わったタイミングで単純に削除することはできません。そのため、スタックとは別の領域（ヒープ）に格納されるのです。

注❹-2
第2章で学習した例外オブジェクトの**printStackTrace**メソッドではメソッドの呼び出し履歴を出力できました。この**printStackTrace**（プリント・スタックトレース）という名前からもわかるように、スタックにはメソッドの呼び出し履歴が格納されているのです。

注❹-3
スタックという言葉は、「最後に追加したものから順番に取り出しを行う、データ管理方法」の名称としても使われます。メソッドの呼び出し履歴もこの方法で管理されているために「スタック領域」と呼ばれます。スタックによるデータの管理方法は第5章の5-3節で詳しく説明します。

メモ

ヒープに格納されたインスタンスの情報は、必要がなくなったときを見極めて、適切なタイミングで削除されます。この仕組みを「ガーベッジコレクション」といいます。詳しくは4-2節で説明します。

空きメモリサイズの確認

ヒープはインスタンスを生成するたびに消費されます。このヒープがどれだけ残っているかは、次の命令文で知ることができます。

```
System.out.println(Runtime.getRuntime().freeMemory());
```

freeMemory（フリーメモリ）メソッドは、残りのヒープのサイズをバイト単位で返します（戻り値は**long**型です）。それでは、実際に次のようなクラスのインスタンスを生成して、ヒープが消費されるようすを確認してみましょう。

KEYWORD
● freeMemoryメソッド

```
class DataSet {
  int[] data = new int[100];
}
```
（int型の値100個分のデータを持つクラスです）

この**DataSet**クラスは、**int**型の値を配列に100個持つ単純なクラスです。**DataSet**クラスのインスタンスを1万個生成し、配列に格納するプログラムを実行して、空きメモリの減り具合を見てみましょう(List❹-1)。

List❹-1 04-01/FreeMemoryTest.java

```
 1: class DataSet {
 2:     int[] data = new int[100];
 3: }
 4:
 5: public class FreeMemoryTest {
 6:   public static void main(String[] args) {
 7:     System.out.println("空きメモリサイズ:" + ➡
        Runtime.getRuntime().freeMemory());
 8:     DataSet[] data = new DataSet[10000];
 9:     for (int i = 0; i < 10000; i++) {
10:       data[i] = new DataSet();
11:       if ((i + 1) % 100 == 0) {
12:         System.out.println("生成済みインスタンス数:" ➡
            + (i + 1) + " 空きメモリサイズ:" + ➡
            Runtime.getRuntime().freeMemory());
13:       }
14:     }
15:   }
16: }
```

DataSetのインスタンスを生成し、配列に格納します

インスタンスを100個生成するたびに現在の空きメモリのサイズを出力します

➡は紙面の都合で折り返していることを表します。

実行結果（使用しているOSやJava仮想マシンなどによって値は異なります）

```
空きメモリサイズ:266881488
生成済みインスタンス数:100 空きメモリサイズ:266881488
生成済みインスタンス数:200 空きメモリサイズ:266881488
（中略）
生成済みインスタンス数:4900 空きメモリサイズ:264783952
生成済みインスタンス数:5000 空きメモリサイズ:264783952
（中略）
生成済みインスタンス数:9900 空きメモリサイズ:262686800
生成済みインスタンス数:10000 空きメモリサイズ:262686800
```

次第に減っていきます

実行結果からは、生成されたインスタンスの数が増えるに従って、空きメモリのサイズが減少していくことが確認できます。よく見ると、インスタンスを1つ生成するたびに毎回少しずつ減るのではなく、ある程度まとまってサイズが減っています。これは、メモリがインスタンス単位ではなく、もっと大きな単位で管理されているからです。インスタンスを格納するメモリを大きめにとっておき、使い切ったらまた大きめにとるというこの方法は、処理を効率よく進めるために行われています。

ヒープの限界

先ほどは、`int`型の配列に値を100個持つクラスのインスタンスを繰り返し

生成しました。この配列の要素の数を増やしたり、生成するインスタンスの数を増やすと、空きメモリのサイズはもっと小さくなります。最終的にヒープを使い切ってしまうと、次のようなエラーが発生します。

```
Exception in thread "main" java.lang.OutOfMemoryError: Java ➡
heap space
```

➡は紙面の都合で折り返していることを表します。

実際には、このようにヒープを使い果たしてしまうことはまれです。不要なインスタンスの参照をどこかで保持し続けていることなどが原因かもしれません。この点は、次節でガーベッジコレクションの概念を学習すると理解できるようになります。

メモ

使い切ってしまうのは、ヒープだけではありません。めったにありませんが、メソッドがメソッドを呼ぶ階層があまりに深くなると、スタックも使い切ってしまう可能性があります。

登場した主なキーワード

- **メモリ領域**：プログラム実行時に必要となる情報を格納するメモリのこと。「記憶領域」ともいいます。
- **スタック**：メソッドの中で宣言されたローカル変数や、メソッドの呼び出し履歴などの情報を格納するメモリ領域。
- **ヒープ**：インスタンスの情報を格納するメモリ領域。

まとめ

- プログラムで必要な情報を格納するメモリ領域には「スタック」と「ヒープ」があります。
- メソッドの呼び出し履歴や、メソッドの中で宣言された変数（ローカル変数）の値はスタックに格納されます。メソッドの処理が終わると、これらの情報は削除されます。
- プログラムで作成したインスタンスはヒープに格納されます。インスタンスを生成するとヒープが消費されます。

4-2 ガーベッジコレクションと空きメモリ

学習のポイント

- プログラムの中で不要になったインスタンスはヒープから削除され、空いたメモリ領域が再利用されます。
- どの変数からも参照されなくなると、インスタンスは不要になったと判断されます。

ガーベッジコレクションとは

KEYWORD
●ガーベッジコレクション

前節で、プログラムの中で生成されたインスタンスは、ヒープと呼ばれるメモリ領域に格納されると説明しました。ただし、使用できるメモリ領域は無限ではないので、ヒープにインスタンスを格納しているうちに、いずれ使い切ってしまいます。そのため、プログラムの中で不要になったインスタンスを削除し、空いた領域を再利用する必要があります。このような仕組みをガーベッジコレクション（Garbage Collection）といいます。

ガーベッジコレクションは英語で「ゴミ収集」を意味します。不要になったインスタンス（ガーベッジ）をメモリ領域から回収（コレクション）することで、限られたメモリ領域を効率的に使用するのです。

ガーベッジコレクションは、Java仮想マシンによって自動的に行われるので、通常のプログラムでは、私たちが意識する必要はありません。しかし、重要な機能の1つですので、ガーベッジコレクションの仕組みをここで理解しておきましょう。

プログラムが処理を進める際、不要になったインスタンスはヒープから削除されるといいましたが、それでは、どのようなタイミングでインスタンスは不要になったと判断されるのでしょうか。それは、「どの変数からも参照されなくなったとき」です。

次のプログラムコードでは、2つの`MyObject`クラスのインスタンスが、それぞれ変数`obj1`、`obj2`から参照されます。

```
MyObject obj1 = new MyObject();
MyObject obj2 = new MyObject();
```

図❹-2は、そのようすを図にしたものです。

図❹-2　変数obj1とobj2がMyObjectクラスの異なるインスタンスを参照している

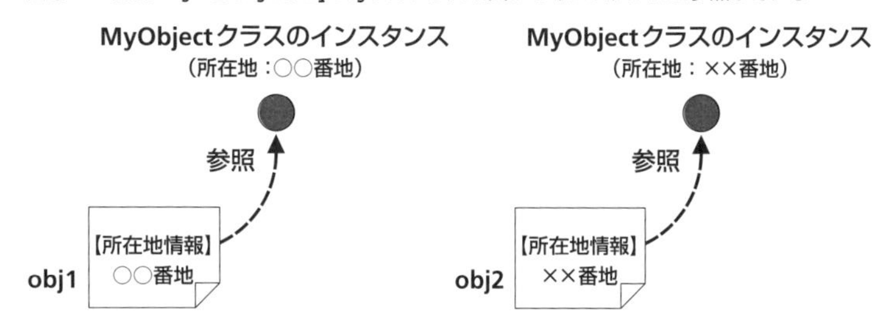

ここで次の命令文を実行したら、何が起こると思いますか？

```
obj2 = obj1;
```

変数**obj2**は、変数**obj1**と同じインスタンスを参照するようになり、最初に**obj2**から参照されていたインスタンスはどの変数からも参照されないことになります（図❹-3）。

図❹-3　obj2とobj1の参照先が同じになった場合、どの変数からも参照されないインスタンスができる

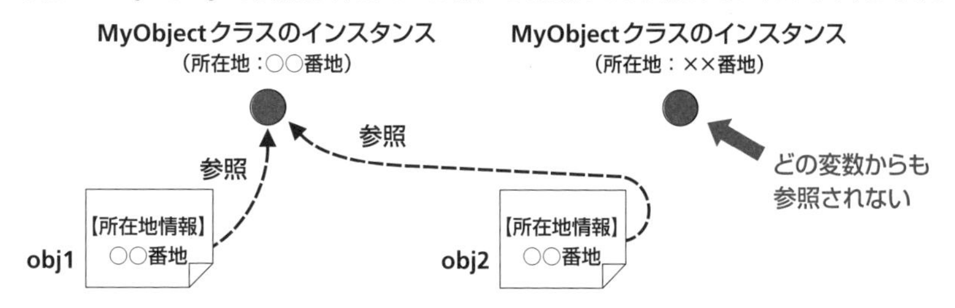

このように、どの変数からも参照されなくなったインスタンスは、それ以降、プログラムの中で使用されることは二度とありません（注❹-4）。どの変数からも参照されなくなった時点で、そのインスタンスは「不要」になります。

注❹-4
どの変数からも参照されなくなったインスタンスには、その所在地情報を知る手段がまったくありません。こうなると、そのインスタンスは使用できません。

変数から参照されていたインスタンスが、どの変数からも参照されなくなるタイミングには、以下のようなものがあります。

■参照先の変更

先ほどの変数**obj2**の例のように、変数の参照先が変わることによって、インスタンスがどの変数からも参照されなくなる場合があります。

■nullの代入

参照型の変数には、何も参照していないことを表す**null**を代入できます(注❹-5)。次のように、変数**obj**に**null**が代入されると、それまで変数**obj**から参照されていたインスタンスが、どの変数からも参照されなくなります。

KEYWORD

●null

詳しくは入門編の5-3節で説明しています。

```
MyObject obj = new MyObject();
obj = null;
```

■メソッド内のローカル変数の消滅

次のようなメソッドがあったとします。

```
void doSomething() {
    MyObject obj = new MyObject();
}
```

変数**obj**は、**doSomething**メソッドの中だけで有効なローカル変数です。メソッド内の処理が終わると、それと同時に変数**obj**は消滅し、使用されなくなります。つまり、変数**obj**だけから参照されていたインスタンスは、どの変数からも参照されなくなります。

このように、どの変数からも参照されなくなったインスタンスはガーベッジ(ごみ)として、ガーベッジコレクションの対象となります。次のプログラムコードは、ガーベッジコレクションがどのように行われるのかを確認するためのものです(List❹-2)。

List❹-2 04-02/GarbageCollectionExample.java

```
1: class DataSet {
2:   int[] data = new int[1000];    ← int型の値を1000個格納できる配列を生成します
3: }
4:
5: public class GarbageCollectionExample {
6:   public static void main(String[] args) {
7:     System.out.println("空きメモリサイズ:" + ➡
       Runtime.getRuntime().freeMemory());
8:     DataSet[] data = new DataSet[10000];
9:     for (int i = 0; i < 10000; i++) {
```

```
10:         data[i] = new DataSet();
11:         data[i] = null;
12:         if ( i % 100 == 99) {
13:           System.out.println("生成済みインスタンス数:" + ➡
              (i + 1) + " 空きメモリサイズ:" + ➡
              Runtime.getRuntime().freeMemory());
14:         }
15:       }
16:     }
17: }
```

新しいインスタンスを生成し、配列に格納します

nullを代入します

➡は紙面の都合で折り返していることを表します。

実行結果（使用しているOSやJava仮想マシンなどによって値は異なります）

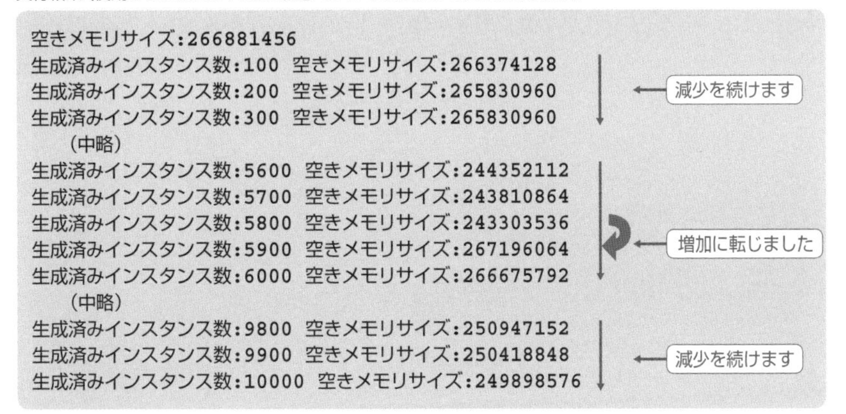

```
空きメモリサイズ:266881456
生成済みインスタンス数:100 空きメモリサイズ:266374128
生成済みインスタンス数:200 空きメモリサイズ:265830960
生成済みインスタンス数:300 空きメモリサイズ:265830960
  (中略)
生成済みインスタンス数:5600 空きメモリサイズ:244352112
生成済みインスタンス数:5700 空きメモリサイズ:243810864
生成済みインスタンス数:5800 空きメモリサイズ:243303536
生成済みインスタンス数:5900 空きメモリサイズ:267196064
生成済みインスタンス数:6000 空きメモリサイズ:266675792
  (中略)
生成済みインスタンス数:9800 空きメモリサイズ:250947152
生成済みインスタンス数:9900 空きメモリサイズ:250418848
生成済みインスタンス数:10000 空きメモリサイズ:249898576
```


List❹-2の10行目では**data[i] = new DataSet();**として、インスタンスの参照を配列に入れていますが、そのすぐ後に**data[i] = null;**として、参照に**null**を代入しています。これにより、生成されたインスタンスはどこからも参照されなくなります。

実行結果を見ると、空きメモリサイズが徐々に減少し、ある程度減ったところで値が急に増加します。このタイミングでガーベッジコレクションが行われたことがわかります。その後、再び少しずつ減少を続けます。

つまり、不要になったインスタンスはすぐに回収されるのではなく、ある程度たまったときにまとめて回収されるわけです。ガーベッジコレクションの処理には時間がかかるので、細かく何回も行われるのではなく、ある程度まとめて行われます。

ガーベッジコレクションの制御

不要なインスタンスがある程度たまったところで、Java仮想マシンが自動的にガーベッジコレクションを行います。ガーベッジコレクションの処理には時間がかかるため、その処理の間は一時的にプログラムの動作が停止します。

ガーベッジコレクションが実行されるタイミングは、Java仮想マシンが決定するので、通常はプログラムを作成する人が意識する必要はありません。しかし、一定速度で進行することが望ましいゲームプログラムなどでは、ガーベッジコレクションが行われるタイミングをコントロールできるほうが都合がよいです。たとえば、一時的に進行が止まっても問題ないときにガーベッジコレクションが実行されるようにすれば、ゲームの進行を妨げません。

プログラムコードの中に、

```
Runtime.getRuntime().gc();
```

または、

```
System.gc();
```

という命令文を記述すると、プログラムからガーベッジコレクションを実行できます。

登場した主なキーワード

- **ガーベッジコレクション**：プログラムの中で不要になったインスタンスの情報が削除され、空いたメモリ領域が再利用されること。

まとめ

- ヒープの空きサイズが少なくなると、不要になったインスタンスが回収されて、空きサイズが回復します。これをガーベッジコレクションと呼びます。
- ガーベッジコレクションが行われるタイミングは、Java仮想マシンによって自動で制御されますが、`Runtime.getRuntime().gc();`または`System.gc();`という命令文で、任意のタイミングで行わせることもできます。

練習問題

4.1 次の文章の空欄に入れるべき語句を、選択肢から選び記号で答えてください。

・プログラムを実行する上で記憶しておくべき情報はメモリに保存されるが、メモリには、メソッドの呼び出し履歴やローカル変数の値を格納する [(1)] と、インスタンスを格納する [(2)] がある。

・プログラムの中で不要になったインスタンスを [(2)] から回収し、空いたメモリ領域を再利用することを [(3)] という。

・あるインスタンスを参照していた変数に [(4)] を代入すると、その変数からインスタンスは参照されなくなる。

・`Runtime.getRuntime().` [(5)] `;` または `System.` [(5)] `;` という命令文で [(3)] の実行を明示的に指示できる。

【選択肢】

(a) ガーベッジ　(b) ガーベッジコレクション　(c) gc()　(d) clear()
(e) null　(f) ヒープ　(g) スタック

4.2 次の文章のうち、誤っているものには×を、正しいものには○をつけてください。

(1) インスタンスがどの変数からも参照されなくなると、そのインスタンスは回収され、そのメモリ領域は直ちに再利用される。

(2) 空きメモリが少なくなると、ガーベッジコレクションによってメモリが再利用されるようになるため、空きメモリがなくなることはない。

(3) ガーベッジコレクションの対象となるのはヒープだけで、スタックは対象とならない。

(4) スタックの空きメモリがなくなることはない。

(5) あるインスタンスを参照していた変数に`null`を代入すると、参照されていたインスタンスは必ずガーベッジコレクションの対象となる。

第5章 コレクション

ArrayListクラス
コレクションフレームワーク
コレクションの活用

Java

この章のテーマ

　複数の値やオブジェクトを管理するのに配列を使用できますが、Javaのクラスライブラリには、配列よりも便利に使用できるクラスが多数あります。複数のオブジェクトを管理するためのクラスをコレクションクラスと呼び、その集まりを「コレクションフレームワーク」といいます。それぞれのコレクションクラスには、オブジェクトの管理方法に特徴があります。本章では、各種のコレクションクラスを使用する方法を学習します。

5-1　ArrayListクラス

- ArrayListクラスとジェネリクス
- ラッパークラスを用いた基本型の格納

5-2　コレクションフレームワーク

- コレクション
- リストコレクション
- マップコレクション
- セットコレクション
- イテレータ
- 拡張for文

5-3　コレクションの活用

- LinkedListクラスによるキュー
- LinkedListクラスによるスタック
- sortメソッドによる並べ替え

5-1 ArrayListクラス

学習のポイント

- 複数のオブジェクトを管理するときに、要素の数が事前にわからない場合や、後から要素の追加や削除を行う場合には、**ArrayList**クラスが便利です。
- **ArrayList**クラスのインスタンスを生成するときには、格納するオブジェクトの型を指定します。

ArrayListクラスとジェネリクス

本格的なプログラムでは、大量のデータを扱うことがよくあります。データの内容は、商品の情報や顧客の情報であったり、文書や画像に関する情報であったりとさまざまです。Javaプログラムでこれらを扱うときには、情報を格納するためのクラスを定義し、情報1つ1つをインスタンスに持たせます。プログラムの目的によっては、数千、数万という数のインスタンスを生成し、プログラムの中で管理しなければなりません。

これまでに学習した中にも、複数のオブジェクトを扱う仕組みとして「配列」がありました。しかし、配列を使うときには、次のように最初に要素の数を決めておかなければなりません。管理するオブジェクトの数が増減する場合には不向きです。

```
MyObject[] objects = new MyObject[100]; ←要素数が100の配列を作ります
```

実際にプログラムを作ってみると、必要な要素の数が事前にわからなかったり、後になって予定より多くの要素を入れる必要が生じたりすることが少なくありません。

KEYWORD
●ArrayListクラス

このようなときには、配列の代わりに**ArrayList**（アレイリスト）クラスを使うと便利です。**ArrayList**クラスは、**java.util**パッケージに含まれるクラスの1つで、複数の要素を格納できます。配列のようにあらかじめ要素の数を指定しておく必要がなく、要素の追加と削除も簡単にできます。

さっそく、**ArrayList**クラスの使い方を見てみましょう。例として、文字列を格納するための**ArrayList**オブジェクトは、次のようにして生成できます。

```
ArrayList<String> array = new ArrayList<String>();
```

ArrayListというクラス名の後ろに、今までに見たことがない**<String>**という記述があります。これは、**ArrayList**に格納するオブジェクトの型を指定するための記述で、ここでは**String**型を指定しています。

API仕様書で**ArrayList**クラスの項目を見ると、クラス名は、

```
ArrayList<E>
```

と書かれています。

インスタンスを生成するときには、この「**E**」と記されている場所に、格納するオブジェクトのクラス名を記述します。これを型パラメータといいます。

KEYWORD
●型パラメータ

この「**E**」という記号は、メソッドの引数や戻り値の型を示すときにも使用されます。たとえば、**ArrayList**にオブジェクトを追加するための**add**メソッドをAPI仕様書で調べると、次のように引数の型が**E**となっています。

```
void add(E e)
```

型パラメータを指定してインスタンスを生成するまでは、どのようなオブジェクトが格納されるかわからないので、仮に、記号**E**で引数の型を表しているのです。型パラメータに**String**を指定した場合、このメソッドの引数は**String**型になります。

KEYWORD
●ジェネリクス型
●ジェネリクス

注❺-1
ジェネリクスの仕組みを持つのは、**ArrayList**クラスだけではありません。複数のオブジェクトを格納し、管理するためのクラス（次節で説明するコレクションクラス）が同様の仕組みを持ちます。

このように、型パラメータによって後から決まる型のことを、ジェネリクス型（総称型）といいます。また、このような仕組みのことをジェネリクスといいます（注❺-1）。

ArrayListクラスには、次のようなメソッドが定義されています。

KEYWORD
●addメソッド

●**void add(E e)**

引数で渡されたオブジェクトを要素として格納します。

KEYWORD

- getメソッド
- removeメソッド
- sizeメソッド

● E get(int index)

引数で指定された場所に格納されているオブジェクトを返します。引数は、要素を追加した順にゼロから始まる番号（インデックス）です。

● E remove(int index)

引数（インデックス）で指定された場所に格納されているオブジェクトを取り除きます。戻り値は取り除いたオブジェクトの参照です。

● int size()

格納されている要素の数を返します。

次のプログラムコードは、**ArrayList**オブジェクトに文字列を格納し、上記のメソッドを使用する例です（List❺-1）。

List❺-1 05-01/ArrayListExample.java

```
 1: import java.util.ArrayList;
 2:
 3: public class ArrayListExample {
 4:   public static void main(String[] args) {
 5:     ArrayList<String> months = new ArrayList<String>();
 6:
 7:     months.add("January");
 8:     months.add("February");
 9:     months.add("March");
10:
11:     System.out.println("要素数 " + months.size());
12:     for (int i = 0; i < months.size(); i++) {
13:       System.out.println(months.get(i));
14:     }
15:
16:     months.remove(1);
17:     System.out.println("要素数 " + months.size());
18:     for (int i = 0; i < months.size(); i++) {
19:       System.out.println(months.get(i));
20:     }
21:   }
22: }
```

文字列を格納するためのArrayListオブジェクトを生成します（5行目）
要素を追加します（7〜9行目）
要素数を確認します（11行目、17行目）
i番目の要素を出力します（13行目、19行目）
1番目（先頭から2番目）の要素を取り除きます（16行目）

実行結果

```
要素数 3
January
February
March
要素数 2
January
March
```

この実行結果から、ArrayListクラスのaddメソッドで要素を追加し、removeメソッドで削除、getメソッドで要素の参照ができることを確認できます。removeとgetで指定する引数は、配列と同じように、0から始まるインデックス番号であることに注意しましょう。

ArrayListクラスが持つこれらのメソッドを活用することで、配列よりも簡単に複数のオブジェクトを管理できます。

メモ

文字列を格納するArrayListオブジェクトは次のようにして生成します。

```
ArrayList<String> array = new ArrayList<String>();
```

この1行の中に、<String>という記述が2回登場しますが、後ろのほうのStringを省略して、次のように書くこともできます。

```
ArrayList<String> array = new ArrayList<>();
```

ラッパークラスを用いた基本型の格納

ArrayListオブジェクトには複数の「オブジェクトを格納できる」と説明してきました。ただし、実際に格納されるのはインスタンスへの参照ですから、正確には「参照型の値を格納できる」です。一方で、参照型でないint型やdouble型などの基本型の値はArrayListオブジェクトに格納できません。たとえば、ArrayList<int>とは書けません。

それでは、基本型の値をArrayListオブジェクトで管理したいときには、どのようにすればよいでしょうか。1つの方法として、次のようなクラスを定義することが考えられます。

```
class IntObject {
  int i;
}
```

このIntObjectオブジェクトのインスタンス変数iにint型の値を持たせて、ArrayList<IntObject>に格納すれば解決できます。しかし、このようなクラスをわざわざ定義するのは面倒ですね。

クラスライブラリには、基本型の値をオブジェクトとして扱えるようにするためのクラスがあらかじめ用意されています。たとえば、int型にはjava.lang.Integerクラス、double型にはjava.lang.Doubleクラスがあります。

Integerオブジェクトを生成するには、IntegerクラスのvalueOfメソッドにint型の値を渡します。Doubleオブジェクトを生成するときも同じ要領で、double型の値をDoubleクラスのvalueOfメソッドに渡します。こうして生成したオブジェクトは、次のようにしてArrayListに格納できます。

```
ArrayList<Integer> integerList = new ArrayList<Integer>();
integerList.add(Integer.valueOf(50));
integerList.add(Integer.valueOf(100));
ArrayList<Double> doubleList = new ArrayList<Double>();
doubleList.add(Double.valueOf(1.5));
doubleList.add(Double.valueOf(-2.5));
```

50と100という値を持たせたIntegerオブジェクトを格納できます

1.5と-2.5という値を持たせたDoubleオブジェクトを格納できます

KEYWORD
●ラッパークラス

このIntegerクラスやDoubleクラスのように、基本型の値をオブジェクトにするために存在するクラスのことをラッパークラスといいます。ラッパー(wrapper)とは「包むもの」という意味で、基本型をクラスで包んでオブジェクトとして扱えるようにする、といったイメージです。

ラッパークラスはjava.langパッケージに含まれ、基本型の数だけあります(表❺-1)。

表❺-1 基本型とそれに対応するラッパークラス

基本型	ラッパークラス
boolean	Boolean
byte	Byte
char	Character
short	Short
int	Integer
long	Long
float	Float
double	Double

KEYWORD
- intValueメソッド
- doubleValueメソッド

Integerオブジェクトに格納した値は、intValue（イントバリュー）メソッドによりint型の数値として取得できます。Doubleオブジェクトに格納した値はdouble（ダブル）Value（バリュー）メソッドでdouble型の数値として取得できます。

次のプログラムコードは、ArrayListオブジェクトにラッパークラスを使って格納した基本型の値を取得する例です（List❺-2）。

List❺-2 05-02/WrapperExample.java

```
 1: import java.util.ArrayList;
 2:
 3: public class WrapperExample {
 4:   public static void main(String[] args) {
 5:     ArrayList<Integer> integerList= new ArrayList ➡
        <Integer>();
 6:     integerList.add(Integer.valueOf(50));    } Integerオブジェクト
 7:     integerList.add(Integer.valueOf(100));   } を生成して格納します
 8:     Integer integer0 = integerList.get(0);   } Integerオブジェク
 9:     Integer integer1 = integerList.get(1);   } トを取り出します
10:     int i0 = integer0.intValue();   } Integerオブジェクトから
11:     int i1 = integer1.intValue();   } 整数値を取り出します
12:     System.out.println(i0);
13:     System.out.println(i1);
14:   }
15: }
```

➡は紙面の都合で折り返していることを表します。

実行結果

```
50
100
```

このように、ラッパークラスを使うことで、ArrayListオブジェクトでも基本型の値を扱えるようになります。

ワン・モア・ステップ！

オートボクシングとオートアンボクシング

KEYWORD
- オートボクシング
- オートアンボクシング

ラッパークラスを使うことで、ArrayListオブジェクトに基本型の値を格納できるようになりますが、単に値を格納し、取り出すだけにしてはプログラムコードが煩雑になる、という欠点があります。その欠点を補うために、Java言語には、オートボクシング（autoboxing：自動で箱に入れること）、オートアンボクシング（autounboxing：自動で箱から出すこと）と呼ばれる、ラッパークラスへの値の格納と、ラッパークラスからの値の取り出しを自動で行う仕組みがあります。

これらの仕組みを使用すると、List❺-2のプログラムコードはList❺-3のように、あたかもint型の値をそのまま格納したり取り出したりできるかのように書くことができます。

List❺-3 05-03/BoxingExample.java

```
 1: import java.util.ArrayList;
 2:
 3: public class BoxingExample {
 4:   public static void main(String[] args) {
 5:     ArrayList<Integer> integerList= new ArrayList➡
        <Integer>();
 6:     integerList.add(50);
 7:     integerList.add(100);
 8:     int i0 = integerList.get(0);
 9:     int i1 = integerList.get(1);
10:     System.out.println(i0);
11:     System.out.println(i1);
12:   }
13: }
```

ArrayListの型パラメータはIntegerクラスのままです

引数で渡した整数が自動的にIntegerオブジェクトに変換されます

戻り値のIntegerオブジェクトが自動的にint型に変換されます

➡は紙面の都合で折り返していることを表します。

登場した主なキーワード

- **ジェネリクス**：インスタンスを生成するときに`< >`内の型パラメータにより、そのインスタンスで扱うクラスを指定できる機能のこと。
- **ラッパークラス**：基本型の値をオブジェクトにするために用意されているクラス。

まとめ

- 格納するオブジェクトの数が事前にわかっていなかったり、オブジェクトの数が増減したりする場合に、**ArrayList**クラスを使うと便利です。
- ジェネリクスの機能を使うことで、**ArrayList**に格納できるオブジェクトの型を指定します。
- 基本型の値を**ArrayList**に格納することはできません。
- 基本型の値を**ArrayList**に格納するには、基本型の値をオブジェクトにするためのラッパークラスを使います。

5-2 コレクションフレームワーク

学習のポイント

- コレクションフレームワークには、複数のオブジェクトを格納し、必要に応じて目的のオブジェクトを取り出すことができるさまざまなクラスが含まれています。
- コレクションはリスト、マップ、セットの3種類に大きく分けられます。

コレクション

前節で学習した**ArrayList**クラスは、複数のオブジェクトを格納し、必要に応じて取り出すために使用します。このように、プログラムの中で複数のオブジェクトを管理するためのクラスやインタフェースを総称して**コレクション**（collection）といい、コレクションに属するクラスを**コレクションクラス**といいます。**ArrayList**はコレクションクラスの1つです（注❺-2）。

先に述べたように、実際のプログラムでは、複数のオブジェクトを扱うことがよくあります。そこで求められる要求には、たとえば次のようなものがあります。

- 膨大な数のオブジェクトから目的のオブジェクトを素早く取り出したい
- 同じインスタンスへの参照が重複して格納されることのないようにしたい
- キーワードを使って目的のオブジェクトを取り出せるようにしたい
- 特定の値で順番に並べ替えたい

これらの要求に、**ArrayList**クラスだけで対応するのは困難です。

そのため、クラスライブラリには**ArrayList**クラスのほかにも、複数のオブジェクトを管理するためのクラスやインタフェースがいろいろ用意されています。これらをまとめて**コレクションフレームワーク**と呼びます（注❺-3）。

コレクションは、オブジェクトの管理方法によって**リスト**、**マップ**、**セット**の3種類に大きく分けられます。いずれも複数のオブジェクトを管理するために作り出されたものですが、目的のオブジェクトを取り出す方法や、オブジェクトの

KEYWORD
- コレクション
- コレクションクラス

注❺-2
コレクションフレームワークのクラスは、主に**java.util**パッケージにまとめられています。

KEYWORD
- コレクションフレームワーク
- リスト
- マップ
- セット

注❺-3
フレームワーク（framework）とは、プログラムの作成を助けてくれる「枠組み」のことです。近いものに「ライブラリ」がありますが、こちらはプログラムで使う個々の部品の集合のことをいいます。一方、フレームワークはプログラムの作り方を左右するような、もっと大きな仕組みを表します。

重複を許容する／しない、などに違いがあります。それぞれの特徴を以下にまとめます。

■リスト

リストは、要素の並び順に意味がある場合に使用するコレクションです。**ArrayList**クラスはこのタイプに属します。

オブジェクトが順番に並んでいるので、「最後に追加したものを取り出す」「先頭から2番目のものを取り出す」といった使い方ができます。また、図❺-1が示すように、異なる要素が同じオブジェクトを参照できます。

リストに属するクラスには**ArrayList**のほか、**LinkedList**などがあります。

KEYWORD
●Listインタフェース

なお、リストは**List**（リスト）インタフェースとして定義されており、リストに属するクラスは**List**インタフェースを実装しています（**ArrayList**クラスも**LinkedList**クラスも、**List**インタフェースを実装しています）。

図❺-1 リストのイメージ

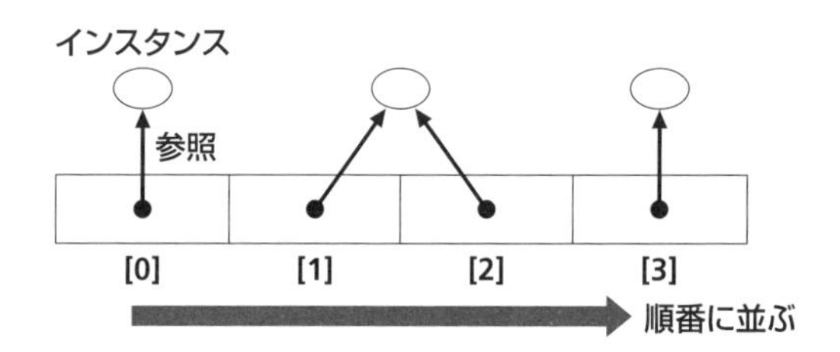

■マップ

マップは、キーと値（オブジェクト）のペアでオブジェクトを管理するコレクションです。マップにオブジェクトを格納するときには、オブジェクトとともに、それとペアになるキーを登録します。オブジェクトを取り出すときには、このキーを使用します。

文字列をキーにすると、オブジェクトに名前をつけたのと同じ効果を得られます（図❺-2）。格納したオブジェクトは、この名前（キー）を使って取得できます。ただし、このような性質から、マップではキーの重複は許されません。

マップに属するクラスには、**HashMap**（シンプルな**Map**コレクション）や**LinkedHashMap**（登録された順番を覚えている**Map**コレクション）などがあります。

KEYWORD
●Mapインタフェース

なお、マップの機能は**Map**（マップ）インタフェースに定義されており、マップに属するクラスは**Map**インタフェースを実装しています（**HashMap**クラスや**Linked**

HashMapクラスも、**Map**インタフェースを実装しています)。

図❺-2 マップのイメージ

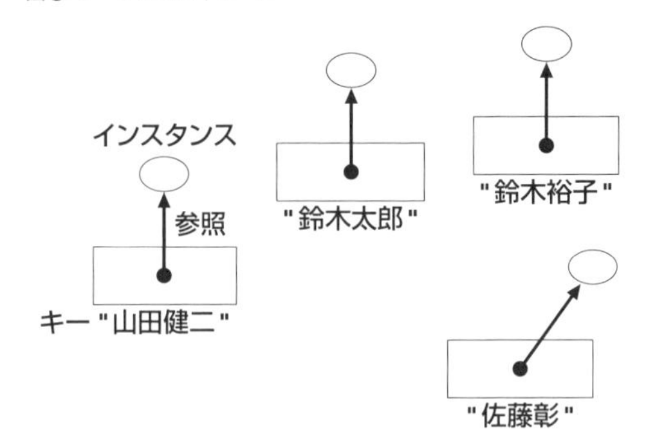

■セット

セットは、格納されるオブジェクトに重複がないことを保証するコレクションです(図❺-3)。すでにセットの中にあるものと同じオブジェクトは追加できません。

図❺-3 セットのイメージ

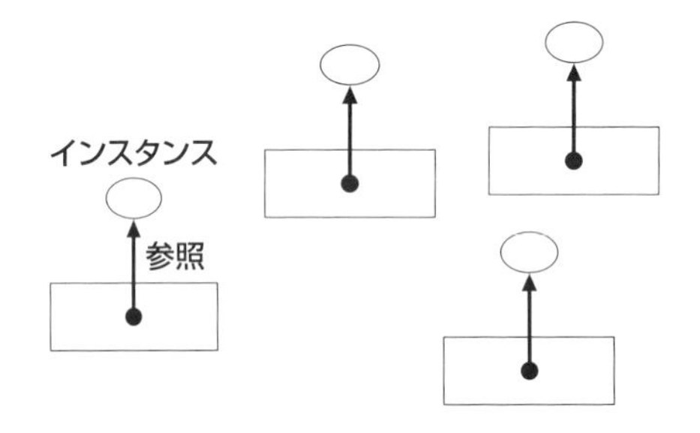

セットには、個々のオブジェクトを指定して取り出す方法がないので、単独で使うことはあまりありません。リストやマップと組み合わせて使うことが一般的です。

セットに属するクラスには**HashSet**クラス(シンプルな**Set**コレクション)や**TreeSet**クラス(登録された順番を覚えている**Set**コレクション)などがあります。

KEYWORD
●**Set**インタフェース

また、リストやマップと同様に、セットの機能も**Set**(セット)インタフェースに定義されており、セットに属するクラスは**Set**インタフェースを実装しています(**HashSet**クラスや**TreeSet**クラスも**Set**インタフェースを実装しています)。

リストコレクション

リストは、要素の並び順に意味がある場合に使用するコレクションです。リストに属するクラスには**ArrayList**と**LinkedList**がありますが、それぞれオブジェクトの管理方法が異なります。

管理方法の違いは、オブジェクトにアクセスしたり追加／削除したりするときにかかる時間の差として現れます。オブジェクトの数が数十、数百程度のときには、この時間の差は大した問題になりませんが、数万、数十万という数になると、プログラムの性能（実行の速さ）に大きな影響を与えます。

ArrayListクラスと**LinkedList**クラスはどちらも重要なクラスなので、その違いを見てみましょう。

■ArrayList

ArrayListクラスは配列よりも便利ですが、内部では配列を使ってオブジェクトを管理しています。**ArrayList**クラスは「配列＋便利な機能」と見ることができます（注❺-4）。

注❺-4
ArrayListクラスはインスタンスを生成したときに、ある大きさの配列を内部に確保します。要素を追加するうちにその配列がいっぱいになったら、もっと大きな配列を作成し、そちらに全部の要素を移動させます。不要になった、もとの小さな配列はガーベッジコレクションの対象になります。

要素を取り出すときには、インデックスを使って直接要素にアクセスします。そのため、要素を取り出す処理は高速です。要素を追加する場合には、図❺-4のように、追加する場所より後ろの要素を1つずつ後方にずらします。これは、要素を1つずつコピーすることで行われるため、**ArrayList**オブジェクトの末尾以外に要素を追加するときには時間がかかります。同様に、末尾以外の場所の要素を削除する場合も、削除された要素より後方にあった要素を1つずつ前方にコピーするため、処理に時間がかかります。

図❺-4　ArrayListオブジェクトへの要素の追加

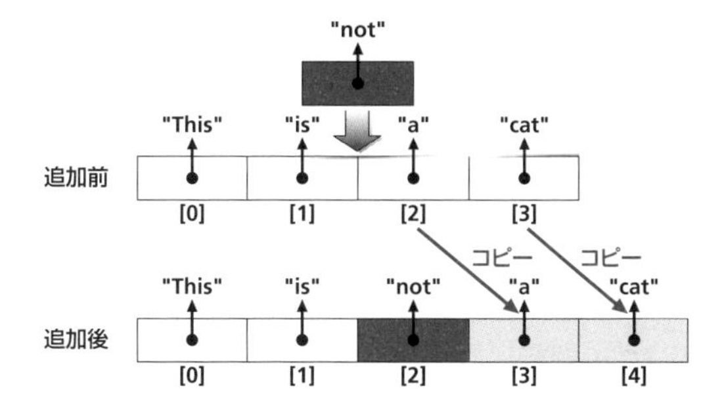

■LinkedList

KEYWORD
●`LinkedList`クラス

LinkedList（リンクトリスト）は、**ArrayList**と同じく要素が1列に並んでいるリストを実現するクラスですが、内部の作りが異なります。**LinkedList**クラスでは、格納している要素がそれぞれ“1つ隣”の要素の場所を記憶しています。この情報を次へ次へとたどっていくことで、格納されているすべての要素にアクセスできる仕組みになっています。

要素を追加するときには、図❺-5のように左右の要素の情報を変更するだけで済むので高速に実行できます。指定した要素を削除する場合も同じです。

図❺-5 LinkedListへの要素の追加

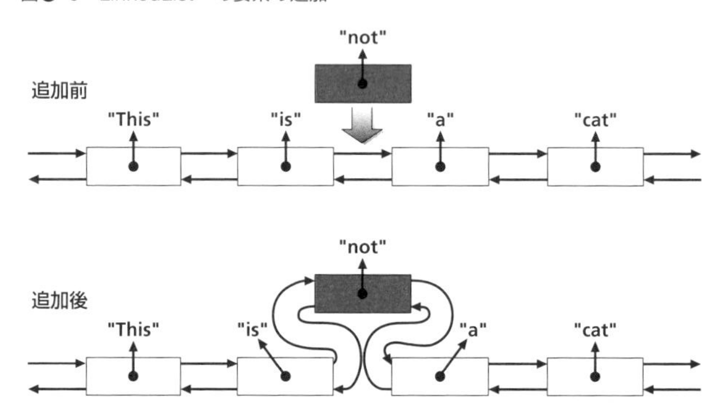

一方で、インデックスを指定して要素を取り出すときには、指定された場所に行き着くまで先頭から1つ1つ順に要素をたどっていかなければならず、処理は低速です。

要素の追加と削除が多く発生する場合は、**LinkedList**オブジェクトを使って管理したほうが効率的ですが、要素の追加と削除は少なく要素を取り出すことが多い場合は、**ArrayList**オブジェクトに格納したほうが効率的です。

マップコレクション

KEYWORD
●`HashMap`クラス

マップは、キーと値のペアでオブジェクトを管理するコレクションです。マップに属するクラスの1つに**HashMap**（ハッシュマップ）クラスがあります。**HashMap**クラスもジェネリクスの機能によって、インスタンスを生成するときにキーと値の型を指定するようになっています。

たとえば、キーと値の両方を**String**型にした**HashMap**オブジェクトを生成するには、次のように書きます。

```
HashMap<String, String> map = new HashMap<String, String>();
```

KEYWORD
●putメソッド

キーが"address"、値が"茨城県つくば市 999-99-99"というペアをHashMapオブジェクトに追加する場合、次のようにput（プット）メソッドを使用します。

```
map.put("address", "茨城県つくば市 999-99-99");
```

ここで追加した値は、

```
map.get("address");
```

KEYWORD
●getメソッド

のように、get（ゲット）メソッドにキーを渡すことで取得できます。

次のプログラムコードは、HashMapクラスを使用した例です（List❺-4）。

List❺-4 05-04/MapExample.java

```
 1: import java.util.HashMap;
 2:
 3: public class MapExample {
 4:   public static void main(String[] args) {
 5:     HashMap<String, String> map = new HashMap<String, ➡
        String>();  ← キーと値がともにString型のマップオブジェクトを生成します
 6:
 7:     map.put("first name", "太郎");
 8:     map.put("last name", "山田");
 9:     map.put("address", "茨城県つくば市 999-99-99");
10:     map.put("tel", "029-000-0000");
                                       } キーと値のペアを追加します
11:                              格納されているキーと値のペアを出力します
12:     System.out.println(map.entrySet());
13:     System.out.println(map.values());  ← 格納されている値を出力します
14:     System.out.println(map.keySet());  ← 格納されているキーを出力します
15:     System.out.println(map.get("first name"));
16:     System.out.println(map.get("last name"));
17:     System.out.println(map.get("address"));
18:     System.out.println(map.get("tel"));
                                       } キーに対応する値を出力します
19:     System.out.println(map.get("e-mail"));
20:   }  ← 「e-mail」というキーのオブジェクトは存在しません
21: }
```

➡は紙面の都合で折り返していることを表します。

実行結果

```
[last name=山田, address=茨城県つくば市 999-99-99, first name=太郎, ➡
tel=029-000-0000]
[山田, 茨城県つくば市 999-99-99, 太郎, 029-000-0000]
[last name, address, first name, tel]
太郎
```

```
山田
茨城県つくば市 999-99-99
029-000-0000
null ←格納されていないオブジェクトはnullで表現されます
```

※実行環境によっては順番が異なる場合があります。 ➡は紙面の都合で折り返していることを表します。

KEYWORD
- entrySetメソッド
- valuesメソッド
- keySetメソッド

List❺-4の5行目では`new HashMap<String, String>()`として、キーと値の両方が`String`型である`HashMap`オブジェクトを生成しています。12行目で呼び出している`entrySet`（エントリセット）メソッドは、キーと値のペアの情報を`Set`インタフェースを実装したオブジェクトとして取得します。これを`System.out.println`メソッドに渡すことで、その内容を出力できます。`values`（バリューズ）メソッドでは値の一覧を、`keySet`（キーセット）メソッドではキーの一覧を取得できます。実行結果を見ると、7～10行目で追加した順番が維持されていないことがわかります。リストとは異なり、マップでは追加した順番が維持されないのです。

15～19行目では`get`メソッドを使用して、キーに対応する値を取得しています。19行目では、対応する値がないキーを指定しています。この場合、`null`が戻り値になります。

セットコレクション

セットは、格納されるオブジェクトに重複がないことを保証するコレクションです。セットに属するクラスの1つに`HashSet`クラスがあります。`HashSet`クラスもジェネリクスの機能によって、インスタンスを生成するときに格納するオブジェクトの型を指定します。`String`型のオブジェクトを格納する場合には、次のようにしてインスタンスを生成します。

```
HashSet<String> set = new HashSet<String>();
```

KEYWORD
- addメソッド

オブジェクトの追加は次のように`add`（アド）メソッドで行います。

```
set.add("Jan");
```

問題なく追加できれば戻り値は`true`で、すでに同じオブジェクトが存在して追加できない場合には戻り値は`false`になります。

次のプログラムコードは、この`HashSet`クラスを使用した例です（List❺-5）。

List❺-5　05-05/SetExample.java

```
 1: import java.util.HashSet;
 2:
 3: public class SetExample {
 4:   public static void main(String[] args) {
 5:     HashSet<String> set = new HashSet<String>();
 6:
 7:     System.out.println(set.add("Jan"));
 8:     System.out.println(set.add("Feb"));
 9:     System.out.println(set.add("Feb"));
10:     System.out.println(set.add("Mar"));
11:     System.out.println(set.add("Apr"));
12:
13:     System.out.println(set);
14:     System.out.println(set.contains("Jan"));
15:     System.out.println(set.contains("Jun"));
16:   }
17: }
```


実行結果

```
true
true
false
true
true
[Feb, Mar, Apr, Jan]
true
false
```


※実行環境によっては順番が異なる場合があります。

実行結果から、9行目で **"Feb"** をもう一度追加しようとしたけれども、正しく追加されなかったことがわかります。

System.out.println メソッドに **HashSet** オブジェクトを渡すと、その中身が出力されます。出力された結果を見ると、追加した順番が維持されていないことがわかります。**HashSet** オブジェクトは **HashMap** オブジェクトと同様に、追加した順番と無関係にオブジェクトを管理するのです。

14～15行目にある **contains**（コンテインズ）メソッドは、**HashSet** オブジェクトに格納されているオブジェクトと、引数で渡したオブジェクトを比較して、同じものがあるかどうかを調べます（注❺-5）。戻り値が **true** であれば、その **HashSet** オブジェクトに引数で渡したオブジェクトが含まれていることになります。実行結果から、**"Jan"** は含まれていて、**"Jun"** は含まれていないことを確認できます。

KEYWORD

● **contains** メソッド

注❺-5

2つのオブジェクトを比較したときに「同じ」であるかどうかを判定するには、そのオブジェクトの **equals** メソッドの戻り値が使われます。詳しくは第11章で説明します。

イテレータ

コレクションを使って複数のオブジェクトを管理する場合、格納されたすべての要素を1つずつ取り出したいことがよくあります。たとえば、**Point**オブジェクトを格納している**pointList**という名前の**ArrayList**に対しては、次のような**for**文を書くことで、要素を1つずつ最後まで取り出すことができます。

```
for (int i = 0; i < pointList.size(); i++) {
  Point p = pointList.get(i);
  System.out.println("(" + p.x + "," + p.y +")");
}
```

この**for**文では、変数**i**の値を**0**から要素の数**-1**まで1つずつ変化させて、「**i**番目の要素を取得する」ことを繰り返しています。

しかし、**HashSet**クラスのように「**i**番目の要素を取得する」ことを実現する方法を持たないコレクションには、この方法を使えません。また、**LinkedList**クラスのように「**i**番目の要素を取得する」という処理に時間がかかるコレクションに対しては、もっとよい方法が欲しいところです。

KEYWORD
●イテレータ
●反復子

このようなときには、コレクションのイテレータ（Iterator）という機能を活用します。イテレータを使うことで、**HashSet**クラスや**LinkedList**クラスなどのさまざまなコレクションの要素に、同じプログラムコードで1つずつ効率的にアクセスできます。

イテレータは日本語で「反復子（はんぷくし）」と訳されるのですが、これだけでは何を意味するのかわかりませんね。もう少し説明を続けましょう。

イテレータは、コレクションの中の要素を1つずつ順番に参照する能力を持っています。イテレータには、主に次の2つのメソッドがあります。

KEYWORD
●hasNextメソッド

●**boolean hasNext()**（ハズネクスト）

まだ参照していない要素が残っているかどうか調べ、まだ要素がある場合は**true**を返します。

KEYWORD
●nextメソッド
●NoSuchElementExceptionクラス

●**E next()**（ネクスト）

現在の要素の参照を返して、次の要素を参照します。次の要素がない場合は**NoSuchElementException**（ノー サッチ エレメント エクセプション）型の例外オブジェクトを投げます。このメソッドの戻り値の型**E**は型パラメータによって指定された型（格納されているオブジェクトの型）になります。

これら2つのメソッドを使うことで、図❺-6に示すようなループ処理によってコレクションのすべての要素にアクセスできるようになります。

図❺-6　イテレータを使った全要素へのアクセス

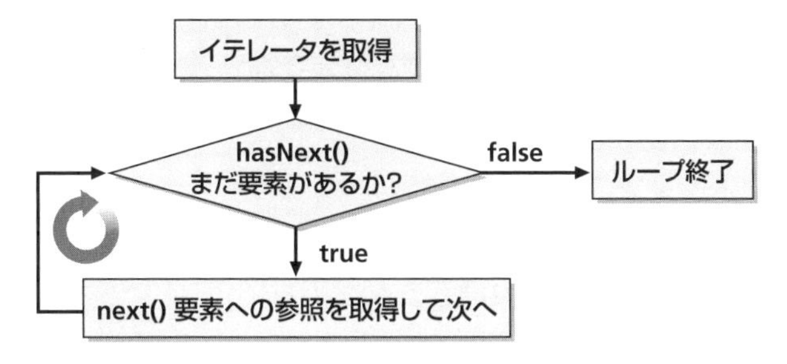

これをプログラムコードで記述すると、List❺-6のようになります。

List❺-6　05-06/IteratorExample.java

```
 1: import java.util.HashSet;
 2: import java.util.Iterator;
 3:
 4: public class IteratorExample {
 5:   public static void main(String[] args) {
 6:     HashSet<String> set = new HashSet<String>();
 7:     set.add("A");
 8:     set.add("B");
 9:     set.add("C");
10:     set.add("D");
11:     Iterator<String> it = set.iterator();
12:     while(it.hasNext()) {
13:       String str = it.next();
14:       System.out.println(str);
15:     }
16:   }
17: }
```

iteratorメソッドでイテレータを取得します

hasNextメソッドで要素が残っているかを調べ、残っているなら処理を続けます

nextメソッドで要素を取得します。イテレータは次の要素に移動します

実行結果

```
A
B
C
D
```

※実行環境によっては順番が異なる場合があります。

KEYWORD

- Iterableインタフェース
- iteratorメソッド

このプログラムコードでは**HashSet**クラスを使っていますが、**Iterable**（イテラブル）インタフェースを実装したクラスであれば、同じようにイテレータを使用できます。コレクションフレームワークに含まれるクラスは、基本的に**Iterable**インタフェースを実装していて、**iterator**（イテレータ）メソッドでイテレータを取得できま

す（注❺-6）。

イテレータは、取得した直後は先頭の要素を参照しています。**hasNext**メソッドで、まだ残りの要素がある場合は**true**を返します。**next**メソッドで、要素の参照を戻り値として返し、それと同時にイテレータが参照する要素は次に移動します。残りの要素がなくなった時点でループを抜けるので、この方法ですべての要素にアクセスできます（注❺-7）。

注❺-6
Iterableインタフェースには、イテレータ（**Iterator**オブジェクト）を返す**iterator**メソッドだけが宣言されています。

注❺-7
nextメソッドで要素を「取り出す」または「取得する」と書いていますが、要素を取り除くわけではないので、コレクションの中の要素の数は変化しません。

拡張for文

イテレータを使って、コレクションの各要素にアクセスできましたが、それと同じことを、次のような**for**文でも実現できます。

```
for (String str : set) {
  System.out.println(str);
}
```

以前に学習した**for**文とずいぶん違いますね。しかし、List❺-6にある**while**文とイテレータを使ったループ処理より、はるかに簡潔なプログラムコードになっています。これで、変数**set**（**HashSet<String>**オブジェクトが代入されています）から**String**型のオブジェクトを1つずつ順番に取り出して、変数**str**に代入できます。

このような**for**文を拡張（かくちょう）**for**（フォー）文（ぶん）といいます。拡張**for**文の構文は次のとおりです。

KEYWORD
●拡張for文

構文❺-1 拡張for文

```
for (型名 変数名 : コレクション) {
  forループ内の処理
}
```

拡張**for**文では、ループ処理のたびに、コレクションの中に入っている要素が1つずつ変数に代入されます。拡張**for**文は**Iterable**インタフェースを実装したコレクションクラス、あるいは配列に使うことができます。

次のプログラムコードは、文字列の配列**months**に格納されている各要素を、拡張**for**文を使って出力する例です（List❺-7）。

List❺-7 05-07/EnhancedForExample.java

```
1: public class EnhancedForExample {
2:   public static void main(String[] args) {
3:     String[] months = {"Jan", "Feb", "Mar", "Apr", "May", ➡
       "Jun" };  ←文字列の配列を生成します
4:     for (String str : months) {  ←配列要素を1つずつ取り出して変数strに代入します
5:       System.out.println(str);
6:     }
7:   }
8: }
```

➡は紙面の都合で折り返していることを表します。

実行結果

```
Jan
Feb
Mar
Apr
May
Jun
```

このプログラムでは、文字列の配列に対して、拡張**for**文を使用しています。**for (String str : months)**という記述で、配列**months**に含まれる要素を1つずつ取得できます。取り出される順番は、配列に格納されている順番どおりになります。

Iterableインタフェースを実装したコレクションのクラスについても、同じように拡張**for**文を使ってすべての要素を取得できます。つまり、ほとんどのコレクションに対して、同じようなプログラムコードを使用できるのです。

メモ

格納されているすべての要素にアクセスするために、それぞれのコレクションクラスに備わっている**forEach**メソッドを使用する方法もあります。詳しくは第6章の6-3節で説明します。

登場した主なキーワード

- **コレクション**：複数のオブジェクトを管理するためのクラスやインタフェースの総称。
- **リスト**：要素を順番に並べて格納するコレクション。

- **マップ**：キーと値のペアで要素を格納するコレクション。格納した順番は維持されません。
- **セット**：要素の重複がないオブジェクトの集合を格納するコレクション。格納した順番は維持されません。
- **イテレータ**：コレクションの中の要素を1つずつ順番に巡回できるもの。日本語で反復子と呼びます。
- **拡張`for`文**：コレクションに含まれる要素に1つずつアクセスするための`for`文。

まとめ

- Javaには、複数のオブジェクトを管理するためのクラスやインタフェースであるコレクションが用意されています。
- コレクションは、オブジェクトの管理方法によりリスト、マップ、セットの3つに分類されます。
- イテレータを使うことで、コレクションに含まれる要素に1つずつアクセスできます。
- 拡張`for`文を使うことで、コレクションに含まれる要素にアクセスするプログラムコードを簡潔に記述できます。

5-3 コレクションの活用

学習のポイント

- コレクションに格納された要素の取り出し方として、「キュー」と「スタック」があります。
- `LinkedList`クラスを使って、キューとスタックの機能を実現できます。
- `sort`メソッドにより、コレクションに含まれる要素を順番に並べ替えることができます。

LinkedListクラスによるキュー

KEYWORD
- キュー
- スタック

データを一時的に格納し、それを順番に取り出す方法として、キュー(Queue)とスタック（Stack）と呼ばれる2通りの方法があります。キューとスタックは、データ処理の最も基本的な方法として広く用いられます。ここでは、キューとスタックの働きを説明するとともに、前節で学習した`LinkedList`クラスをキュー、またはスタックとして使う方法を紹介します（注❺-8)。

注❺-8
キューやスタックのクラスがあるわけではありません。`LinkedList`クラスを使って、キューまたはスタックの機能を実現できます。

まずはキューから紹介しましょう。キューは「先入れ先出し（First In First Out：FIFO)」と呼ばれるオブジェクトの管理方法で、追加した順番にオブジェクトの取り出しを行います。

オブジェクトをキューに格納するイメージは図❺-7のとおりです。例として、ネットワークから次々に送られてくるデータ（画像など）を処理するプログラムを考えてみましょう。処理が追いつかないほどの量のデータが届いてしまったときには、そのデータを一時的にキューに格納しておけば、後で余裕のあるときに届いた順番に処理を行うことができるようになります。

図❺-7　キューによるオブジェクトの格納と取り出し

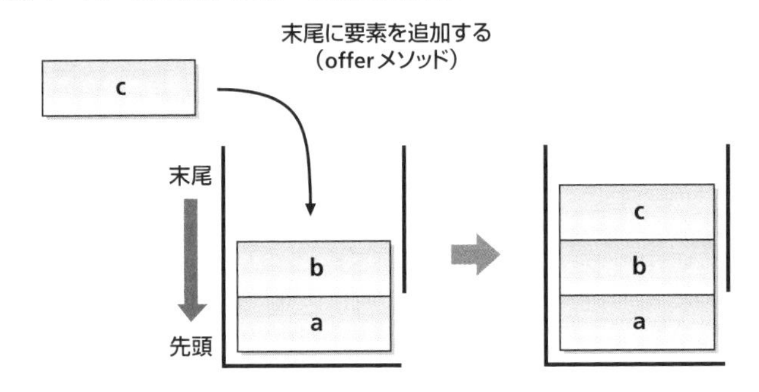

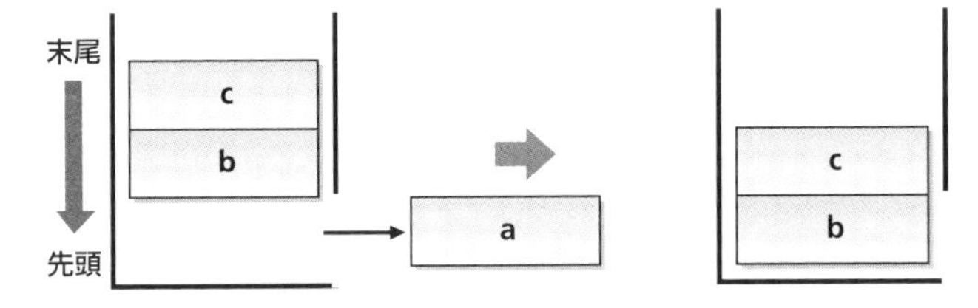

KEYWORD
- Queueインタフェース

Queue（キュー）インタフェースを実装しているクラスに対しては、次のようなメソッドを呼び出すことができます。

KEYWORD
- offerメソッド
- peekメソッド
- pollメソッド

●**offer**（オファー）メソッド

要素を末尾に追加します。

●**peek**（ピーク）メソッド

先頭の要素の参照を返します。キューが空のときには**null**が戻り値になります。

●**poll**（ポール）メソッド

先頭から要素を取り出します。取り出した要素の参照が戻り値になります。キューが空のときには**null**が戻り値になります。

LinkedListクラスは**Queue**インタフェースを実装しているので、これらのメソッドが使えます。**LinkedList**をキューとして使用するプログラムコードはList❺-8のようになります。

List❺-8 05-08/QueueExample.java

```
 1: import java.util.Queue;
 2: import java.util.LinkedList;
 3:
 4: public class QueueExample {
 5:   public static void main(String[] args) {
 6:     Queue<String> queue = new LinkedList<String>();
 7:
 8:     queue.offer("(1)");
 9:     System.out.println("キューの状態:" + queue);
10:     queue.offer("(2)");
11:     System.out.println("キューの状態:" + queue);
12:     queue.offer("(3)");
13:     System.out.println("キューの状態:" + queue);
14:     queue.offer("(4)");
15:     System.out.println("キューの状態:" + queue);
16:
17:     while(!queue.isEmpty()) {
18:       System.out.println("要素の取り出し:" + queue.poll());
19:       System.out.println("キューの状態" + queue);
20:     }
21:   }
22: }
```

LinkedListのインスタンスをQueue型の変数に代入しています

offerメソッドで文字列をqueueに追加します

queueの状態を出力します

queueが空になるまで繰り返します

pollメソッドで要素を1つ取り出します

実行結果

```
キューの状態:[(1)]
キューの状態:[(1), (2)]
キューの状態:[(1), (2), (3)]
キューの状態:[(1), (2), (3), (4)]
要素の取り出し:(1)
キューの状態[(2), (3), (4)]
要素の取り出し:(2)
キューの状態[(3), (4)]
要素の取り出し:(3)
キューの状態[(4)]
要素の取り出し:(4)
キューの状態[]
```

キューに要素を1つずつ追加しています。追加した要素はキューの末尾に置かれます

キューから要素を1つずつ取り出しています。要素はキューの先頭から順番に除かれています

6行目で、生成した**LinkedList**オブジェクトを**Queue**型の変数に代入しています。このようにするのは、**LinkedList**クラスのメソッドのうち、**Queue**インタフェースに定義されているキューのためのメソッドしか呼び出せないようにするためです。

実行結果からは、**offer**メソッドによって追加された要素が、キューの末尾に格納されていることを確認できます。**poll**メソッドではキューの先頭から順番に要素が取り除かれます。

KEYWORD
● isEmptyメソッド

17行目にある**isEmpty**(イズエンプティ)メソッドは、キューに要素が残っていると**false**を返します。つまり、**while(!queue.isEmpty())**の条件式が**true**である

間はキューに要素が残っているので、処理を繰り返すことになります。

このようにして、LinkedListオブジェクトをキューとして使用できます。

LinkedListクラスによるスタック

スタックは「後入れ先出し（Last In First Out：LIFO）」と呼ばれるオブジェクトの管理方法で、最後にリストに追加したオブジェクトを最初に取り出していきます。ちょうど、キューと対になるオブジェクトの管理方法です。

スタックにオブジェクトを格納しているイメージは図❺-8のとおりです。末尾に追加するのではなくて、先頭に追加します。オブジェクトをどんどん積み上げていき、必要になったら一番上から取る、という動作になります（注❺-9）。

注❺-9
第4章で説明したメモリ領域のスタックでは、ここで説明しているスタックの方式で情報が記憶されています。

図❺-8 スタックによるオブジェクトの格納と取り出し

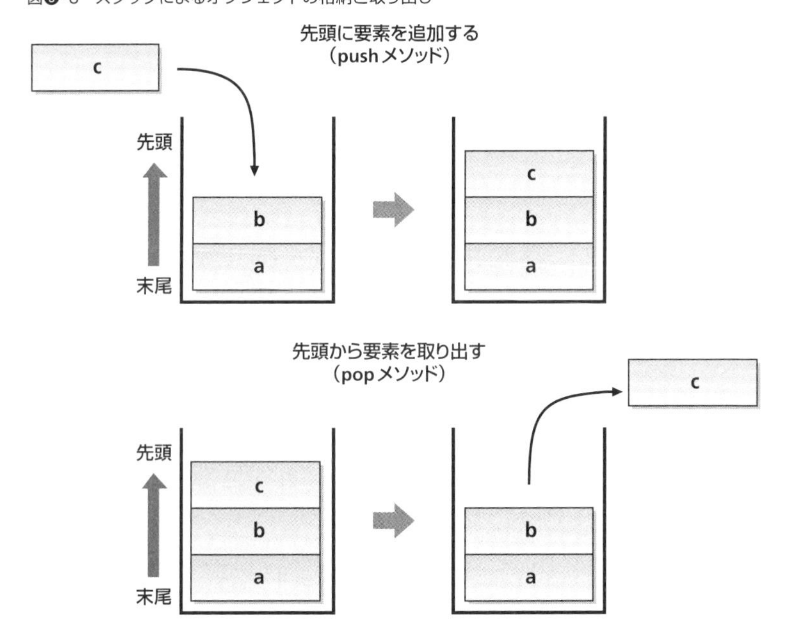

KEYWORD
●pushメソッド
●popメソッド

LinkedListクラスに定義されているpush（プッシュ）メソッド（先頭に要素を追加する）とpop（ポップ）メソッド（先頭の要素を取り出す）を使って、スタックの機能を実現できます。popメソッドは、取り出した要素の参照が戻り値になります。

LinkedListクラスでスタックを実現するプログラムコードはList❺-9のようになります。

List❺-9 05-09/StackExample.java

```
 1: import java.util.LinkedList;
 2:
 3: public class StackExample {
 4:   public static void main(String[] args) {
 5:     LinkedList<String> stack = new LinkedList<String>();
 6:
 7:     stack.push("(1)");  ←stackの先頭に要素を追加します
 8:     System.out.println("スタックの状態:" + stack);  ←stackの状態を出力します
 9:     stack.push("(2)");
10:     System.out.println("スタックの状態:" + stack);
11:     stack.push("(3)");
12:     System.out.println("スタックの状態:" + stack);
13:     stack.push("(4)");
14:     System.out.println("スタックの状態:" + stack);
15:
16:     while(!stack.isEmpty()) {  ←stackが空になるまで繰り返します
17:       System.out.println("要素の取り出し:" + stack. ➡
         pop());  ←popメソッドで先頭の要素を1つ取り出します
18:       System.out.println("スタックの状態" + stack);
19:     }
20:   }
21: }
```

➡は紙面の都合で折り返していることを表します。

実行結果

```
スタックの状態:[(1)]
スタックの状態:[(2), (1)]
スタックの状態:[(3), (2), (1)]
スタックの状態:[(4), (3), (2), (1)]
要素の取り出し:(4)
スタックの状態[(3), (2), (1)]
要素の取り出し:(3)
スタックの状態[(2), (1)]
要素の取り出し:(2)
スタックの状態[(1)]
要素の取り出し:(1)
スタックの状態[]
```

（1〜4行目）スタックに要素を1つずつ追加しています。追加した要素はスタックの先頭に置かれます

（5〜12行目）スタックから要素を1つずつ取り出しています。要素はスタックの先頭から順番に除かれています

7、9、11、13行目では**push**メソッドにより、要素がスタックの先頭に追加されています。一方、16〜19行目の**while**文では17行目の**pop**メソッドにより、先頭から順番に要素が取り除かれます。先ほどのキューの例と同様に、スタックに要素がある場合は、**isEmpty**メソッドが**false**を返すので、**while(!stack.isEmpty())**の条件式が**true**になり、要素がある限り、処理を繰り返すことになります。

このように**LinkedList**として生成したインスタンスを、スタックとして使用できます。

sortメソッドによる並べ替え

KEYWORD
- 並べ替え
- sortメソッド
- Collectionsクラス

注❺-10
sortは「並べ替えること」を意味する英単語です。

コレクションによって複数のオブジェクトを管理していると、その中の要素を値が小さい順、または値が大きい順に並べ替えたいことがあります。この並べ替えの操作はコレクションを扱うプログラムの多くで必要とされます。そのため、並べ替えを行うクラスメソッド**sort**が**Collections**クラスで宣言されています（注❺-10）。この**sort**メソッドに**List**インタフェースを実装したクラス（**ArrayList**や**LinkedList**など）のインスタンスを渡すと、その中に格納されているオブジェクトを順番に並べ替えてくれます。

ところで、オブジェクトを並べ替えるとき、その順番はどのように決まるでしょうか。数値であれば値の大小、文字列であればアルファベット順で順番を決めてよさそうですが、たとえば**x**、**y**の座標値を持つ**Point**クラスのような自分で定義したクラスのオブジェクトの場合はどうでしょう。**x**の値だけを見て、その大小で並べるのか、それとも**x**と**y**の値を足し合わせた値の大小で並べるのか、さまざまな方法が考えられます。

「2つのオブジェクトがあったときに、どちらを前にして、どちらを後ろにするか」が明確に決まっていないと、複数のオブジェクトを順番に並べることはできません。

KEYWORD
- Comparableインタフェース
- compareToメソッド

そのため、**Collections**クラスの**sort**メソッドで並べ替えを行うには、コレクションに格納されているオブジェクトが、その前後関係を明確にするためのインタフェース**Comparable**を実装している必要があります。**Comparable**インタフェースを実装するには、インスタンスが2つあったときに、その大小関係を**int**型の値で戻す**compareTo**メソッドを定義する必要があります。

例として、コレクションに格納した**Point**オブジェクトを、インスタンス変数**x**、**y**を足し合わせた値の小さい順で並べ替えるプログラムコードを書いてみましょう。

そのためにはまず、**Point**クラスで**Comparable**インタフェースを実装し、2つのインスタンスの大小を比較するための**compareTo**メソッドを定義します。**Comparable**インタフェースを実装する宣言は、次のように記述します。

```
class Point implements Comparable<Point>
```

Comparableインタフェースの型パラメータには、比較するオブジェクトのクラス名を記述します。ここは**Point**オブジェクト（つまり自分と同じクラスのインスタンス）と比較するので、<Point>と記述しています。

compareToメソッドには、型パラメータとして指定したクラスのインスタンス（ここでは**Point**クラスのインスタンス）が引数に渡されます。戻り値は、「自分自身と引数で渡されたオブジェクトの差」を**int**型の値で表したものです。このとき、次のようにして自分自身のほうが大きいときに正の値を返すようにします（注❺-11）。

注❺-11
Stringクラスは**Comparable**インタフェースを実装していて、**compareTo**メソッドを持っています。

```
public int compareTo(Point p) {
  return (this.x + this.y) - (p.x + p.y);
}
```

List❺-10は、この**Point**クラスを使った並べ替えを行う例です。

List❺-10 05-10/SortExample.java

```
 1: import java.util.ArrayList;
 2: import java.util.Collections;
 3:
 4: class Point implements Comparable<Point> {   ← Comparable<Point> インタフェースを実装します
 5:   int x;
 6:   int y;
 7:
 8:   Point(int x, int y) {
 9:     this.x = x;
10:     this.y = y;
11:   }
12:
13:   public int compareTo(Point p) {   ← 引数で渡されたインスタンスと自分自身を比較して、その差を戻すメソッドを定義します
14:     return (this.x + this.y) - (p.x + p.y);   ← フィールドのxとyを足した値で比較し、その差を戻り値とします
15:   }
16: }
17:
18: public class SortExample {
19:   public static void main(String[] args) {
20:     ArrayList<Point> pointList= new ArrayList<Point>();
21:     pointList.add(new Point(0, 8));
22:     pointList.add(new Point(1, 6));
23:     pointList.add(new Point(2, 9));
24:     pointList.add(new Point(3, 3));
25:
26:     Collections.sort(pointList);   ← sortメソッドの引数にコレクションを渡して、並べ替えを実行します
27:
28:     for (Point p : pointList) {
29:       System.out.println("(" + p.x + "," + p.y +")->"➡
        + (p.x + p.y));   ← 並べ替えた結果を出力します。参考までにxとyを足した値も出力します
30:     }
31:   }
32: }
```

➡は紙面の都合で折り返していることを表します。

実行結果

```
(3,3)->6
(1,6)->7
(0,8)->8
(2,9)->11
```

xとyを足した値が小さい順に並んでいます

この例では、PointクラスにComparableインタフェースを実装し、このインスタンスを4つ、ArrayList<Point>オブジェクトに格納しています。Collectionsクラスのsortメソッドの引数に、このArrayListオブジェクトを渡すことで、この中身が順番に並べ替えられます。並び順を決めるために、Pointクラスに定義したcompareToメソッドが使われたことを確認できます。

メモ

格納されている要素を並べ替えるために、それぞれのコレクションクラスに備わっているsortメソッドを使用する方法もあります。詳しくは6-3節で説明します。

登場した主なキーワード

- **キュー**：複数のオブジェクトを管理する方法の1つ。オブジェクトは、追加した順番で取り出されます。
- **スタック**：キューと対になる、複数のオブジェクトを管理する方法の1つ。後に追加されたオブジェクトから順番に取り出されます。
- **ソート**：複数のオブジェクトを、あるルールに従って順番に並べ替えること。

まとめ

- LinkedListクラスを使うことで、キューとスタックを実現できます。
- Collectionsクラスのsortメソッドで、リストに格納されているオブジェクトを並べ替えることができます。並べ替えの対象となるオブジェクトは、Comparableインタフェースを実装している必要があります。

練習問題

5.1 (1)～(3)の文章はそれぞれリスト、マップ、セットのどれについて説明したものでしょうか。

(1) キーと値のペアでオブジェクトを管理できる。
(2) get(5)のようなメソッドの呼び出しで、インデックスを指定してオブジェクトを取り出せる。
(3) 格納しようとするオブジェクトと同じものがすでに含まれている場合は、格納できない。

5.2 (1)～(3)のケースでは、それぞれArrayListクラスとLinkedListクラスのどちらを使うのがよいでしょうか。

(1) オブジェクトの追加と削除が頻繁に発生する。
(2) オブジェクトをキューで管理する（先に入れたものを先に取り出す）。
(3) インデックスを指定してオブジェクトを参照することが多い。

5.3 次のfor文について、

```
for (int i = 0; i < list.size(); i++) {
    String str = list.get(i);
    System.out.println(str);
}
```

(1) 拡張for文を使って書き換えてください。
(2) イテレータを使って書き換えてください。

ただし、変数listはLinkedList<String>型とします。

5.4 次のようなBookクラスがあります。

```
public class Book {
    String title; // タイトル
    String author; // 著者名
    int price; // 価格
}
```

これをLinkedListオブジェクトで管理し、後で価格の安い順に並べ替えようと考えています。Collectionsクラスのsortメソッドを使えるように、BookクラスにComparableインタフェースを実装してください。

第6章　ラムダ式

内部クラス
ラムダ式
コレクションフレームワークとラムダ式

Java

この章のテーマ

抽象メソッドを1つしか持たないインタフェースを関数型インタフェースと呼びます。Javaのクラスライブラリの中には、関数型インタフェースを引数の型とするメソッドがたくさんあります。このようなメソッドを呼び出すときに、「ラムダ式」という構文を使用すると、プログラムコードを短く簡潔に記述できます。本章では、ラムダ式を理解するために必要となる、内部クラスと匿名クラスを初めに説明し、後半ではコレクションフレームワークでラムダ式を活用する方法を説明します。

6-1 内部クラス

学習のポイント

- クラスの宣言を、別のクラスの内部で行うことができます。別のクラスの内部で宣言されたクラスを「内部クラス」と呼びます。
- 内部クラスは、外側のクラスのprivate修飾子のついたフィールドとメソッドにもアクセスできます。
- クラス名を持たない内部クラスを「匿名クラス」と呼びます。

内部クラスとは

不思議に思えるかもしれませんが、次のプログラムコードのように、クラスの宣言を、ほかのクラスの内部で行うことができます。

```
class Outer {
  class Inner {
  }
}
```

クラスの中でクラスの宣言を行っています

KEYWORD
- ●内部クラス
- ●外部クラス

この例のように、クラスの中で別のクラスの宣言を行った場合、中に入っているクラスを内部(ないぶ)クラス（Inner Class）といい、外側のクラスを外部(がいぶ)クラス（Outer Class）といいます。

内部クラスは外部クラスのメソッドの中で宣言することもできます。この場合、内部クラスを使用できる（内部クラスのインスタンスを生成できる）のは、そのメソッドの中に限定されます。使用範囲がとても狭いクラスを作りたいときに、内部クラスが役立ちます。

内部クラスの仕組みを理解することは、本章でこれから説明していく「匿名クラス」、そして「ラムダ式」の理解へとつながる道のりの第一歩となります。一連の説明を読み終わると、ラムダ式を用いた効率的なプログラムの記述方法を理解できるでしょう。

内部クラスを使ったプログラムとはどのようなものなのか、次のプログラムコードで確認しましょう。List❻-1では、Outerクラスの doSomethingメソッドの内部でInnerクラスを宣言しています。

List❻-1 06-01/InnerClassExample.java

```
 1: class Outer {
 2:   private String message = "Outerクラスのprivateなインスタンス➡
      変数です";
 3:
 4:   void doSomething() {
 5:     class Inner {
 6:       void print() {
 7:         System.out.println("Innerクラスのprintメソッドが呼ばれ➡
            ました");
 8:         System.out.println(message);
 9:       }
10:     }
11:
12:     Inner inner = new Inner();
13:     inner.print();
14:   }
15: }
16:
17: public class InnerClassExample {
18:   public static void main(String[] args) {
19:     Outer outer = new Outer();
20:     outer.doSomething();
21:   }
22: }
```


➡は紙面の都合で折り返していることを表します。

実行結果

```
Innerクラスのprintメソッドが呼ばれました
Outerクラスのprivateなインスタンス変数です
```

このプログラムコードでは、18行目から始まるmainメソッドの中でOuterクラスのインスタンスを生成し、doSomethingメソッドを呼び出しています。

呼び出されたdoSomethingメソッドの中にはInnerクラスの宣言が含まれています。そして12行目では、通常のクラスと同じようにしてInnerクラスのインスタンスを生成しています。

Innerクラスのprintメソッドの中では、変数messageの値を出力しています。ここで注意してほしいのが、変数messageはOuterクラスのインスタンス変数でprivateアクセス修飾子がついている、ということです。内部クラスは、外側のクラスのprivateなインスタンス変数にも、まるで自分のフィールドのようにしてアクセスできるのです。このことが、内部クラスの大きな特徴です。

内部クラスについてまとめると、次のような特徴があります。

- 外部クラスの中で宣言を行う
- 外部クラスのフィールドに（たとえprivate修飾子がついていても）アクセスできる

匿名クラス

KEYWORD
●匿名クラス

内部クラスのうち、クラスに名前がないものを匿名（とくめい）クラス（Anonymous Class）と呼びます。名前のないクラスとはどのようなものなのでしょうか？

ここでは次のような手順を踏んで、匿名クラスとはどのようなもので、どのように役立つかを説明します。

1. 準備
2. 一般的なクラス宣言の例
3. 内部クラスを用いる例
4. 匿名クラスを用いる例

それでは、1つ1つ順番に見ていきましょう。

1. 準備

初めに、次のプログラムコードに示すようなインタフェースと、クラスを準備します。

```
interface SayHello {
  public void hello();    ← 抽象メソッドの宣言です
}

class Greeting {
  static void greet(SayHello s) {    ← SayHelloインタフェースを実装する
    s.hello();                          オブジェクトを引数で受け取ります
  }
}
```

Greeting（挨拶）クラスには、**greet**（挨拶をする）というメソッドがあり、引数の型は**SayHello**インタフェースになっています。つまり、**SayHello**インタフェースを実装するオブジェクトを引数として受け取ります（注❻-1）。そして、受け取ったオブジェクトの**hello**メソッドを呼び出します（受け取ったオブジェクトは**SayHello**インタフェースを実装しているので、必ず**hello**メ

注❻-1
このように、インタフェースを引数の型とするようなメソッドを自分で作る機会はあまり多くないかもしれませんが、Javaのクラスライブラリの中にはたくさんあります。

注❻-2
ここでの説明が十分に理解できない場合は、VIIページの「インタフェースとポリモーフィズム」の説明を参照してください。入門編の第8章「抽象クラスとインタフェース」には、より詳しい説明があります。

ソッドを持ちます(注❻-2))。

2. 一般的なクラス宣言の例

それでは、**SayHello**インタフェースと、**Greeting**クラスの**greet**メソッドを使用する例を見てみましょう(List❻-2)。

List❻-2 06-02/SimpleExample.java(※1～10行目には「1.準備」のコードが入ります)

```
11: class Person implements SayHello {      ← SayHelloインタフェースを実装しています
12:   public void hello() {                  ← helloメソッドをオーバーライドします
13:     System.out.println("こんにちは");
14:   }
15: }
16:
17: public class SimpleExample {
18:   public static void main(String[] args) {
19:     Person p = new Person();
20:     Greeting.greet(p);      ← PersonオブジェクトはSayHelloインタフェースを実装しているので、greetメソッドに渡すことができます
21:   }
22: }
```

実行結果

```
こんにちは
```

mainメソッドでは**Person**型のオブジェクトを生成し、**Greeting**クラスの**greet**メソッドに渡しています。**Person**クラスは**SayHello**インタフェースを実装しているため、**greet**メソッドの引数に渡すことができるのです。

greetメソッドでは、このようにして渡されたオブジェクトの**hello**メソッドを呼び出し、結果として「こんにちは」という文字列が出力されます。

3. 内部クラスを用いる例

次に、List❻-2の**Person**クラスを内部クラスとして宣言してみましょう。

List❻-3は、**main**メソッドの中で**Person**クラスの宣言を行う例です。

List❻-3 06-03/InnerClassExample.java(※1～10行目には「1.準備」のコードが入ります)

```
11: public class InnerClassExample {
12:   public static void main(String[] args) {
13:     class Person implements SayHello {
14:       public void hello() {
15:         System.out.println("こんにちは");      } mainメソッドの中でPersonクラスの宣言をしています
16:       }
17:     }
18:     Person p = new Person();
19:     Greeting.greet(p);
```

```
20:     }
21: }
```

実行結果

```
こんにちは
```

List❻-2と比べると、**Person**クラスの宣言が**main**メソッドの中に移っただけで、処理の内容も実行結果も同じです。

8～9行目は、次のように1行にまとめることもできます。

```
Greeting.greet(new Person());
```

4. 匿名クラスを用いる例

それでは、いよいよ匿名クラスの説明に移ります。

次のプログラムコード（List❻-4）を見てみましょう。

List❻-4 06-04/AnonymousClassExample.java（※1～10行目には「1.準備」のコードが入ります）

```
11: public class AnonymousClassExample {
12:     public static void main(String[] args) {
13:         Greeting.greet(new SayHello() {
14:             public void hello() {       ← helloメソッドの宣言です
15:                 System.out.println("こんにちは");
16:             }
17:         });
18:     }
19: }
```

greetメソッドの引数を指定する場所でクラスの宣言をしてしまっています

3～7行目の**Greeting.greet(new ○○);**という構造は、引数を指定する場所でインスタンスの生成を行う例と同じですが、今回は、この**new ○○**の部分が次のようになっています。

```
new SayHello() {    ← インタフェース名でインスタンスの生成を行っています
    public void hello() {
        System.out.println("こんにちは");
    }
}
```

クラスの宣言の中身です。helloメソッドを持ちます

つまり、クラス名の代わりに、実装しているインタフェース名を用いてインスタンスの生成を行っているのです。メソッドの宣言など、クラスの中身は**new SayHello()**に続く**{ }**の中で行います。これら全部が**Greeting.greet**

メソッドの引数を指定する( )の中に含まれています。

このように、メソッドの引数を指定する場所でクラスの宣言も行ってしまうと、クラスに名前をつける必要がなくなるのです(注❻-3)。

注❻-3
引数を受け取る**greet**メソッドには、**SayHello**インタフェースを実装したオブジェクトが渡されればよいので、そのオブジェクトのクラス名はなくてもかまわないのです。

これまでの例では、**SayHello**インタフェースを実装した**Person**という名前のクラスの宣言を行っていましたが、この**Person**クラスを別の場所で利用することがないのであれば、名前がなくても不便はありません。「**SayHello**インタフェースを実装したクラスである」ということだけ示せば十分です。このように、名前のないクラスのことを匿名クラスと呼ぶのです。

匿名クラスを使用する場合は、メソッドの引数の( )の中にクラスの宣言を全部含めてしまうため、慣れるまではプログラムコードの構造を理解しにくいかもしれません。しかしながら、少ないプログラムコードで済ますことができ、作成したクラスの使用範囲を限定させることができます。また、次の節で学習するラムダ式を理解するための準備として、知っておかなければならないものです。

登場した主なキーワード

- **内部クラス**: ほかのクラスの内部で宣言されるクラスのこと。
- **匿名クラス**: 名前のないクラス。クラスの宣言と同時にインスタンスの生成を行うことができ、その場だけで必要なクラスの作成に使えます。

まとめ

- ほかのクラスの内部で宣言されるクラスのことを内部クラスといいます。
- 内部クラスは、外側のクラス(外部クラス)のフィールドとメソッドに、自分のフィールドとメソッドであるかのようにアクセスできます。
- メソッドの引数としてオブジェクトを渡すときに、そのクラスの宣言とインスタンスの生成の両方を行ってしまうことができます。この場合、クラスに名前がなくてもかまいません。このような名前のないクラスを匿名クラスといいます。

6-2 ラムダ式

学習のポイント

- インタフェースのうち、抽象メソッドが1つだけのものを関数型インタフェースと呼びます。
- 関数型インタフェースを引数の型とするメソッドに、ラムダ式を渡すことができます。

KEYWORD

●関数型インタフェース

関数型インタフェース

インタフェースの宣言には、複数の抽象メソッドを含めることができますが、抽象メソッドを1つしか含まないインタフェースのことを関数型(かんすうがた)インタフェース(Functional Interface)と呼びます。2つ以上のメソッドを含むインタフェースは、関数型インタフェースとはいいません。

これまでに、内部クラスの説明で使用してきた、`SayHello`インタフェースは、次のように抽象メソッドが1つだけなので、関数型インタフェースです。

```
interface SayHello {
  public void hello();
}
```

次の`Greeting.greet`メソッド(`Greeting`クラスの`greet`メソッド)は、関数型インタフェースを引数の型に持ちます。

```
class Greeting {
  static void greet(SayHello s) {
    s.hello();
  }
}
```

ラムダ式

KEYWORD
●ラムダ式

ラムダ式(しき)とは、関数型インタフェースを実装したクラスの宣言を、次のように短く記述するための構文です。

構文❻-1 ラムダ式

```
(引数列) -> {処理内容}
```

List❻-4では、Greetingクラスのgreetメソッドに Sayhelloインタフェースを実装するオブジェクトを渡すときに、次のように匿名クラスを使用しました。

```
Greeting.greet(new SayHello() {
  public void hello() {
    System.out.println("こんにちは");
  }
});
```

この5行分のプログラムコードは、ラムダ式を使うと次の1行を記述するだけで済みます。

```
Greeting.greet( () -> { System.out.println("こんにちは");} );
```

メソッドの引数にクラスの宣言を含めるような場合でも、ラムダ式を使うととても簡潔に記述できるのです。なぜこのようなことができるのか、以下で説明していきます。

まずGreetingクラスのgreetメソッドは、次のようにSayHello型のオブジェクトを受け取ります。

```
static void greet(SayHello s) {
  s.hello();
}
```

すでに説明したように、SayHelloインタフェースは抽象メソッドが1つだけなので、関数型インタフェースです。関数型インタフェースを実装したクラスの宣言は、ラムダ式でも記述できるので、greetメソッドを呼び出すときの( )の中に、ラムダ式を入れることができます。

ラムダ式は「**(引数列) -> {処理内容}**」のように記述するのでした。関数型インタフェースはメソッドを1つしか持たないので、そのメソッドの引数列と処理の内容を書くことになります。今回は**hello**メソッドの内容を書くことになります。**hello**メソッドには引数がなく、処理の内容は「"こんにちは"と出力する」というものなので、ラムダ式は次のように書くことができます。

```
() -> { System.out.println("こんにちは"); }
```

これを、**Greeting**クラスの**greet**メソッドの引数にすると、

```
Greeting.greet( () -> { System.out.println("こんにちは");} );
```

となります。

ラムダ式に書き換えた後のプログラムコードを見てみると、メソッド名の情報が抜け落ちています。しかし、関数型インタフェースは抽象メソッドが1つだけなので、**SayHello**インタフェースの場合には、引数列と処理内容が**hello**メソッドに対応することが明らかです。ラムダ式に書き換えた後からでも、ラムダ式にする前の状態に復元することが可能です。

helloメソッドには引数も戻り値もなかったので、引数と戻り値を持つ場合の例も見てみましょう。

たとえば**int**型の値を引数として受け取り、その値を1だけ増やした値を戻り値とするメソッドの場合、ラムダ式は次のように書けます。

```
(int n) -> { return n + 1; }
```

int型の値を2つ引数として受け取り、その値を足した値を戻り値とするメソッドの場合は、次のように書けます。

```
(int a, int b) -> { return a + b; }
```

メモ

これまでに見てきたように、**Greeting.greet**メソッドは、引数の型が**SayHello**インタフェースです。これが、どのようなことを意味するのか少し考えてみましょう。

Greeting.greetメソッドは、**SayHello**インタフェース型でオブジェクトを受け取るので、そのオブジェクトに対して行える操作は「**hello**メソッドを呼び出す」ということだけです。受け取ったオブジェクトがそれ以外にどのようなフィールドやメソッドを持っていても、**SayHello**インタフェース型のオブジェクトとして受け取った時点で、すべてのオブジェクトに共通するのは「**hello**メソッドを持つ」という点だけだからです。

つまり、**Greeting.greet**メソッドの立場からすると、**hello**メソッドの中身がわかればよいのです。これが、**Greeting.greet**メソッドにラムダ式を渡してもよい理由です。**Greeting.greet**メソッドは、ラムダ式で記述された処理の内容を、**hello**メソッドの中身であるものとして、受け取るのです。

Java言語はオブジェクト指向型言語ではありますが、関数型インタフェースを受け取るメソッドに対しては、「オブジェクトを渡している」というよりも、「処理の内容を渡している」と理解したほうがスムーズでしょう。

ラムダ式の省略形

ラムダ式を使うことで、長いプログラムコードを短く書くことができ、すっきりと見やすくできます。ラムダ式には省略表現があるため、さらにシンプルに書くこともできます。

次のルールで、ラムダ式の記述を簡潔にできます。

- 引数列の型は省略できる(注❻-4)。

例

```
もとのラムダ式： (int n) -> { return n + 1; }
      省略形： (n) -> { return n + 1; }
```

注❻-4
引数列の型は、関数型インタフェースに宣言されている内容から知ることができるためです。

- 引数が1つだけの場合、引数を囲む( )を省略できる。

例

```
もとのラムダ式： (n) -> { return n + 1; }
      省略形： n -> { return n + 1; }
```

- 処理の中身に命令文が1つしかない場合、処理を囲む{ }とreturnキーワード、セミコロン（;）を省略できる。

例1

```
もとのラムダ式： n -> { return n + 1; }
      省略形： n -> n + 1
```

例2

```
もとのラムダ式： n -> { System.out.println(n); }
      省略形： n -> System.out.println(n)
```

このような省略を行うと、最終的に

```
(int n) -> { return n + 1; }
```

というラムダ式は、次のような単純な形になります。

```
n -> n + 1
```

左側が引数で右側が戻り値という、シンプルな表現になりました。->の記号を矢印に置き換えてみると

```
引数 → 戻り値
```

という形になっています。戻り値がある場合はこのように、「与えた値がどのようになって戻ってくるか」ということだけを書けばよいのです。たとえば、与えた値を2倍にする、という処理を行うには

```
n -> n * 2
```

と書くことになります（注❻-5）。

注❻-5
変数名は自由に決められるので、i - > i * 2としてもかまいません。

133ページで説明した、次のラムダ式

```
() -> { System.out.println("こんにちは");}
```

は、命令文が1つだけなので、{ }とセミコロン（;）を省略して、次のように書

けます。

```
() -> System.out.println("こんにちは")
```

この例では引数も戻り値もないため、

```
() → 命令文
```

という形になっています。引数があって戻り値がない場合は、

```
引数 → 命令文
```

という形になります。このように、戻り値がない場合は「与えた値に対してどのような処理をするのか」ということだけを書けばよいのです。

List❻-5は、ラムダ式の省略形を使ったプログラムコードの例です。

List❻-5 06-05/LambdaExample.java

```
 1: interface SimpleInterface {
 2:   public int doSomething(int n);
 3: }
 4:
 5: public class LambdaExample {
 6:   static void printout(SimpleInterface i) {
 7:     System.out.println(i.doSomething(2));
 8:   }
 9:
10:   public static void main(String[] args) {
11:     printout(n -> n + 1);
12:   }
13: }
```

SimpleInterfaceインタフェースは抽象メソッドが1つだけなので、関数型インタフェースです

引数の型が関数型インタフェースなのでラムダ式を受け取れます

ラムダ式を引数に渡しています。処理の内容は「引数の値を1増やしたものを戻り値とする」というものです

実行結果

```
3
```

SimpleInterfaceは関数型インタフェースです。**int**型を引数に持ち、戻り値が**int**型、名前が**doSomething**である抽象メソッドを持ちます。**printout**メソッドは、この**SimpleInterface**を引数の型に持つため、このメソッドを呼び出すときにラムダ式を渡すことができます。ラムダ式は、**doSomething**メソッドと同じように、**int**型を引数で受け取り、**int**型の値を戻り値とする必要があります。

11行目では、「`n -> n + 1`」というラムダ式を引数にしています。受け取った側が`doSomething`メソッドを呼び出すと、このラムダ式で記述された処理が実行されます。

ラムダ式による記述は、コレクションフレームワークに備わっているさまざまな機能（次の節で説明します）や、第8章および第9章で説明する、GUIアプリケーションのイベント処理の実装などで大きく役立ちます。

メモ

List❻-5の`SimpleInterface`のように、`int`型を引数とし、`int`型を戻り値とする抽象メソッドを持つインタフェースは、自作しなくても`java.util.function.IntUnaryOperator`インタフェースを使用できます。

`java.util.function`パッケージには、さまざまな引数と戻り値の組み合わせに対応した、たくさんの関数型インタフェースが含まれます。

登場した主なキーワード

- **関数型インタフェース**：抽象メソッドを1つだけ持つインタフェースのこと。
- **ラムダ式**：「**(引数列) -> {処理内容}**」の構文で関数型インタフェースの抽象メソッドの内容を記述したもの。

まとめ

- 抽象メソッドを1つだけ持つインタフェースのことを関数型インタフェースといいます。
- 関数型インタフェースを引数の型とするメソッドに、ラムダ式を渡すことができます。
- ラムダ式の省略表現を使用すると、ラムダ式を簡潔に記述できます。

6-3 コレクションフレームワークとラムダ式

学習のポイント

- コレクションフレームワークには、関数型インタフェースを引数の型とするメソッドを持つクラスがたくさんあります。
- ラムダ式を使うことで、要素1つ1つにアクセスするための**forEach**メソッドや、要素の並べ替えを行う**sort**メソッドを簡潔な記述で呼び出せます。

forEachメソッドとラムダ式

第5章では、**ArrayList**や**HashMap**などのコレクションクラスを使って、複数のオブジェクトを格納する方法を説明しました。また、格納したオブジェクトに1つ1つアクセスする方法として、イテレータを用いる方法と拡張**for**文を用いる方法を5-2節で説明しました。

その復習として、次のプログラムコードを見てみましょう。

List❻-6 06-06/CollectionExample.java

```
 1: import java.util.ArrayList;
 2: 
 3: class Point {
 4:   int x;
 5:   int y;
 6: 
 7:   Point(int x, int y) {
 8:     this.x = x;
 9:     this.y = y;
10:   }
11: 
12:   void printInfo() {
13:     System.out.println("(" + this.x + ", " + this.y + ")");
14:   }
15: }
16: 
17: public class CollectionExample {
18:   public static void main(String[] args) {
19:     ArrayList<Point> pointList = new ArrayList<Point>();
```

xとyの値を出力します

PointオブジェクトをArrayListに格納するためのArrayListオブジェクトを生成します

```
20:      pointList.add(new Point(0, 8));
21:      pointList.add(new Point(1, 6));
22:      pointList.add(new Point(2, 9));
23:      pointList.add(new Point(3, 3));
24:
25:      for (Point p : pointList) {
26:        p.x *= 2;
27:        p.y *= 2;
28:      }
29:
30:      for (Point p : pointList) {
31:        p.printInfo();
32:      }
33:    }
34: }
```

ArrayListに4つのPointオブジェクトを格納します

拡張for文で要素に1ずつアクセスします

Pointオブジェクトのxとyの値を2倍します

拡張for文で要素に1ずつアクセスします

PointクラスのprintInfoメソッドでxとyの値を出力します

実行結果

```
(0,16)
(2,12)
(4,18)
(6,6)
```

19行目では、**Point**オブジェクトを格納する**ArrayList**を生成し、続く20〜23行目で、4つのオブジェクトを格納しています。その後25〜28行目では、拡張**for**文を用いて、それぞれの要素にアクセスし、各オブジェクトの**x**と**y**の値を2倍にしています。30〜32行目では、やはり拡張**for**文を用いて、それぞれのオブジェクトが持つ**x**と**y**の値を出力しています。

KEYWORD

● **forEach**メソッド

このようにして拡張for文を用いる以外にも、**ArrayList**に備わっている**forEach**(フォーイーチ)メソッドを使用する方法があります(注❻-6)。

forEachメソッドにはラムダ式を渡すことができ、ラムダ式には「それぞれの要素に対して、どのような処理をするか」を記述します。ラムダ式の引数は**ArrayList**に格納されているオブジェクトです。各オブジェクトの**x**と**y**の値を2倍にする処理は、次のラムダ式で記述できます。

注❻-6

forEachメソッドは**java.lang.Iterable**インタフェースで宣言されています。ほぼすべてのコレクションクラスがこのインタフェースを実装し、**forEach**メソッドを持っています。

```
(Point p) -> {p.x *= 2; p.y *= 2;}
```

省略表現を用いると、次のようになります。

```
p -> {p.x *= 2; p.y *= 2;}
```

また、各オブジェクトの**printInfo**メソッドを呼び出す処理は、次のラムダ式で記述できます。

```
(Point p) -> { p.printInfo(); }
```

省略表現を用いると、次のようになります。

```
p -> p.printInfo()
```

コレクションクラスの**forEach**メソッドと、これら2つのラムダ式を使用すると、List❻-6の25～32行目のプログラムコードは、次の2行にまとめてしまうことができます。

```
pointList.forEach( p -> {p.x *= 2; p.y *= 2;} );
pointList.forEach( p -> p.printInfo() );
```

このように、ラムダ式を使うことで、各要素に対する処理を簡潔に記述できます。

メモ

ArrayListの**forEach**メソッドは、**java.util.function.Consumer**という関数型インタフェースを引数の型とするメソッドです。この関数型インタフェースは、**accept**という名前の抽象メソッドを持ちます。そのため、ラムダ式を使用しない場合は、次のようなプログラムコードで同じ処理を行えます。

```
pointList.forEach(new Consumer<Point>() {
  public void accept(Point p) {
    p.x *= 2;
    p.y *= 2;
  }
});

pointList.forEach(new Consumer<Point>() {
  public void accept(Point p) {
    p.printInfo();
  }
});
```

ラムダ式を用いた並べ替え

5-3節では、Collectionsクラスのsortメソッドを使用して、ArrayListなどのコレクションに含まれる要素を並べ替える方法を説明しました。そのときは、格納されているオブジェクト自身がComparableインタフェースを実装していなければなりませんでした。

KEYWORD
●sortメソッド

各コレクションクラスに備わっているsort(ソート)メソッドを使用すると、Comparableインタフェースを実装していないオブジェクトも、並べ替えができます。

具体的には、sortメソッドの引数に、「どのように順序づけするか」を記述したラムダ式を渡します。sortメソッドに渡すラムダ式では、格納されているオブジェクト2つが引数になります。たとえば、Point型のオブジェクト2つをp0、p1という変数で表したとき、ラムダ式は次のように記述できます。

```
(Point p0, Point p1) -> { 2つのPointオブジェクトに対して
                          順序づけを行うための処理 }
```

「2つのPointオブジェクトに対して順序づけを行うための処理」は、「2つのオブジェクトの差」を整数で返すようにします(注❻-7)。

注❻-7
118ページで説明したcompareToメソッドと同じようにします。

Pointクラスのインスタンス変数xとyの値を足し合わせた値で順序づけし、昇順に並べたい場合は、ラムダ式を次のように記述します。

```
(Point p0, Point p1) -> { return (p0.x + p0.y) - ➡
                          (p1.x + p1.y); }
```

➡は紙面の都合で折り返していることを表します。

省略表現を用いると、次のようになります。

```
(p0, p1) -> (p0.x + p0.y) - (p1.x + p1.y)
```

このようなラムダ式をsortメソッドの引数にすればよいので、プログラムコードは次のようになります。

```
pointList.sort((p0, p1) -> (p0.x + p0.y) - (p1.x + p1.y));
```

List❻-6の25～28行目を、この1行のプログラムコードに置き換えると、実行結果は次のようになります。

実行結果

```
(3,3)
(1,6)
(0,8)
(2,9)
```

xと**y**の値の合計が小さい順に並んでいることがわかります。

メモ

ArrayListの**sort**メソッドは、**java.util.Comparator**という関数型インタフェースを引数の型とするメソッドです。この関数型インタフェースは、**compare**という名前で、引数が2つの抽象メソッドを持ちます。そのため、ラムダ式を使用しない場合は、次のようなプログラムコードで同じ処理を行えます。

```
pointList.sort(new java.util.Comparator<Point>() {
    public int compare(Point p0, Point p1) {
        return (p0.x + p0.y) - (p1.x + p1.y);
    }
});
```

登場した主なキーワード

- **forEachメソッド**：コレクションクラスに含まれるメソッドで、要素1つ1つに対する処理を行うために使用します。
- **sortメソッド**：コレクションクラスに含まれるメソッドで、要素の並べ替えを行うために使用します。

まとめ

- コレクションクラスの**forEach**メソッドには、ラムダ式を渡すことができます。それぞれの要素に対する処理をラムダ式で記述することで、プログラムコードを簡潔に記述できます。
- コレクションクラスの**sort**メソッドには、ラムダ式を渡すことができます。2つのオブジェクトを順序づけするための処理をメソッドの引数で指定できるので、Comparableインタフェースを実装していないオブジェクトに対しても並べ替えを行えます。

練習問題

6.1 次の文章の空欄に入れるべき語句を、選択肢 (a) ～ (i) から選び記号で答えてください。

・別のクラスの内部で宣言されたクラスのことを [(1)] クラスと呼び、クラス名を持たない [(1)] クラスのことを [(2)] クラスと呼ぶ。
・インタフェースの宣言には、[(3)] メソッドが含まれ、インタフェースを実装するクラスは、この [(3)] メソッドを [(4)] する。
・インタフェースの中で、[(3)] メソッドが1つだけのものを [(5)] 型インタフェースと呼び、[(5)] 型インタフェースを引数の型とするメソッドには、[(6)] 式を渡すことができる。

【選択肢】
(a) インスタンス　(b) 抽象　(c) 関数　(d) オブジェクト
(e) 内部　(f) ラムダ　(g) 条件　(h) 匿名　(i) 実装

6.2 次のラムダ式を、短縮表現を使って短い記述にしてください。

(1) `() -> { doSomething(); }`
(2) `(int a, int b) -> { return a * b; }`
(3) `(int n) -> { return n * 2; }`
(4) `(int n) -> { return n > 0; }`

6.3 次の短縮表現で記述されたラムダ式を、短縮表現される前のラムダ式に戻してください。ただし、引数の型はすべてint型とします。

(1) `n -> n * n`
(2) `n -> n++`
(3) `(i, j) -> i - j`
(4) `() -> printInfo()`

6.4　List❻-6の25～28行目を書き換えて、次の設問の条件を満たすプログラムコードを作成してください。ただし、ラムダ式を用いる場合と、ラムダ式を用いない場合の2通りを示してください。

(1)　`pointList`に格納されている、すべての`Point`オブジェクトに対して、`x`の値と`y`の値を入れ替える。

(2)　`pointList`に格納されている`Point`オブジェクトを、`y`の値が大きい順に並べ替える。

第7章　入出力

ファイル入出力
シリアライゼーションとオブジェクトの保存
ファイルとフォルダの操作

Java

この章のテーマ

本章では、データの流れを扱う「ストリーム」と「入出力」の概念を理解するとともに、「標準入力」や「ファイル入出力」を扱う方法を学びます。コンピュータを使って何らかの作業を行うためのプログラムでは、これらを必ず使うことになるでしょう。また、情報をファイルに保存し、再びファイルから情報を取り出すのに役立つ、オブジェクトの「シリアライゼーション」についても学習します。

7-1　ファイル入出力

- データの入出力
- 標準出力と標準入力
- 文字列と数値の変換
- ファイルへの出力
- バッファ
- ストリームの連結
- ファイルからの入力

7-2　シリアライゼーションとオブジェクトの保存

- プログラムの状態のファイル保存
- Serializableインタフェース
- 保存したオブジェクトの再現

7-3　ファイルとフォルダの操作

- Fileクラス
- ファイルの操作
- フォルダの操作

7-1 ファイル入出力

学習のポイント

- プログラムと外部とのデータの受け渡しは、複数の「ストリームオブジェクト」が橋渡しをする形で行われます。
- ストリームオブジェクトを使うことで、標準入力から文字列を読み取ることができます。
- ファイルに文字列を書き出したり、ファイルから文字列を読み込むこともストリームオブジェクトでできます。

データの入出力

私たちが日常的に使うプログラムの多くは、プログラムの内部で数値や文字列などのデータを扱うだけでなく、データを外部に送り出したり、または外部からデータを受け取ったりします。たとえば、ワープロソフトでは、作成した文書のデータを「ファイル」という形でプログラムの外部に保存します。また、Webページを閲覧するWebブラウザでは、ネットワークを通してデータを受け取ります。これまでに学習してきたプログラムも、コンソールに文字列を出力する、という形でデータを外部に送り出しています。

このように、多くのプログラムはプログラムの外側にデータを送り出し、プログラムの外側からデータを受け取ります。プログラムからデータを送り出すことを出力（しゅつりょく）といい、プログラムにデータが入ってくることを入力（にゅうりょく）といいます。入力と出力をあわせて考えるときには入出力（にゅうしゅつりょく）という言葉を使います。

KEYWORD
- 出力
- 入力
- 入出力

データの入力と出力には、主に次のようなものがあります。

【入力】

- ファイルに保存されているデータをプログラムに読み込む
- キーボードによって入力されたデータをプログラムが受け取る
- ネットワーク通信によってプログラムがデータを受け取る

【出力】

- プログラムで作ったデータを画面に表示する
- プログラムで作ったデータをファイルに保存する
- プログラムで作ったデータをネットワーク通信によって送信する

KEYWORD

- java.ioパッケージ
- io
- 文字列データ
- バイナリデータ

Java実行環境には、このようなデータの入出力を扱うためのクラス群がjava.io（ジャバ・アイオー）パッケージに含まれています。io（アイオー）は入出力を表す言葉で、input（入力）とoutput（出力）の頭文字を組み合わせたものです。

データには大きく分けて文字列（もじれつ）データとバイナリデータの2種類があります。文字列データは文字単位（Unicode文字1文字。16ビット）で扱われ、表示すれば私たちも読んで内容を理解できます。一方、バイナリデータはバイト（1バイト＝8ビット）という単位で扱われ、私たちが読んでも内容を理解することはできません。

以降では、文字列データの入出力を扱うプログラムの作り方を説明します。

標準出力と標準入力

KEYWORD

- 標準入力
- 標準出力

データの入力元／出力先にはファイルやネットワークなど、さまざまなものがありますが、「特に指定しなかったときに使われる入力元／出力先」というものがあります。そうした入力元を標準入力（ひょうじゅんにゅうりょく）といい、出力先を標準出力（ひょうじゅんしゅつりょく）といいます。Eclipseでプログラムを実行した場合は、コンソールが標準入力と標準出力に使用されます。

今まで取り扱ったプログラムでは、

```
System.out.println("こんにちは");
```

のように記述して、文字列をコンソールに出力していました。この命令文について詳しい説明をしてきませんでしたが、実は**System.out**は標準出力を表すオブジェクトで、その**println**メソッドによって末尾に改行をつけた文字列データを標準出力に出力していたのです。結果として、Eclipseのコンソールに末尾に改行をつけた文字列が表示されていました。

ここからは、Eclipseのコンソール（標準入力）で入力された文字列をプログラムで受け取る方法を学習しましょう。標準入力からの入力をプログラムで受け取ることができれば、画面❼-1のような、ユーザーが入力した文字列によって処理の内容を決める、対話的なプログラムを作成できるようになります。

画面❼-1 標準入力と標準出力を用いた対話的なプログラムの例

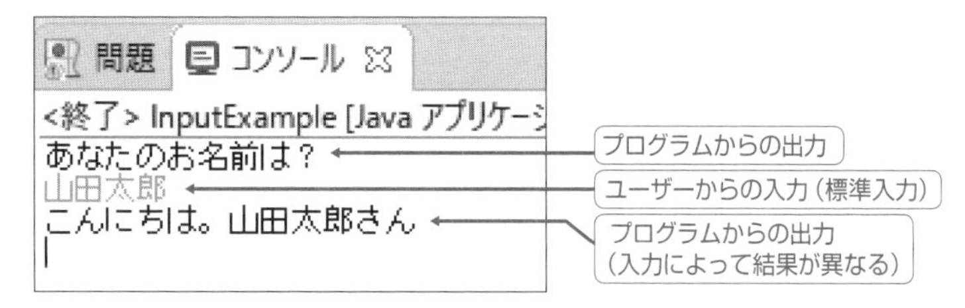

KEYWORD

- **InputStreamReader**クラス
- **BufferedReader**クラス

標準入力から文字列を受け取るためには、実際に文字列を受け取る**InputStreamReader**クラスと、このオブジェクトとプログラムの橋渡しをする**BufferedReader**クラスを使います（注❼-1）。これらを使って、標準入力からプログラムへ文字列データを渡す流れは図❼-1のようになります。

注❼-1
入門編では**java.util.Scanner**クラスを使った簡易な方法を紹介しました。

図❼-1 標準入力からプログラムへの文字列データの流れ

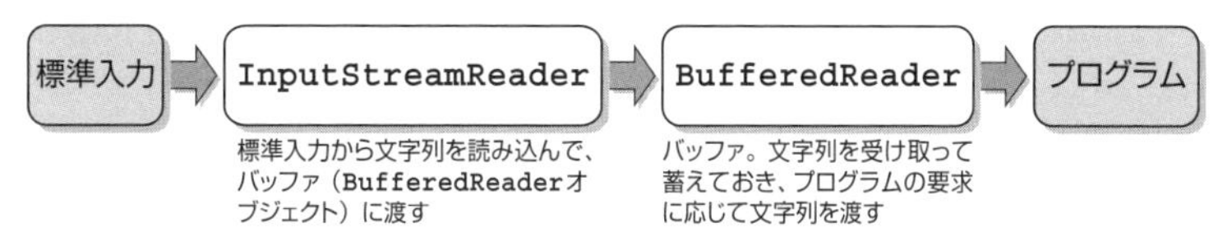

標準入力からプログラムへ直接文字列データが渡されるのではなく、**InputStreamReader**と**BufferedReader**という2つのオブジェクトを介している点に注意しましょう。このように入力されるデータは（出力されるデータも）、複数のオブジェクトの間を「流れる」のです（注❼-2）。

注❼-2
InputStreamReaderという名前に入っている**Stream**という単語は「流れ」を意味します。

また、図中の説明にある「バッファ」とは、一時的なデータ置き場です。データを流す前に一時的にデータを蓄えておくのですが、その役割などは後ほど説明します。

標準入力から文字列データを受け取るプログラムは、次に示す4つのステップで記述されます。

●ステップ1

標準入力を表す**System.in**オブジェクトを引数にして**InputStreamReader**オブジェクトを生成します。

```
InputStreamReader in = new InputStreamReader(System.in);
```

●ステップ2

ステップ1で作成した**InputStreamReader**オブジェクトを引数として、そこから文字列データを受け取る**BufferedReader**オブジェクトを生成します。

```
BufferedReader reader = new BufferedReader(in);
```

●ステップ3

KEYWORD
●readLineメソッド

ステップ2で作成した**BufferedReader**オブジェクトの**readLine**(リードライン)メソッドを使用して、標準入力から文字列データを**String**型で受け取ります。

```
String line = reader.readLine();
```

●ステップ4

最後に、**BufferedReader**クラスの**close**メソッドでデータの入力を閉じます。

```
reader.close();
```

KEYWORD
●IOExceptionクラス

ただし、**readLine**メソッドは**IOException**(アイオーエクセプション)という例外オブジェクトを投げる可能性があるので、**try**～**catch**文の**try**ブロックの中に記述します。

これら3つのステップを使ったプログラムコードの例がList❼-1です。標準入力から文字列を受け取り、その文字列にほかの文字列を連結した結果を標準出力に出力します。

List❼-1 07-01/InputExample.java

```
 1: import java.io.*;   ← java.ioパッケージに含まれるクラスを使用することを宣言します
 2:
 3: public class InputExample {
 4:   public static void main(String[] args) {
 5:     System.out.println("あなたのお名前は？");
 6:     InputStreamReader in = ➡
        new InputStreamReader(System.in);   ← ステップ1の処理です
 7:     BufferedReader reader = new BufferedReader(in);   ← ステップ2の処理です
 8:     try {
 9:       String name = reader.readLine();   ← ステップ3の処理です
10:       System.out.println("こんにちは。" + name + "さん");   ← 読み取った内容を出力します
11:       reader.close();
12:     } catch (IOException e) {
```

```
13:         System.out.println(e);
14:     }
15:   }
16: }
```

➡は紙面の都合で折り返していることを表します。

実行結果

```
あなたのお名前は？
山田太郎
こんにちは。山田太郎さん
```

コンソールをクリックした後に、好きな文字をキーボードから入力し、最後に Enter キーを押します

入力された文字列を使って作られた文字列が出力されます

実行すると、コンソールに「あなたのお名前は？」と表示されます。コンソールをクリックしてカーソルが表示されたら、キーボードで好きな文字列を入力し、最後に Enter キーを押します。入力した文字列が9行目の変数**name**に代入され、その文字列を含んだメッセージが標準出力（コンソール）に出力されます。

メモ

Eclipse上でList❼-1のプログラムを実行すると、コンソールで文字入力を受け付けるモードになります。コンソールで入力した文字は、出力された文字と区別できるように、薄い緑色で表示されます。

文字列と数値の変換

コンソール（標準入力）から渡される入力は文字列です。List❼-1でも文字列として受け取り、メッセージを作ってコンソール（標準出力）に出力していました。

標準入力から**10**という入力を受け取った場合にも、数値の**10**ではなく、**1**という文字と**0**という文字が連結した文字列として扱われます。標準入力から数値を受け取って処理を行うプログラムでは、このような文字列を**int**型や**double**型の数値に変換しなければなりません。

そのための方法は入門編の4-2節で紹介しました。復習を兼ねて、ここでもやってみましょう。標準入力から受け取った文字列（変数**str**に代入されている）を**int**型に変換するには、**Integer**クラスの**parseInt**メソッドを使って次のように記述します。

```
int i = Integer.parseInt(str);
```

また、変数**str**に代入されている文字列を**double**型に変換するには、**Double**クラスの**parseDouble**メソッドを使って次のように記述します。

```
double d = Double.parseDouble(str);
```

このように、変換する数値の型によって使用するクラスが異なるので注意しましょう。

もし、引数に渡された文字列が数値として解釈できないものだった場合には、NumberFormatException（ナンバーフォーマットエクセプション）という例外オブジェクトが投げられます。**NumberFormatException**クラスは**RuntimeException**クラスのサブクラスなので、**try**～**catch**文がなくてもコンパイルエラーにはなりません。しかし、文字列に誤りが含まれる可能性がある場合には、**try**～**catch**文による例外処理をきちんと行いましょう。

KEYWORD
- NumberFormatExceptionクラス

次のプログラムは、標準入力から受け取った文字列を数値に変換し、その平方根を出力するプログラムです。List❼-1と異なる部分は地の色を濃くしています（List❼-2）。

List❼-2　07-02/InputExample2.java

```
 1: import java.io.*;
 2:
 3: public class InputExample2 {
 4:   public static void main(String[] args) {
 5:     InputStreamReader in = new InputStreamReader ➡
        (System.in);
 6:     BufferedReader reader = new BufferedReader(in);
 7:     try {
 8:       String line = reader.readLine();
 9:       double val = Double.parseDouble(line);
10:       System.out.println("入力された値の平方根は" + Math. ➡
          sqrt(val));
11:       reader.close();
12:     } catch (IOException e) {
13:       System.out.println(e);
14:     }
15:   }
16: }
```

標準入力から受け取った文字列をdouble型の数値に変換します

➡は紙面の都合で折り返していることを表します。

実行結果

```
10 ←キーボードから入力し、最後に Enter キーを押します
入力された値の平方根は3.1622776601683795
```

このように、標準入力から取得した文字列をプログラムで数値として扱うことができます。

ファイルへの出力

プログラムによっては実行した結果を文字列としてファイルに保存したい場合、またはファイルに保存されている文字列を読み込んで処理を行いたい場合があります。このような処理をファイルの入出力（にゅうしゅつりょく）といいます。

KEYWORD
●ファイルの入出力

ファイルへ文字列を出力する際の文字列データの流れは図❼-2のようになります。

図❼-2 プログラムからファイルへの文字列データの流れ

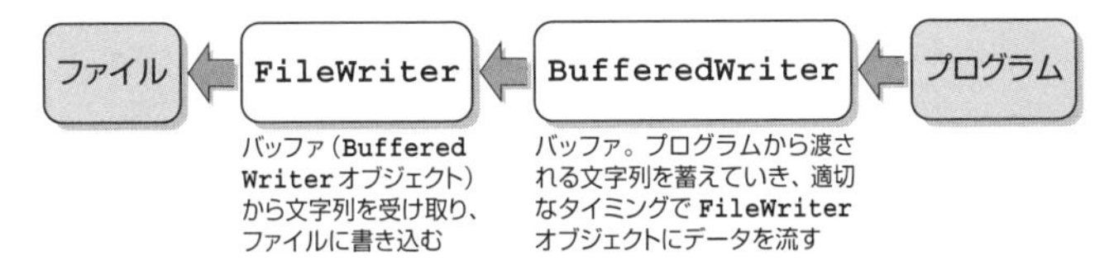

ファイルへの出力も、やはりプログラムからファイルへ直接文字列データを渡すのではなく、**BufferedWriter**（バッファードライター）と**FileWriter**（ファイルライター）という2つのオブジェクトを介して行います。標準入力のときと同じように、文字列データは複数のオブジェクトの間を流れることになります。

KEYWORD
●BufferedWriterクラス
●FileWriterクラス

プログラムが文字列を出力するときには、図❼-2で「プログラム」の隣にある**BufferedWriter**オブジェクトのメソッド（**write**メソッドなど）を使って行うことになります。

具体的には、次のような5つのステップでプログラムから文字列データをファイルに出力できるようになります。

●ステップ1

保存先とするファイル名をコンストラクタに渡して**File**（ファイル）オブジェクトを生成します。**File**オブジェクトは保存先のファイルを表すオブジェクトです。ここでは、文字列データをCドライブのjavaフォルダの中にあるtest.txtファイルに保存する

KEYWORD
●Fileクラス

ことにします。これ以降は、Windowsでのパスの表記方法を使って、このファイルの場所をC:¥java¥test.txt（注❼-3）と表記するものとします（注❼-4）。

```
File file = new File("C:/java/test.txt");
(※macOSなどの場合には "/java/test.txt" とします)
```

注❼-3
プログラムコードでファイルの位置（ファイルパス）を記述するときには、そこに至るまでに経由するフォルダを「¥」（macOSなどでは「/」）でつないで記述します。156ページのワン・モア・ステップ！「絶対パスと相対パス」も参照してください。

注❼-4
Windowsではパスの区切りに「¥」記号を使用しますが、`File`オブジェクトを生成するときに指定するパスの区切りには「/」記号を使用できます。
また、実行環境に依存する区切り記号には`File.pathSeparator`を使用できます。

●ステップ2

ステップ1で生成した**File**オブジェクトを引数にして、そこに文字列を渡す**FileWriter**オブジェクトを生成します。

```
FileWriter fw = new FileWriter(file);
```

●ステップ3

ステップ2で生成した**FileWriter**オブジェクトを引数にして、プログラムから文字列を受け取って**FileWriter**オブジェクトに文字列を渡す**BufferedWriter**オブジェクトを生成します。

```
BufferedWriter bw = new BufferedWriter(fw);
```

●ステップ4

KEYWORD
●writeメソッド

ステップ3で作成した**BufferedWriter**オブジェクトの**write**（ライト）メソッドを使用して文字列を出力します。改行をする場合に**newLine**メソッドを使用します。

```
bw.write(出力したい文字列);
bw.newLine(); ←改行を出力する場合に記述します
```

●ステップ5

KEYWORD
●closeメソッド

最後に、**BufferedWriter**オブジェクトの**close**（クローズ）メソッドでファイルにデータを出力する流れを閉じます。

```
bw.close();
```

これらの処理はフォルダが存在しなかったり、ファイルへの書き込みができない場合などには例外（**IOException**オブジェクト）を投げる可能性があるので、**try**～**catch**文の**try**ブロックの中に記述する必要があります。ファイルに文字列を出力するプログラムコードはList❼-3のようになります。

List❼-3 07-03/FileWriteExample.java

```
 1: import java.io.*;   ← java.ioパッケージに含まれるクラスを使用することを宣言します
 2:
 3: public class FileWriteExample {
 4:   public static void main(String[] args) {
 5:     try {
 6:       File file = new File("C:/java/test.txt");   ← ステップ1の処理です
 7:       FileWriter fw = new FileWriter(file);   ← ステップ2の処理です
 8:       BufferedWriter bw = new BufferedWriter(fw);   ← ステップ3の処理です
 9:       for (int i = 0; i < 5; i++) {
10:         bw.write("[" + i + "]");   } ステップ4の処理です
11:         bw.newLine();
12:       }
13:       bw.close();   ← ステップ5の処理です
14:     } catch (IOException e) {
15:       System.out.println(e);   ← 例外が発生した場合の処理です
16:     }
17:   }
18: }
```

このプログラムは、C:¥java¥test.txtファイル（Cドライブのjavaフォルダの中にあるtest.txtファイル）に文字列を出力します。なお、実行する前に、あらかじめjavaフォルダをCドライブの中に作っておく必要があります。

実行後に「メモ帳」などのテキストエディタでファイルを開くと、次のような文字列がファイルに出力されていることを確認できます。

実行結果（C:¥java¥text.txtファイルの中身）

```
[0]
[1]
[2]
[3]
[4]
```

List❼-3は、実行するたびにファイルの中身を空にして、ファイルの先頭から文字列を書き出します。そのため、何回実行してもファイルの中身は同じです。7行目にある**FileWriter**クラスのコンストラクタを、次のように2つ目の引数に**true**を渡すように変更すると、ファイルの中身を空にせず、末尾に追加する形で文字列が出力されます。

```
FileWriter fw = new FileWriter(file, true);
```

この変更をした後でList❼-3のプログラムを2回実行すると、C:¥java¥text.txtファイルの中身は次のようになります。

実行結果（C:¥java¥text.txtファイルの中身）

```
[0]
[1]
[2]
[3]
[4]
[0]
[1]
[2]
[3]
[4]
```

ワン・モア・ステップ！

絶対パスと相対パス

KEYWORD
●ファイルパス
●絶対パス
●実行パス
●相対パス

List❼-3では、ファイルの位置（ファイルパス）を**File**オブジェクトのコンストラクタに渡すときに、「C:/java/test.txt」とドライブ名から記述しました（macOSなどの場合は/java/test.txt）。このように、フォルダの階層の最も上位（Windowsの場合はドライブ名、macOSなどの場合は/）から目的のファイルまでに経由するフォルダをすべて記述したファイルパスを絶対（ぜったい）パスといいます。

一方で、**File**クラスのコンストラクタには「test.txt」のように、ファイル名だけ指定することもできます。この場合は、プログラム実行時の基準となるフォルダ（実行（じっこう）パス（注❼-5））にファイルが保存されます。「java/test.txt」とした場合は、実行パスにあるjavaフォルダの中に保存されます。このように、ある場所を基準にしてファイルの場所を記述したものを相対（そうたい）パスといいます。

注❼-5
Eclipseの場合にはプロジェクトが保存されているフォルダ。

バッファ

先ほどの、ファイルへ文字列を出力するプログラム（List❼-3）では、**BufferedWriter**オブジェクトがプログラムから渡された文字列を一時的に蓄え、**FileWriter**オブジェクトがファイルに文字列を出力していました。なぜ、ファイルに書き込む前に一時的に出力する文字列を蓄えているのでしょうか？

KEYWORD
●バッファ

BufferedWriterオブジェクトのように、何か処理をする前に一時的にデータを蓄えておく“容器”のようなものをバッファといいます（図❼-3）。

図❼-3 バッファを用いたデータの書き込みのイメージ

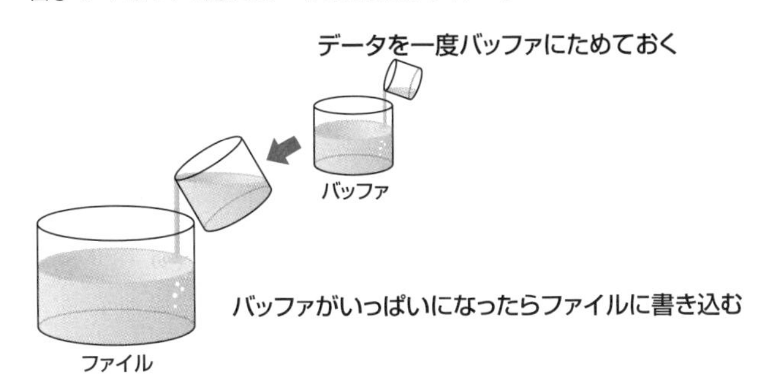

データをファイルに書き込む場合、書き込み命令があるたびにファイルにアクセスして書き込むよりも、ある程度書き込む文字がたまってからまとめて書き込んだほうが効率的です。

同じことはファイルの読み込みにもいえます。1文字ずつファイルを読み込むプログラムがあったときに、1文字読むたびにファイルにアクセスしていたのでは時間がかかります。それがCD-ROMに保存されているファイルだとしたら、かなり時間がかかることは想像できるでしょう。明らかに、一度バッファにまとめて読み込んでおいて、そこから1文字ずつのデータを受け取ったほうが効率的です（図❼-4）。

図❼-4 バッファを用いたデータの読み込みのイメージ

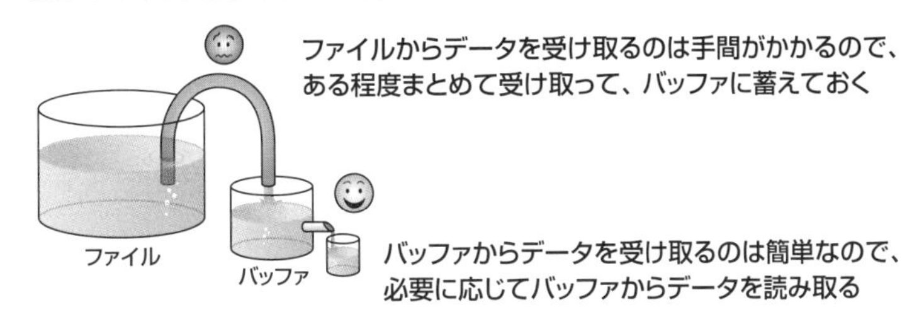

このように、プログラムとファイルの間にバッファを入れてデータの流れの管理を行うと処理が効率的になり、それにかかる時間も節約できます。**BufferedWriter**クラスは、文字列を出力する際に、このバッファの機能を提供します。逆に、文字列を受け取る際のバッファの機能は**BufferedReader**クラスが提供します。

ストリームの連結

ここまでに見てきたように、標準入力から文字列を受け取ったり、ファイルへ文字列を出力したりするプログラムでは、プログラムと入出力先の間を橋渡しするオブジェクトを使います。このようなオブジェクトを、ストリームオブジェクト（または単にストリーム）と呼びます（注❼-6）。

KEYWORD
●ストリームオブジェクト
●ストリーム

注❼-6
コレクションフレームワークによるデータの受け渡し処理に対しても「ストリーム」という言葉が使用されます。詳しくは11-1節で説明します。

ストリームオブジェクトは、ファイルを開く／閉じるといった定型的な処理を引き受けてくれます。また、ストリームオブジェクトに書き出す文字列を渡したり、文字列の読み出しを命令するだけで、プログラムとファイルとの間で読み書きができます。

ストリームオブジェクトは最低1つ使えば十分ですが、必要に応じていくつでも連結できます。List❼-3のプログラムでは、文字列をファイルに書き出すための`FileWriter`というストリームオブジェクトに、`BufferedWriter`というバッファの役割を果たすストリームオブジェクトを連結して使用しました。さらに、`BufferedWriter`オブジェクトとプログラムの間に`PrintWriter`（プリントライター）オブジェクトを連結することもできます（図❼-5）。

KEYWORD
●`PrintWriter`クラス

図❼-5　ファイル出力のためのストリームオブジェクトの連結

`PrintWriter`オブジェクトの`println`メソッドを使って末尾に改行がついた文字列を出力したり、`printf`（プリント エフ）メソッドを使ってフォーマット（書式）を指定した文字列を出力することが可能になります（注❼-7）。List❼-3を`PrintWriter`オブジェクトを使って書き換えると、List❼-4のようになります（地の色が濃くなっているところが変更箇所）。`PrintWriter`オブジェクトへは`println`（プリント エルエヌ）メソッドで文字列を出力します。

注❼-7
`printf`メソッドを使ってフォーマットを指定した文字列を出力する方法については、11-2節の`System.out.printf`メソッドの説明を参照してください。

KEYWORD
●`printf`メソッド
●`println`メソッド

List❼-4　List❼-3を`PrintWriter`オブジェクトを使うように書き換えた（一部抜粋）

```
 5: try {
 6:   File file = new File("C:/java/test.txt");
 7:   FileWriter fw = new FileWriter(file);
 8:   BufferedWriter bw = new BufferedWriter(fw);
 9:   PrintWriter pw = new PrintWriter(bw);   ← BufferedWriterオブジェクトにPrintWriterオブジェクトを連結します
10:   for (int i = 0; i < 5; i++) {
```

```
11:       pw.println("[" + i + "]");
12:     }
13:     pw.close();
14: } catch (IOException e) {
15:     e.printStackTrace();
16: }
```

ストリームを閉じます

PrintWriterオブジェクトのprintlnメソッドを使って出力します

実は、**BufferedWriter**オブジェクトを使わずに、**FileWriter**オブジェクトだけを使って文字列をファイルに出力することもできます。図❼-6はその場合の処理の流れです。

図❼-6 FileWriterオブジェクトだけを介する場合のデータの流れ

このようにした場合、文字列を出力する部分のプログラムコードはList❼-5のようになります。

List❼-5 FileWriterオブジェクトだけを介する場合のプログラムコード（一部抜粋）

```
 5: try {
 6:     File file = new File("C:/java/test.txt");
 7:     FileWriter fw = new FileWriter(file);
 8:     for (int i = 0; i < 5; i++) {
 9:       fw.write("[" + i + "]¥r¥n");
10:     }
11:     fw.close();
12: } catch (IOException e) {
13:     e.printStackTrace();
14: }
```

¥r¥n記号は改行を表します

KEYWORD
●writeメソッド

FileWriterオブジェクトの**write**（ライト）メソッドを使って文字列をファイルに出力します。バッファを用いていないので、複数の出力がある場合には、毎回ファイルにアクセスして書き込みを行うことになり、処理速度は遅くなります。また、末尾に改行を含める**println**メソッドがないため、文字列の中に改行を表す制御記号を含める必要があります。Windowsの場合は**¥r¥n**を、macOSの場合は**¥r**を使用します。

メモ

List❼-4に含まれる次の4行では、4つのクラスのインスタンスを生成しています。

```
6:    File file = new File("C:/java/test.txt");
7:    FileWriter fw = new FileWriter(file);
8:    BufferedWriter bw = new BufferedWriter(fw);
9:    PrintWriter pw = new PrintWriter(bw);
```

しかし、ファイル出力のために実際に使用するのは**PrintWriter**クラスのインスタンス**pw**だけなので、次のように1行にまとめてしまうこともできます。

```
PrintWriter pw = new PrintWriter(new BufferedWriter( ➡
new FileWriter("C:/java/test.txt")));
```

➡は紙面の都合で折り返していることを表します。

変数に代入しなくても、生成したインスタンスは、そのままほかのオブジェクトのコンストラクタの引数に渡すことができます(注❼-8)。

注❼-8
FileWriterクラスのコンストラクタには、**File**オブジェクトではなく、ファイルパスを表す文字列を引数に渡すこともできます。

このように、ファイルに文字列を出力するにもストリームオブジェクトの連結方法によって、さまざまな実現方法があります。ストリームオブジェクトはいくつでも連結できますが、少なくとも1つは必要です。

ファイルに文字列を出力する場合、特別な理由がなければList❼-3で紹介したように**BufferedWriter**オブジェクトを使うのが一般的です。次に説明するファイルからの文字列の入力も複数の方法で実現が可能ですが、最も一般的な方法を説明します。

ファイルからの入力

KEYWORD
● **FileReader**クラス

ファイルから文字列を読み込むには、**FileReader**(ファイルリーダー)クラスと、**BufferedReader**クラスを使います。**FileReader**クラスはファイルから文字列を読み込み、**BufferedReader**クラスはこの読み込み処理に対してバッファの役割を果たします。

これら2つのストリームオブジェクトを連結して使った場合の、ファイルからプログラムへの文字列データの流れは図❼-7のようになります。ファイルへ文字列を出力する場合とはちょうど逆向きの構造をしています。

図❼-7 ファイルからプログラムへの文字列データの流れ

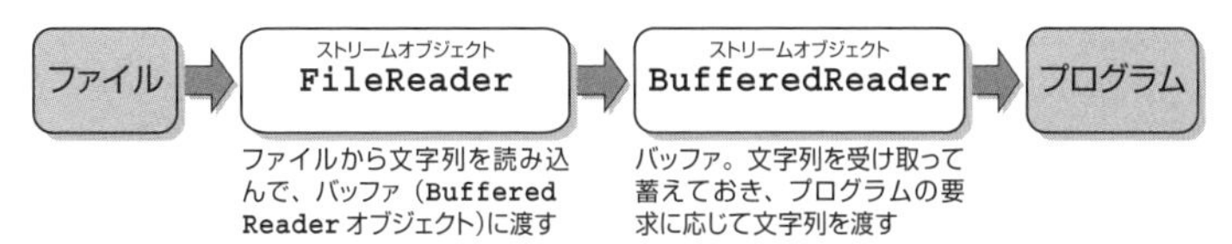

以下は、ファイルから文字列を読み込む手順です。ファイルに出力する手順とよく似ています。

●ステップ1

中身の文字列を読み込みたいファイル名（ファイルパス）を引数にして**File**オブジェクトを生成します。**File**オブジェクトは文字列が書き込まれているファイルを表します。

```
File file = new File("C:/java/text.txt");
```

●ステップ2

ステップ1で生成した**File**オブジェクトを引数として、そこから文字列を受け取る**FileReader**オブジェクトを生成します。

```
FileReader fr = new FileReader(file);
```

●ステップ3

ステップ2で生成した**FileReader**オブジェクトを引数として、そこから文字列を受け取る**BufferedReader**オブジェクトを生成します。

```
BufferedReader br = new BufferedReader(fr);
```

●ステップ4

ステップ3で生成した**BufferedReader**オブジェクトの**readLine**メソッドを使用して文字列データを受け取ります。

```
String line = reader.readLine();
```

●ステップ5

KEYWORD
●closeメソッド

最後に、**BufferedReader**オブジェクトの**close**（クローズ）メソッドでストリームを閉じます。

```
br.close();
```

次のプログラムコードは、List❼-3で文字列を出力した「C:¥java¥test.txt」というファイルから1行ずつ文字列を読み込み、読み込んだ内容を標準出力に出力する例です（List❼-6）。

List❼-6 07-04/FileReadExample.java

```
 1: import java.io.*;      ← java.ioパッケージに含まれるクラスを使用することを宣言します
 2:
 3: public class FileReadExample {
 4:   public static void main(String[] args) {
 5:     try {
 6:       File file = new File("C:/java/test.txt");      ← ステップ1の処理です
 7:       FileReader fr = new FileReader(file);          ← ステップ2の処理です
 8:       BufferedReader br = new BufferedReader(fr);    ← ステップ3の処理です
 9:       String s;
10:       while((s = br.readLine()) != null) {           ← ステップ4の処理です
11:         System.out.println(s + "を読み込みました");
12:       }
13:       br.close();      ← ステップ5の処理です
14:     } catch (IOException e) {
15:       System.out.println(e);      ← 例外が発生した場合の処理です
16:     }
17:   }
18: }
```

実行結果

```
[0]を読み込みました
[1]を読み込みました
[2]を読み込みました
[3]を読み込みました
[4]を読み込みました
```

実行結果からC:¥java¥test.txtファイルに書き出した文字列を1行ずつ読み込んでいることを確認できます。

ところで、10行目の**while**文にある次の条件式、

```
(s = br.readLine()) != null
```

は初めて見る複雑な式だと思います。ここでは**br.readLine()**で取得した文字列が変数**s**に代入された後で、その値が**null**と比較されます。取得され

た値が`null`であれば（最後まで読み込んだということであれば）条件式の値は`false`になり、`while`ループを終了します。

さて、ここまでファイルの入出力は`BufferedReader`と`BufferedWriter`というストリームオブジェクトを介して行いました。プログラムの中では`BufferedReader`オブジェクトと`BufferedWriter`オブジェクトに対する操作だけを考え、ファイルを直接操作する必要はありませんでした（開く／閉じるなどはストリームオブジェクトがやってくれていたのでしたね）。第10章で学習するネットワーク通信でも、接続先のコンピュータへのデータのやりとりを、これと同じような方法で行えます。ストリームオブジェクトを介することで、データの具体的な入出力先がどこにあるのかを意識しないで済みます。

登場した主なキーワード

- **ストリームオブジェクト**：プログラムと入出力先の間に入って処理を行うオブジェクト。単に「ストリーム」ともいいます。
- **バッファ**：データを一時的に蓄えておく容器のようなもの。ファイルなど、アクセスに時間がかかるものに対する入出力で使用します。

まとめ

- データには文字列データとバイナリデータの2種類があり、扱うデータの種類によって使用するクラスが異なります。
- データの入出力は、ストリームオブジェクトを介して行います。
- 複数のストリームオブジェクトを連結できます。

7-2 シリアライゼーションとオブジェクトの保存

学習のポイント

- シリアライゼーションによって、オブジェクトをファイルに保存できます。
- ファイルに保存したオブジェクトは、後でプログラムを実行したときに復元できます。

プログラムの状態のファイル保存

プログラム実行中のある時点の状態をファイルに記録しておき、後でその状態から作業を始めたいことはよくあります。たとえば、表計算ソフトで集計した結果をファイルに保存したい、顧客管理を行うアプリケーションで入力した顧客情報を保存したい、といったときなどです。

その場合、プログラムのある時点の状態をデータ化してファイルへ書き出し、保存することになります(注❼-9)。それには、次の2つの方法が考えられます。

注❼-9
業務用のアプリケーションでは、データベースに情報を保存することが一般的ですが、本書では扱いません。

■方法1：テキストファイルに文字列として情報を書き込む

前節で説明した、ファイルの入出力によって実現します。たとえば、オブジェクトのフィールドの値を文字列にしてファイルに出力しておき、後で必要になったときに、このファイルを読み込んでオブジェクトを生成するようにします。

ファイルの中身は文字列なので、人が直接読んで内容を理解することもできます。

■方法2：シリアライゼーションによってオブジェクトそのものを保存する

KEYWORD
●シリアライゼーション
●シリアライズ

シリアライゼーションとは、プログラムの内部で扱っているオブジェクトをファイルで保存できる形にすることです。シリアライゼーションによる保存は、Javaに初めから備わっている仕組みを使用するため、複雑な構造をしたオブジェクトでも手軽にファイルに保存でき、また復元できるというメリットがあります。この処理のことを、「オブジェクトをシリアライズする」ということもあります。

方法1と異なり、Javaプログラムが読み込むのに都合のよい形で出力されるので、人がファイルの中身を見ても内容を理解することはできません。

方法1では、オブジェクトを文字列に変換したりオブジェクトに戻したりするプログラムを書かなければなりませんが、方法2では特にそうした手間はかかりません。また、シリアライゼーションは応用範囲のとても広い機能でもあります。以降では、このシリアライゼーションを行う方法などについて説明します。

Serializableインタフェース

KEYWORD
- ObjectOutputStreamクラス
- FileOutputStreamクラス

オブジェクトをシリアライズしてファイルに出力するには、文字列をファイルに出力するのと同じように、プログラムとファイルの間をストリームオブジェクトで中継します。ここで使用するのは図❼-8に示すように、**ObjectOutputStream**（オブジェクト アウトプット ストリーム）と**FileOutputStream**（ファイル アウトプット ストリーム）という名前の2つのストリームオブジェクトです。**ObjectOutputStream**オブジェクトは、名前に**Object**が含まれることからもわかるように、オブジェクトをデータとして出力するために使用します。**FileOutputStream**オブジェクトは、指定されたデータをファイルに書き込みます（文字列ではありません）。

図❼-8 プログラムからオブジェクトをファイルに出力するまでの流れ

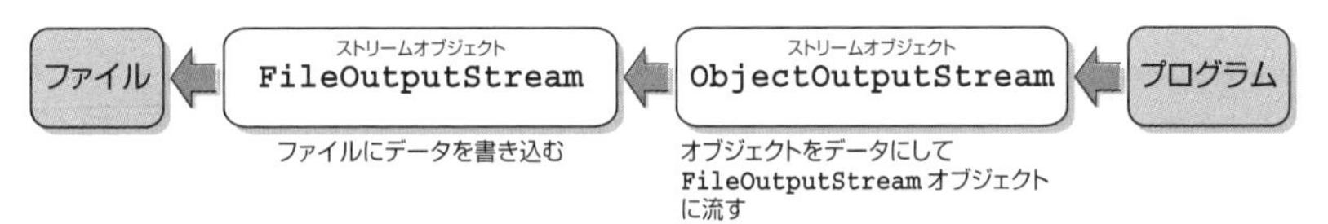

この2つのストリームオブジェクトを使って、プログラムからファイルへオブジェクトを出力するには、次の4つのステップを行います。

●ステップ1

保存先にするファイル名（ファイルパス）を引数にして**FileOutputStream**オブジェクトを生成します。

```
FileOutputStream fs = new FileOutputStream(ファイルパス);
```

●ステップ2

ステップ1で生成した**FileOutputStream**オブジェクトを引数として、シリアライズしたオブジェクトを**FileOutputStream**オブジェクトに渡す**ObjectOutputStream**オブジェクトを生成します。

```
ObjectOutputStream os = new ObjectOutputStream(fs);
```

KEYWORD
●writeObjectメソッド

●ステップ3

ステップ2で生成した**ObjectOutputStream**オブジェクトの**write Object**（ライトオブジェクト）メソッドを使用して目的のオブジェクトを出力します。

```
os.writeObject(オブジェクト);
```

KEYWORD
●closeメソッド

●ステップ4

最後に、**ObjectOutputStream**オブジェクトの**close**（クローズ）メソッドでストリームを閉じます。

```
os.close();
```

KEYWORD
●Serializableインタフェース

なお、どんなオブジェクトでもシリアライズしてファイルに保存できるわけではありません。**Serializable**（シリアライザブル）インタフェースを実装したクラスのインスタンスであることが、シリアライズできる条件です。

とはいえ、**Serializable**インタフェースには実装すべきメソッドが1つもありません。クラスの宣言に**implements Serializable**を追加するだけです。つまり「このクラスはシリアライズしても問題ありません」と宣言しておくだけでよいのです。

シリアライゼーションの使用例として、ここではList❼-7のような**Point**（点）クラスと**Triangle**（三角形）クラスのインスタンスをシリアライズしてファイルに保存するプログラムを考えてみましょう。

List❼-7　07-05/Triangle.java

```
 1: import java.io.*;
 2:
 3: class Point implements Serializable {    ← Serializableインタフェースを実装します
 4:   int x;
 5:   int y;
 6:
 7:   Point(int x, int y) {
 8:     this.x = x;
 9:     this.y = y;
10:   }
11: }
12:
13: class Triangle implements Serializable {    ← Serializableインタフェースを実装します
```

```
14:     Point p0;
15:     Point p1;    3つのPointオブジェクトを持っています
16:     Point p2;
17: }
```

Pointクラスは2次元の座標値を持つ点を表し、**Triangle**クラスは三角形を表します。両方ともシリアライズできるように、**Serializable**インタフェースを実装しています。

Triangleクラスには、3つの頂点を表す**Point**オブジェクトを保持するフィールドがあります。次のような記述で、(0, 0)、(10, 0)、(5, 10)という座標を頂点に持つ**Triangle**オブジェクトを生成できます。

```
Triangle tri = new Triangle();
tri.p0 = new Point(0, 0);
tri.p1 = new Point(10, 0);
tri.p2 = new Point(5, 10);
```

次のプログラムコードでは、生成した**Triangle**オブジェクトをシリアライズしてファイルに保存します(List❼-8)。

List❼-8 07-05/ObjectOutputExample.java

```
 1: import java.io.*;
 2:
 3: public class ObjectOutputExample {
 4:   public static void main(String[] args) {
 5:     Triangle tri = new Triangle();      Triangleオブジェクトを生成
 6:     tri.p0 = new Point(0, 0);           します。頂点の情報として3つの
 7:     tri.p1 = new Point(10, 0);          Pointオブジェクトを設定します
 8:     tri.p2 = new Point(5, 10);
 9:
10:     try {
11:       FileOutputStream fs = ➡                      ステップ1の処理です
          new FileOutputStream("C:/java/triangle.ser"); ↵
12:       ObjectOutputStream os = ➡
          new ObjectOutputStream(fs); ← ステップ2の処理です
13:       os.writeObject(tri); ←        ステップ3の処理です。
14:       os.close(); ← ステップ4の処理です  Triangleオブジェクト
15:     } catch (IOException e) {            を出力します
16:       System.out.println(e);
17:     }
18:   }
19: }
```

➡は紙面の都合で折り返していることを表します。

このプログラムを実行すると、「C:¥java¥triangle.ser」というファイルに、**Triangle**オブジェクトが出力されます（注❼-10）。ファイルの中身は、私たちが見ても理解することはできません。

注❼-10
シリアライズしたオブジェクトを出力するファイルには好きな名前をつけられます。ここではシリアライズ（serialize）したオブジェクトの入っているファイルという意味で、拡張子を**.ser**にしましたが、これも自由に決めてかまいません。

保存したオブジェクトの再現

List❼-8でファイルに出力したオブジェクトを、今度はプログラムに読み込んでみましょう。これも、ファイルから文字列を読み込むときと同じように、ストリームオブジェクトを介して行います。

図❼-9に示すように、ここで使用するのは**ObjectInputStream**（オブジェクト インプット ストリーム）と**FileInputStream**（ファイル インプット ストリーム）という名前の2つのストリームです。オブジェクトのシリアライズに使用した**ObjectOutputStream**と**FileOutputStream**と対になるストリームオブジェクトで、データの流れはファイルに出力するときと逆になります。**FileInputStream**オブジェクトによってファイルからデータを読み込み、**ObjectInputStream**オブジェクトによってデータからオブジェクトを再現できます。

KEYWORD
- **ObjectInputStream**クラス
- **FileInputStream**クラス

図❼-9　オブジェクトをファイルからプログラムに読み込むまでの流れ

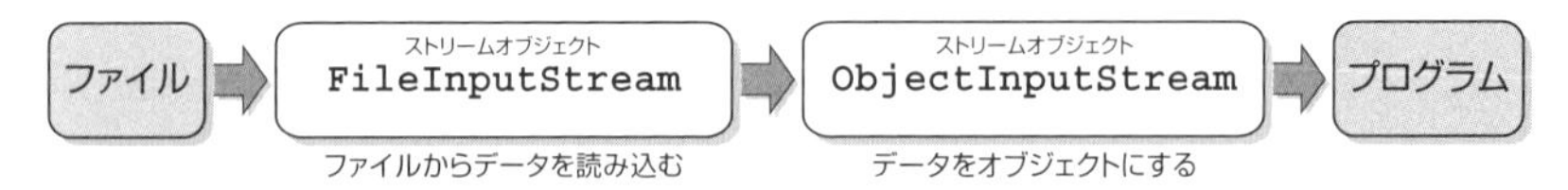

これら2つのストリームを使ってオブジェクトをファイルからプログラムに読み込むには、次の4つのステップを行います。

●ステップ1

オブジェクトの保存されたファイルのファイル名（ファイルパス）を引数にして**FileInputStream**オブジェクトを生成します。

```
FileInputStream fs = new FileInputStream(ファイルパス);
```

●ステップ2

ステップ1で生成した**FileInputStream**オブジェクトを引数として、シリアライズされたオブジェクトを**FileInputStream**オブジェクトから受け取る**ObjectInputStream**オブジェクトを生成します。

```
ObjectInputStream os = new ObjectInputStream(fs);
```

●ステップ3

KEYWORD
●readObjectメソッド

ステップ2で生成したObjectInputStreamオブジェクトのreadObject（リードオブジェクト）メソッドを使用して目的のオブジェクトを読み込みます。

```
Object obj = os.readObject();
```

●ステップ4

KEYWORD
●closeメソッド

最後に、ObjectInputStreamオブジェクトのclose（クローズ）メソッドでストリームを閉じます。

```
os.close();
```

なお、ObjectInputStreamクラスのreadObjectメソッドで取得できるオブジェクトはObject型なので、本来の型に型変換する必要があります。ここではTriangle型のオブジェクトを読み込むので、ステップ3は次のようにします。

```
Triangle tri = (Triangle)os.readObject();
```

readObjectメソッドはClassNotFoundException型の例外を投げる可能性があるので、この例外を受け取るcatchブロックを記述する必要があります。

次のプログラムコードは、List❼-8によってシリアライズされたTriangleオブジェクトをプログラムに読み込む例です（List❼-9）。

List❼-9 07-05/ObjectInputExample.java

```
 1: import java.io.*;
 2:
 3: public class ObjectInputExample {
 4:   public static void main(String[] args) {
 5:     try {
 6:       FileInputStream fs = new FileInputStream("C:/➡
          java/triangle.ser"); ←ステップ1の処理です
 7:       ObjectInputStream os = new ObjectInputStream(fs); ←ステップ2の処理です
 8:       Triangle tri = (Triangle)os.readObject(); ←ステップ3の処理です。読み込んだオブジェクトをTriangle型に型変換します
 9:       os.close(); ←ステップ4の処理です
10:
```

```
11:         System.out.println(tri.p0.x + "," + tri.p0.y);
12:         System.out.println(tri.p1.x + "," + tri.p1.y);
13:         System.out.println(tri.p2.x + "," + tri.p2.y);
14:       } catch (IOException e) {
15:         System.out.println(e);
16:       } catch (ClassNotFoundException e) {
17:         System.out.println(e);
18:       }
19:     }
20: }
```

読み込んだオブジェクトの情報を出力します

➡は紙面の都合で折り返していることを表します。

実行結果

```
0,0
10,0
5,10
```

実行結果から、**Triangle**オブジェクトを正しく読み込めていることが確認できます。また、**Triangle**オブジェクトだけでなく、そのオブジェクトが参照していた**Point**オブジェクトも一緒に復元できていることが、座標値を正しく取得できていることからわかります。

このように、シリアライゼーションによってオブジェクトを保存した場合、そのオブジェクトだけでなく、そのオブジェクトを復元するために必要となる参照先のオブジェクトもひとまとめにして、ファイルに保存されます。自然な結果なので当たり前のように感じますが、この点は大切ですので覚えておきましょう。

登場した主なキーワード

- **シリアライゼーション**：インスタンスの情報をファイルに保存できる形式にすること。

まとめ

- シリアライゼーションの仕組みを用いることで、プログラムからインスタンスをファイルに保存できます。
- ファイルに保存するオブジェクトは、**Serializable**インタフェースを実装している必要があります。
- ファイルへのオブジェクトの入出力は、文字列の入出力と同様にストリームオブジェクトを介して行います。

7-3 ファイルとフォルダの操作

学習のポイント

- **File**クラスにより、ファイルの名前を変更したり削除したりといった操作を行えます。
- **File**クラスはファイルだけでなく、フォルダについても操作が可能です。

Fileクラス

私たちは、パソコンの中に保存されているファイルを削除したり、ファイルの名前を変更したりといった操作を日常的に行っています。同様に、新しいフォルダを作ったり、フォルダの名前を変更したりすることも行っています。このようなファイルやフォルダに対する操作も、プログラムに行わせることができます。

ファイルやフォルダを操作する機能は、これまでも入出力先ファイルを表すのに使ってきた**java.io**パッケージの**File**クラスに備わっています。**File**オブジェクトは、ファイルパスをコンストラクタに渡して生成します。この**File**オブジェクトの各種メソッドを呼び出すことで、コンストラクタで指定したファイルを削除したり名前を変更したりできるようになります。

本節では、**File**クラスを使ったファイルの操作方法と、フォルダの操作方法について説明します。

ファイルの操作

プログラムからファイルを操作するには、まずそのファイルに対応する**File**オブジェクトを生成します。**File**オブジェクトを生成するには、ファイルパスを引数としてコンストラクタに渡します。

```
File file = new File("C:/java/test.txt");
```

Fileクラスには、次のようなファイルを操作するメソッドがあります。

KEYWORD

- exists メソッド
- delete メソッド
- renameTo メソッド

●**boolean exists()**（イグジスツ）

ファイルが存在するかどうかを確認します。存在すれば**true**、存在しなければ**false**を返します。

●**boolean delete()**（デリート）

ファイルを削除します。削除に成功すれば**true**、失敗すれば**false**を返します。

●**boolean renameTo(File file)**（リネームトゥー）

ファイルの名前を、引数で渡された**File**オブジェクトのファイル名に変更します。成功すれば**true**、失敗すれば**false**を返します。

これらのメソッドを呼び出したときに、コンストラクタに渡したファイルパスにファイルが存在しなかったり、アクセス制限がかかっているなどの理由で、ファイルの削除や名前の変更を実行できないことがあります。これは、メソッドの戻り値を見ることで確認できます。処理に成功した場合は**true**、失敗した場合は**false**が戻されます。

次のプログラムコードは、**File**クラスを使ってファイルを削除する例です（List❼-10）。

List❼-10　07-06/FileOperationExample.java

```
 1: import java.io.*;
 2:
 3: public class FileOperationExample {
 4:   public static void main(String[] args) {
 5:     File file = new File("C:/java/test.txt");
 6:     if (!file.exists()) {
 7:       System.out.println(file + "がありません");
 8:       return;
 9:     }
10:
11:     if (file.delete()) {
12:       System.out.println(file + "を削除しました");
13:     } else {
14:       System.out.println(file + "を削除できませんでした");
15:     }
16:   }
17: }
```

実行結果（「C:¥java¥test.txt」ファイルが存在する場合）

```
C:¥java¥test.txtを削除しました
```

6行目で、目的のファイルが存在するかどうかをチェックしています。**!file.exists()** のように、メソッドの呼び出しに否定を表す「**!**」をつけることで、**file.exists()** の戻り値が **false** のときに **if** 文のブロックが実行されるようにしています。

ファイルが存在しなければ8行目の **return** 文によってプログラムを終了し、ファイルがあれば **delete** メソッドでファイルを削除します。**delete** メソッドの呼び出しに対しても、**if** 文で戻り値をチェックし、成功したかどうかを判定しています。

フォルダの操作

フォルダに対する削除や名前変更などの操作も、ファイルのときと同様に **File** オブジェクトを使用します。次のように、コンストラクタにフォルダ名を引数に指定して **File** オブジェクトを生成します。

```
File folder = new File("testA");
```

この記述で、実行パス（156ページの「ワン・モア・ステップ！」を参照）にある testA フォルダに対応する **File** オブジェクトが生成されます。

File クラスには、フォルダを操作するために次のようなメソッドが準備されています。

KEYWORD

- **list** メソッド
- **mkdir** メソッド
- **mkdirs** メソッド
- **delete** メソッド

●**String[] list()**（リスト）

フォルダに含まれるファイルまたはサブフォルダの一覧を文字列の配列で返します。

●**boolean mkdir()**（メイクディレクトリ）

フォルダを作成します。成功すれば **true** を、失敗すれば **false** を返します。

●**boolean mkdirs()**（メイクディレクトリーズ）

階層を持ったフォルダを一度に作成します。成功すれば **true** を、失敗すれば **false** を返します。

●**boolean delete()**（デリート）

フォルダの中身が空の場合のみ、フォルダを削除します。成功すれば **true**

を、失敗すれば**false**を返します。

KEYWORD
●ディレクトリ

なお、プログラミングの世界では、フォルダのことをディレクトリともいいます。そのため、フォルダ操作に関するメソッドには、ディレクトリ（directory）の短縮表現である「dir」を名前に含むものがたくさんあります。

次のプログラムコードは、**File**クラスを使ったフォルダ操作の例です（List❼-11）。

List❼-11 07-07/FolderOperationExample.java

```
 1: import java.io.*;
 2:
 3: public class FolderOperationExample {
 4:   public static void main(String[] args) {
 5:     File dir1 = new File("testA");
 6:     File dir2 = new File("testA/testB/testC");
 7:                          ← 実行パスにtestAという名前のフォルダを作ります
 8:     if (dir1.mkdir()) {
 9:       System.out.println(dir1 + "を作成しました");
10:     } else {
11:       System.out.println(dir1 + "の作成に失敗しました");
12:     }                    実行パスにtestA¥testB¥testCという
13:                          ← 階層のフォルダを一度に作ります
14:     if (dir2.mkdirs()) {
15:       System.out.println(dir2 + "を作成しました");
16:     } else {
17:       System.out.println(dir2 + "の作成に失敗しました");
18:     }
19:
20:     String[] fileList = dir1.list(); ← testAフォルダに含まれるものを文字列の配列で取得します
21:     for (String s : fileList) {  ┐
22:       System.out.println(s);     ├ fileListに格納された文字列を出力します
23:     }                            ┘
24:   }
25: }
```

実行結果

```
testAを作成しました
testA¥testB¥testCを作成しました
testB
```

フォルダを作成するメソッドとしては、**mkdir**と**mkdirs**の2つがあります。**mkdir**は1つのフォルダを作成しますが、**mkdirs**は階層構造も含めて一度に複数のフォルダを作成します。プログラムでは、実行パスの下に「testA」と「testA¥testB¥testC」フォルダを作成した後で、testAフォルダに入っているものをコンソールに出力しています。ここでは、testAフォルダの中にはtestBフォルダだけがある状態になっています。

登場した主なキーワード

- **ディレクトリ**：フォルダの別称です。

まとめ

- **java.io**パッケージの**File**クラスを使って、ファイルやフォルダを操作できます。
- ファイル操作は事情により失敗することがあるので、その戻り値を見て、処理が正しくできたかどうかを判断します。

練習問題

7.1 次の文章のうち、誤っているものには×を、正しいものには○をつけてください。

(1) 一般にファイルへの文字列の入出力は、ストリームオブジェクトを介して行うが、ストリームオブジェクトを使わなくてもよい。

(2) バッファは、ファイルアクセスの回数を減らすなどして、トータルの処理速度を向上させる目的で使用する。

(3) シリアライゼーションとは、オブジェクトをファイルに保存したりネットワーク通信で送れる形のデータに変換することで、すべてのオブジェクトをシリアライズできる。

7.2 "3.14"という文字列があったときに、これをdouble型の数値として扱うためにはどうすればよいでしょうか。次の空欄を埋めてください。

```
String str = "3.14";
double d = [      ];
```

7.3　C:¥java¥test.txtという名前のファイルを読み込んで、行の先頭に行番号をつけたものを「C:¥java¥test2.txt」というファイルに出力するプログラムをList❼-12のように作ってみました。空欄を埋めて完成させてください。

List❼-12　7-P03/AddLineNumber.java

```
import java.io.*;

public class AddLineNumber {
  public static void main(String[] args) {
    try {
      // ファイル入力用のストリームを構築
      FileReader fr = new FileReader("C:/java/test.txt");
      BufferedReader br = new BufferedReader(fr);

      // ファイル出力用のストリームを構築
      FileWriter fw = new FileWriter("C:/java/test2.txt");
      BufferedWriter bw = new BufferedWriter(fw);

      String s; // 1行ずつ読み込んだ文字列を格納する
      int lineNumber = 1;  // 行番号のカウントをする
      while(   (1)   ) {
        bw.write(   (2)   );
           (3)
      }
      br.close();  // ファイル入力のストリームを閉じる
      bw.close();  // ファイル出力ストリームを閉じる
    } catch (IOException e) {
      System.out.println(e);
    }
  }
}
```

第8章　GUIアプリケーション

フレームの作成
コンポーネントの配置
イベント処理
さまざまなコンポーネント

Java

この章のテーマ

「Swingライブラリ」は、グラフィカルユーザーインタフェース（Graphical User Interface：GUI）を持つアプリケーションを作成するためのコンポーネント（GUI部品）群です。本章では、これらを使ったGUIアプリケーションの基本的な作り方を学習します。Swingライブラリの多様なコンポーネントのうち、主立ったものを配置して画面を作る方法と、コンポーネントがクリックされたときに「イベント処理」を実行する方法を取り上げます。

8-1 フレームの作成

学習のポイント

- Swingライブラリを使うことにより、GUIアプリケーションを作成できます。
- GUIアプリケーションのウィンドウを表示するには、`JFrame`クラスでフレームを作ります。
- ウィンドウに機能を追加する場合、`JFrame`のサブクラスに追加します。

GUIアプリケーションとは

KEYWORD
- CUI
- GUI

これまでに作成したプログラムは、コンソールに文字列を出力するものでした。一方で、皆さんが日常使用するワープロソフトやメールソフトなど多くのソフトウェアは、実行するとウィンドウが開き、その中に配置されているメニューやボタンをマウスでクリックして、さまざまな処理を行います。前者のようなコンソールに文字列を出力するアプリケーションのことをCUI（シーユーアイ）（Character-based User Interface）アプリケーションと呼ぶのに対して、後者のようにウィンドウが開くグラフィカルなユーザーインタフェースを備えたアプリケーションのことをGUI（ジーユーアイ）（Graphical User Interface）アプリケーション（「ウィンドウアプリケーション」とも）といいます（画面❽-1）。

画面❽-1　左がCUIアプリケーション（「コマンドプロンプト」）、右がGUIアプリケーション（「ペイント」）

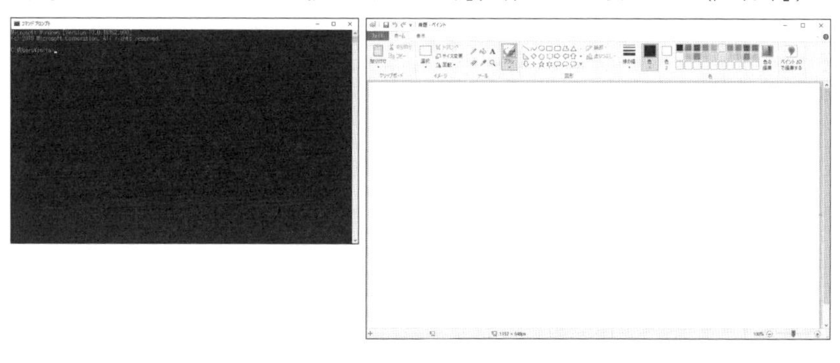

KEYWORD
- GUI部品

また、ウィンドウ上に配置されるメニューやボタンなどの部品をGUI部品（ぶひん）と呼びます。

Swingライブラリ

Java言語でも、GUIアプリケーションを簡単に作ることができます。GUIアプリケーションを作成するために必要なウィンドウやボタン、メニューなどを扱うクラス群を集めたSwing（スイング）ライブラリと呼ばれるクラスライブラリがあり、このライブラリを使ってプログラムを作成します。Swingライブラリは、`javax.swing`（ジャバエックス スイング）パッケージに含まれています。

KEYWORD
- Swingライブラリ
- `javax.swing`パッケージ
- AWT
- イベント処理

GUIのためのクラスライブラリには、SwingライブラリのほかにAWT（エーダブリューティー）（Abstract Window Toolkit）やJavaFXなどがあります。AWTはSwingが登場する以前からある古いライブラリで、プログラムを実行するOSによって外観が異なるなどの欠点があります。JavaFXにはこのような欠点はなく、新しい機能が数多くあります。しかし、JavaFXは標準ライブラリに含まれていないため、外部のモジュールとして導入する必要があります（注❽-1）。Swingは両方の中間に位置し、標準ライブラリに含まれるために気軽に使用できる利点があります。

注❽-1
https://openjfx.io/で最新版を入手できます。

GUI部品をマウスでクリックしたときに特定の処理を実行するには、イベント処理（しょり）という新しい概念の理解が必要です。イベント処理については8-3節で説明しますので、まずは簡単なGUIアプリケーションの「外観」を構築するところから始めましょう。

フレームの作成

KEYWORD
- フレーム
- `JFrame`クラス

GUIアプリケーションのウィンドウは、フレーム（Frame）と呼ばれるGUI部品で作られます。GUIアプリケーションを作成する場合には、まずフレームを生成することから始めます。その後で、フレームの上にボタンなどのGUI部品を配置していきます。Swingライブラリには、フレームを作るためのクラスとして`JFrame`（ジェイフレーム）があります。

それでは`JFrame`クラスを使って、画面❽-2のようにフレームだけのウィンドウを表示させてみましょう。これが最もシンプルなGUIアプリケーションです。

画面❽-2 最もシンプルなGUIアプリケーション

JFrameクラスを使ってフレームを作成する場合、次の4つのステップで行います。

●ステップ1

JFrameクラスのインスタンスを生成します。

```
JFrame frame = new JFrame();
```

●ステップ2

ウィンドウの右上に表示される［×］ボタン（［閉じる］ボタン）が押されたときの動作を**JFrame**クラスの**setDefaultCloseOperation**（セットデフォルト クローズ オペレーション）メソッドで指定します。ここでは、**JFrame.EXIT_ON_CLOSE**（ジェイフレーム イグジット オン クローズ）という定数を渡してアプリケーションが終了するようにします（注❽-2）。

KEYWORD
- ●setDefaultCloseOperationメソッド
- ●JFrame.EXIT_ON_CLOSE

注❽-2
これを記述しないと、［×］ボタンが押されたときにフレームが非表示になるだけでアプリケーションは終了しません。

```
frame.setDefaultCloseOperation(JFrame.EXIT_ON_CLOSE);
```

●ステップ3

JFrameクラスの**setSize**（セットサイズ）メソッドでフレームのサイズを指定します。ここでは横300ピクセル、縦200ピクセルという大きさを指定しています。

KEYWORD
- ●setSizeメソッド

```
frame.setSize(300, 200);
```

●ステップ4

JFrameクラスの**setVisible**（セットビジブル）メソッドでフレームを表示します。

KEYWORD
- ●setVisibleメソッド

```
frame.setVisible(true);
```

ステップ3で指定しているフレームのサイズは、ピクセル数で指定します。ピクセルとは画面に表示する1個の点を表す単位です。画面上に表示できるピクセルの数はディスプレイにより異なりますが、一般的なPCに用いられているフルHDという規格では横に1900、縦に1000程度の値を指定すると、画面いっぱいの大きさになります。

ステップ4で記述しているフレームを表示する命令を実行するまでは、画面に何も表示されません。フレームを表示する準備ができたら、最後に**setVisible**メソッドを使って画面に表示します。

次のList❽-1は上記のステップによる、**JFrame**クラスを使った最も簡単なプログラムの例です。

List❽-1　08-01/SimpleFrameExample.java

```
 1: import javax.swing.*;   ← javax.swingパッケージをインポートします
 2:
 3: class SimpleFrameExample {
 4:   public static void main(String[] args)
 5:     JFrame frame = new JFrame();   ← JFrameクラスのインスタンスを作成します
 6:     frame.setDefaultCloseOperation(JFrame.EXIT_ON_CLOSE);
 7:     frame.setSize(300, 200);   ← フレームのサイズを指定します
 8:     frame.setVisible(true);   ← フレームを表示します
 9:   }
10: }
```
（6行目）右上の［×］ボタンでアプリケーションが終了するようにします

プログラムを実行すると、先ほどの画面❽-2と同じウィンドウが画面に1つ表示されます（注❽-3）。ウィンドウの右上にある［×］ボタンをクリックするとアプリケーションを終了できます。

注❽-3
ディスプレイの一番左上に表示されます。

自分自身のインスタンスを生成するクラス

JFrameクラスだけでは何もできません。通常は**JFrame**を継承したクラスを作り、そのクラスに新しいGUI部品や必要な機能を追加していくことになります。まずは**JFrame**を継承したクラスの作り方と、そのクラスを使ってフレームを表示する方法を学びましょう。その上にボタンなどを置く方法については、次節で説明します。

たとえば、次のプログラムコードのように**JFrame**クラスを継承する**MyFrame**クラスを定義します。コンストラクタでは、フレームを表示するまでの命令を実行させることができます（List❽-2）。

List❽-2 08-02/SimpleFrameExample2.java

```
 1: import javax.swing.*;
 2:
 3: class MyFrame extends JFrame {
 4:   MyFrame() {
 5:     setDefaultCloseOperation(JFrame.EXIT_ON_CLOSE);
 6:     setSize(300, 200);
 7:     setVisible(true);
 8:   }
 9: }
10:
11: public class SimpleFrameExample2 {
12:   public static void main(String[] args) {
13:     new MyFrame();
14:   }
15: }
```

JFrameクラスを継承した新しいクラスを作成します

初期化処理を行います

JFrameクラスを継承したMyFrameクラスのインスタンスを生成します

実行すると、List❽-1の実行結果と同じようにフレームが表示されます。**main**メソッドの中では、**new MyFrame()**としてインスタンスを生成しているだけですが、**MyFrame**クラスのコンストラクタで必要な処理が行われるので、実行するときちんとフレームが表示されます。

13行目は、

```
MyFrame myFrame = new MyFrame();
```

としてもよいのですが、生成した**MyFrame**クラスのインスタンスに対して、何もメソッドの呼び出しを行わないのであれば変数に代入する必要もありません。単に、

```
new MyFrame();
```

としてインスタンスを生成するだけでかまいません。

ところで、**main**メソッドはどのクラスに定義してもかまわないので、わざわざ**SimpleFrameExample2**という新しいクラスを定義しなくても、List❽-3のように**MyFrame**クラスの中に定義できます。

List❽-3 08-03/MyFrame.java

```
 1: import javax.swing.*;
 2:
 3: public class MyFrame extends JFrame {
 4:   public static void main(String[] args) {
 5:     new MyFrame();
 6:   }
 7:
 8:   MyFrame() {
 9:     setDefaultCloseOperation(JFrame.EXIT_ON_CLOSE);
10:     setSize(300, 200);
11:     setVisible(true);
12:   }
13: }
```

JFrameクラスを継承するクラスにmainメソッドを定義できます

mainメソッドの中で、自分自身のインスタンスを生成します

実行結果はList❽-1、List❽-2と同じ（画面❽-2のとおり）です。プログラムを実行すると、**MyFrame**クラスの**main**メソッドがプログラムの開始点となり、その中で**MyFrame**クラスのインスタンスを生成します。**main**メソッドの中で自分自身（**MyFrame**クラス）のインスタンスを生成しているところに違和感を覚えるかもしれませんが、自分自身のインスタンスもほかのクラスのインスタンスと同じように扱うことができるのです。

必要な命令を1つのクラスにまとめられるので、簡単なGUIアプリケーションの実験をするときには、ここで説明したように作成すると便利です。

登場した主なキーワード

- **GUI**：Graphical User Interfaceの略。メニューやボタンなどのグラフィカルな部品をクリックする、といった操作でアプリケーションに指示を与えます。
- **Swingライブラリ**：GUIアプリケーションを作成するために必要となるウィンドウやボタン、メニューなどに関するクラス群を集めたライブラリ。
- **フレーム**：GUIアプリケーションの外枠を構成する部品のこと。

まとめ

- Swingライブラリを使うことで、GUIアプリケーションを作成できます。
- ウィンドウを表示するには、**JFrame**クラスでフレームを作成します。
- 通常は、**JFrame**を継承したクラスを作り、そこにウィンドウで使用するGUI部品や機能を追加していきます。
- **JFrame**を継承したクラスでは、**main**メソッドで自分自身のインスタンスを生成し、コンストラクタの中でサイズなどの各種設定ができます。

8-2 コンポーネントの配置

学習のポイント

- ボタンなどのGUI部品のことを「コンポーネント」といいます。
- レイアウトマネージャというオブジェクトを使用することで、コンポーネントの配置方法を変更できます。

コンポーネントとコンテナ

KEYWORD

- コンポーネント
- `java.awt.Component`クラス
- コンテナ
- `getContentPane`メソッド
- `java.awt.Container`クラス

ボタンやチェックボックスなどのGUI部品のことをコンポーネント（Component）といいます。Swingには、ボタンを表す**`JButton`**クラス、チェックボックスを表す**`JCheckBox`**クラスなどがありますが、これらはすべて、AWTのパッケージに含まれる`java.awt.Component`（ジャバ エーダブリューティー コンポーネント）クラスを継承しています。

コンポーネントは、コンテナ（Container）と呼ばれるオブジェクトの上に配置できます。フレームの上にコンポーネントを配置するには、**`JFrame`**クラスの`getContentPane`（ゲット コンテント ペイン）メソッドで取得したコンテナ（`java.awt.Container`（ジャバ エーダブリューティー コンテナ）オブジェクト）に対してコンポーネントを配置します（図❽-1）。

図❽-1 ウィンドウの構成

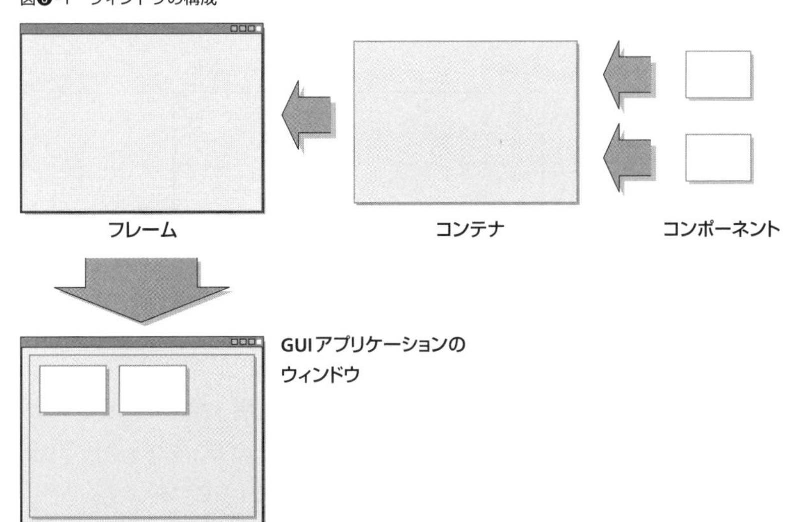

コンテナにコンポーネントを配置するのは簡単です。ボタンを1つ追加するには、次のように記述します。

```
getContentPane().add(new JButton("ボタン"));
```

KEYWORD

- addメソッド
- JButtonクラス

JFrameクラスのgetContentPaneメソッドでコンテナを取得し、そのadd(アド)メソッドの引数に、ボタンを表すJButton(ジェイボタン)オブジェクトを渡しています。JButtonクラスのコンストラクタには、ボタンの上に表示したい文字列を引数に渡します。この例では「ボタン」という文字列が表示されることになります。

次のプログラムコードは、このボタンを1つのせたフレームを表示する例です。List❽-3とほぼ同じですが、地の色を濃くしてある1行が追加されています(List❽-4)。

List❽-4　08-04/MyFrame.java

```
 1: import javax.swing.*;
 2:
 3: public class MyFrame extends JFrame {
 4:   public static void main(String[] args) {
 5:     new MyFrame();
 6:   }
 7:
 8:   MyFrame() {
 9:     setDefaultCloseOperation(JFrame.EXIT_ON_CLOSE);
10:     getContentPane().add(new JButton("ボタン"));  ← ボタンを追加しています
11:     setSize(300, 200);
12:     setVisible(true);
13:   }
14: }
```

実行結果

フレーム内の領域を全部使って、大きなボタンが1つ追加されました。ただし、ボタンを配置しただけなので、クリックしても何も起こりません。

ボーダーレイアウト

配置するコンポーネントが複数ある場合、それらをどのようにレイアウト（配置）するかを指定する必要があります。

JFrameクラスの**getContentPane**メソッドで取得できるコンテナは、追加されたコンポーネントをボーダーレイアウト（BorderLayout）というレイアウト方法で配置します。ボーダーレイアウトでは、図❽-2のようにコンテナの領域を中央（CENTER）、上（NORTH）、左（WEST）、下（SOUTH）、右（EAST）に分割して、それぞれの領域にコンポーネントを配置します。

KEYWORD
●ボーダーレイアウト

図❽-2 ボーダーレイアウトによるコンポーネントの配置

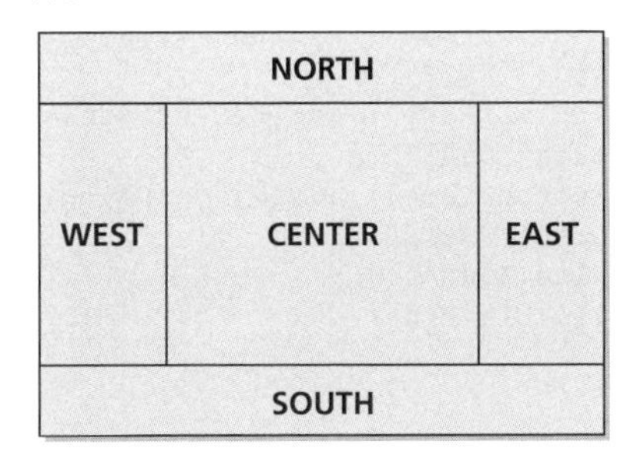

どの領域に配置するかは、コンテナにコンポーネントを追加する**add**メソッドで、次のように指定できます。

```
add(BorderLayout.WEST, new JButton("ボタン"));
```

最初の引数で配置する場所を指定し、2番目の引数でコンポーネントを渡します。ボーダーレイアウトで配置する領域を指定するには**BorderLayout**（ボーダーレイアウト）クラスを使います。**BorderLayout.WEST**はコンポーネントをコンテナの左の領域に配置することを意味します。先ほどのプログラムコードでは配置する場所を指定しませんでしたが、その場合はCENTER（中央）を指定したことになります。

KEYWORD
●BorderLayoutクラス

次のプログラムコードは、**BorderLayout**で各領域にボタンを配置する例です（List❽-5）。

List❽-5 08-05/BorderLayoutExample.java

```
 1: import java.awt.*;
 2: import javax.swing.*;
 3:
 4: public class BorderLayoutExample extends JFrame {
 5:   public static void main(String[] args) {
 6:     new BorderLayoutExample();
 7:   }
 8:
 9:   BorderLayoutExample() {
10:     setDefaultCloseOperation(JFrame.EXIT_ON_CLOSE);
11:     getContentPane().add(BorderLayout.CENTER, new ➡
        JButton("CENTER"));
12:     getContentPane().add(BorderLayout.SOUTH, new ➡
        JButton("SOUTH"));
13:     getContentPane().add(BorderLayout.WEST, new ➡
        JButton("WEST"));
14:     getContentPane().add(BorderLayout.EAST, new ➡
        JButton("EAST"));
15:     getContentPane().add(BorderLayout.NORTH, new ➡
        JButton("NORTH"));
16:     setSize(300, 200);
17:     setVisible(true);
18:   }
19: }
```

BorderLayoutクラスはjava.awtパッケージに含まれるのでそれをインポートしておきます

ボタンを5つ配置します

➡は紙面の都合で折り返していることを表します。

実行結果

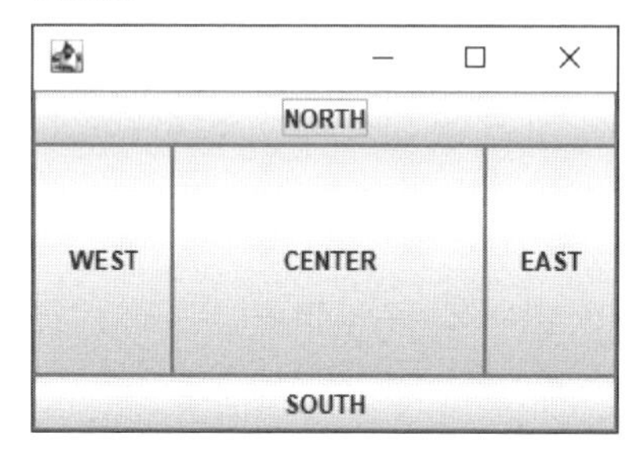

フレームが5つの領域に分割されて、それぞれにボタンが配置されました。フレームの端をマウスでドラッグして大きさを変更すると、フレームの形に追随してボタンの大きさが自動的に変わります（画面❽-3）。

画面❽-3 フレームの大きさを変えたようす

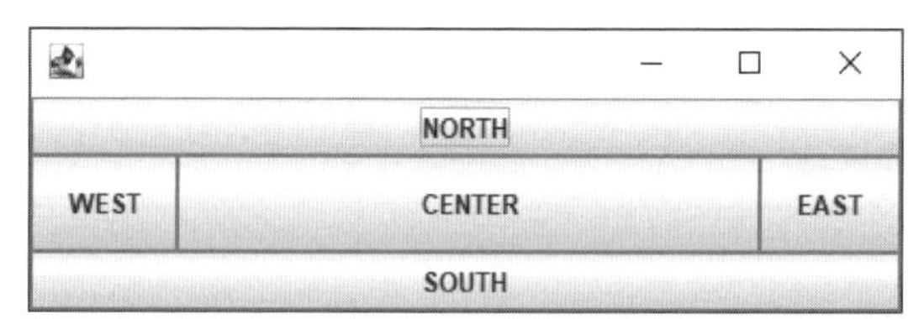

5つの領域のうち、コンポーネントが配置されない領域は省略され、ほかの領域のコンポーネントの表示に利用されます。List❽-5の13行目を削除して、WESTにコンポーネントを配置しなかった場合、画面❽-4（左）のようになります。CENTERとSOUTHだけにコンポーネントを配置した場合は、画面❽-4（右）のようになります。

画面❽-4　BorderLayoutでのコンポーネントの配置

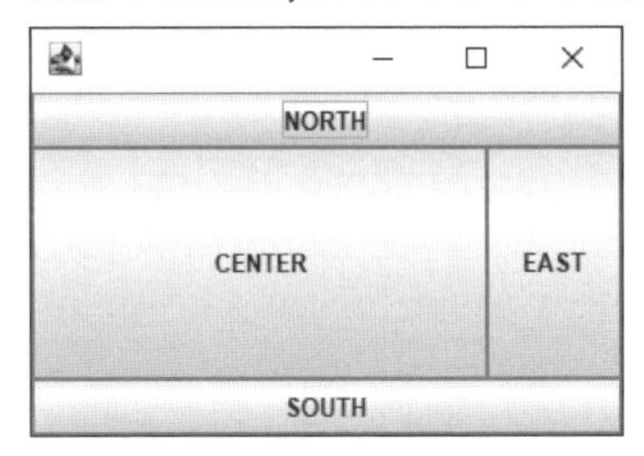

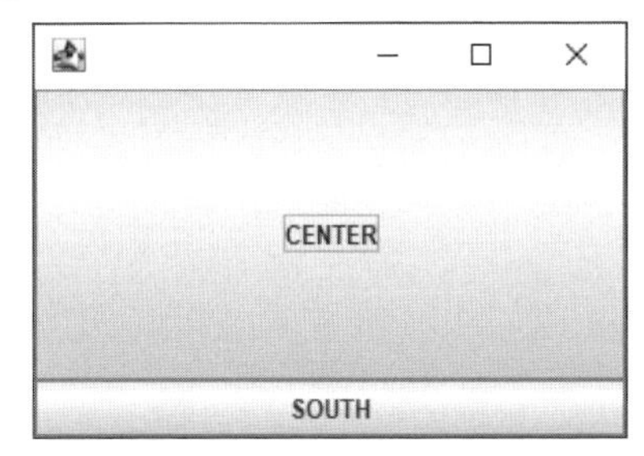

レイアウトマネージャ

KEYWORD

- フローレイアウト
- ボックスレイアウト
- グリッドレイアウト
- `setLayout`メソッド
- レイアウトマネージャ

前項で説明したボーダーレイアウトでは、最大で5つのコンポーネントしか配置できません。レイアウト方法にはボーダーレイアウト以外にも、左上から順番にコンポーネントを配置する**フローレイアウト**（FlowLayout）、縦または横に1列に配置する**ボックスレイアウト**（BoxLayout）、格子状に配置場所を区切る**グリッドレイアウト**（GridLayout）などがあります。

コンポーネントのレイアウト方法をこれらに変更するには、コンテナの**`setLayout`**メソッドで、使用する**レイアウトマネージャ**を変更します。

レイアウトマネージャとは、コンポーネントのレイアウト方法を管理するオブジェクトのことです。レイアウト方法とレイアウトマネージャのクラスは次のように対応しています。

KEYWORD

- `FlowLayout`クラス
- `BoxLayout`クラス
- `GridLayout`クラス

- ボーダーレイアウト → `BorderLayout`クラス
- フローレイアウト → `FlowLayout`クラス
- ボックスレイアウト → `BoxLayout`クラス
- グリッドレイアウト → `GridLayout`クラス

BorderLayoutについては前項で説明したため、ここからは、それ以外のレイアウトマネージャの使い方を説明します。

■フローレイアウト

フローレイアウトでは、コンポーネントが左上から右に向かって順番に配置されます。同じ行に納まらなくなった場合には1つ下の行に移って、左側から配置されます。

フローレイアウトでコンポーネントを配置するには、次のようにコンテナの**setLayout**メソッドで**FlowLayout**オブジェクトを指定します。

```
getContentPane().setLayout(new FlowLayout());
```

FlowLayoutオブジェクトを使ったプログラムコードはList❽-6のようになります。実行結果の画面からは、どのようにコンポーネントが配置されるかを確認できます。

List❽-6　08-06/FlowLayoutExample.java

```
 1: import java.awt.*;
 2: import javax.swing.*;
 3:
 4: public class FlowLayoutExample extends JFrame {
 5:   public static void main(String[] args) {
 6:     new FlowLayoutExample ();
 7:   }
 8:
 9:   FlowLayoutExample () {
10:     setDefaultCloseOperation(JFrame.EXIT_ON_CLOSE);
11:     getContentPane().setLayout(new FlowLayout());
12:     getContentPane().add(new JButton("1 January"));
13:     getContentPane().add(new JButton("2 February"));
14:     getContentPane().add(new JButton("3 March"));
15:     getContentPane().add(new JButton("4 April"));
16:     getContentPane().add(new JButton("5 May"));
17:     getContentPane().add(new JButton("6 June"));
18:
19:     setSize(300, 200);
20:     setVisible(true);
21:   }
22: }
```

コンポーネントのレイアウト方法をフローレイアウトに変更します

実行結果

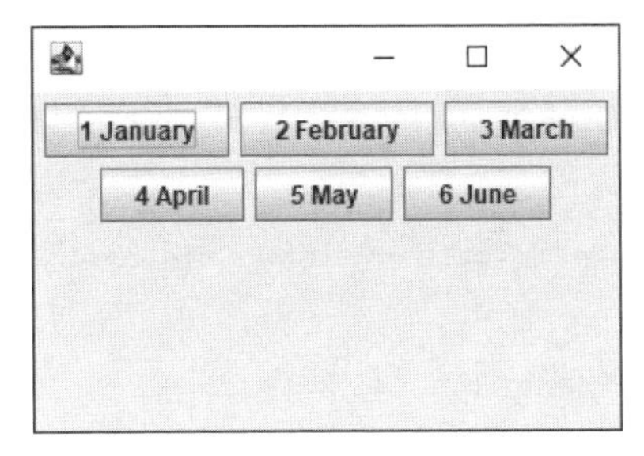

■ボックスレイアウト

ボックスレイアウトは、コンポーネントを縦1列、または横1列に配置するのに使います。ボックスレイアウトでコンポーネントを配置するには、次のように、コンテナの**setLayout**メソッドで**BoxLayout**オブジェクトを渡します。

```
getContentPane().setLayout(
  new BoxLayout(getContentPane(), BoxLayout.Y_AXIS));
```

KEYWORD

- ●BoxLayout.Y_AXIS
- ●BoxLayout.X_AXIS

BoxLayoutクラスのコンストラクタには、使用するコンテナと、コンポーネントを縦と横のどちらに並べるか（縦の場合は**BoxLayout.Y_AXIS**、横の場合は**BoxLayout.X_AXIS**）を指定します。

List❽-6のプログラムコードの11行目で行っているレイアウトマネージャの指定をこの記述に変更すると、**画面❽-5**のようにコンポーネントのレイアウト方法が変わります。

画面❽-5 BoxLayoutの使用例

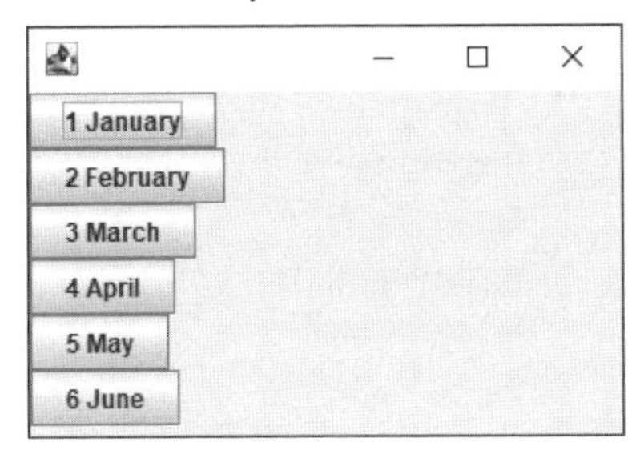

■グリッドレイアウト

グリッドレイアウトでは、コンテナを格子状に区切ったそれぞれの領域に、左上から右に向かって順番にコンポーネントを配置します。同じ行に納まらなくなった場合、次の行に移って左側から配置されます。

List❽-6の11行目を次の記述のように変更すると、コンポーネントが2行3列に分割され、合計で6つのコンポーネントを配置できるようになります。

```
getContentPane().setLayout(new GridLayout(2, 3));
```

実行結果は画面❽-6のようになります。

画面❽-6　2行3列のGridLayoutの使用例

パネルを活用したレイアウト

「パネル」は、コンポーネントをのせることのできるコンポーネントです。コンテナの上にパネルを配置し、その上に別のコンポーネントを配置することで、複雑なレイアウトが可能になります。

KEYWORD
- JPanelクラス

JPanel（ジェイパネル）オブジェクトがパネルを表します。たとえば、3つのボタンをのせたJPanelオブジェクトは、次のようにして作成できます。

```
JPanel panel = new JPanel();
panel.setLayout(new GridLayout(2, 2));
panel.add(new JButton("4 April"));
panel.add(new JButton("5 May"));
panel.add(new JButton("6 June"));
```

- JPanelクラスのインスタンスを生成します
- panelのレイアウトを2行2列のグリッドレイアウトに設定します
- panelにボタンを3つ追加します

こうして作成したパネルは別のパネルにのせたり、コンテナにのせたりできます。次のプログラムコードは、JPanelオブジェクトを使ってコンポーネントを配置する例です（List❽-7）。

List❽-7　08-07/PanelLayoutExample.java

```
 1: import java.awt.*;
 2: import javax.swing.*;
 3: 
 4: public class PanelLayoutExample extends JFrame {
 5:   public static void main(String[] args) {
 6:     new PanelLayoutExample();
 7:   }
 8: 
 9:   PanelLayoutExample() {
10:     setDefaultCloseOperation(JFrame.EXIT_ON_CLOSE);
11:     getContentPane().setLayout(new GridLayout(2, 2));
12:     getContentPane().add(new JButton("1 January"));
13:     getContentPane().add(new JButton("2 February"));
14:     getContentPane().add(new JButton("3 March"));
15: 
16:     JPanel panel = new JPanel();
17:     panel.setLayout(new GridLayout(2, 2));
18:     panel.add(new JButton("4 April"));
19:     panel.add(new JButton("5 May"));
20:     panel.add(new JButton("6 June"));
21: 
22:     getContentPane().add(panel);
23: 
24:     setSize(300, 200);
25:     setVisible(true);
26:   }
27: }
```

ボタンを3つコンテナに追加します（12〜14行目）

コンテナのレイアウトを2行2列のグリッドレイアウトに設定します（11行目）

JPanelクラスのインスタンスpanelを生成します（16行目）

panelのレイアウトを2行2列のグリッドレイアウトに設定します（17行目）

panelにボタンを3つ追加します（18〜20行目）

panelをコンテナに追加します（22行目）

実行結果

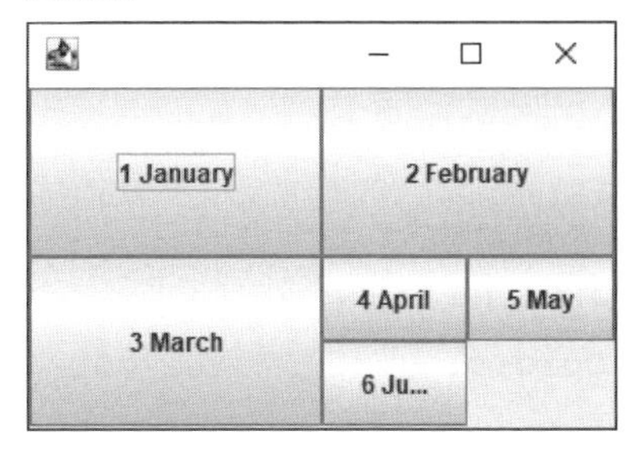

List❽-7によるコンポーネントの配置を模式図で表すと、図❽-3のようになります。

図❽-3 コンポーネントの配置のようす

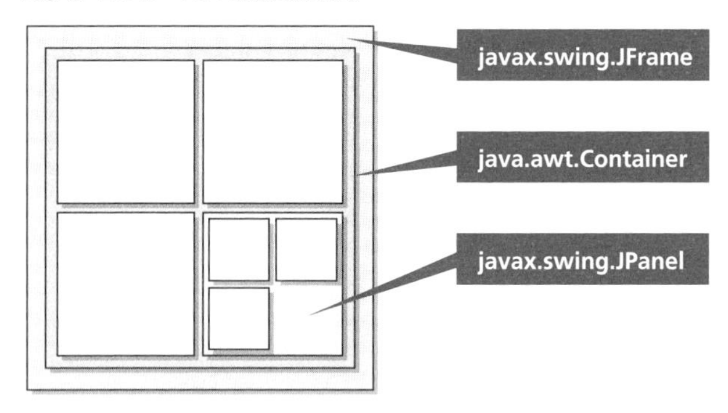

ウィンドウの外枠となる**JFrame**オブジェクトの上に、**JFrame**オブジェクトが標準で持っているコンテナがあり、その上に3つのボタンと、1つのパネルが配置されています。パネルの上には、さらに3つのボタンが配置されています。このように**JPanel**オブジェクトを使うことで、コンポーネントを複雑に配置できます。

これまでに見てきたように、レイアウトマネージャを変更したり、パネルを活用することでコンポーネントの配置方法を指定できます。しかし、各コンポーネントの具体的な縦横の大きさや、配置場所をピクセル数で具体的に指定することは通常行いません。これは、ウィンドウの大きさが変化したときにコンポーネントの大きさや配置も動的に変化させるためです（画面❽-3がそうでした）。実際の大きさや場所は、レイアウトマネージャに管理してもらうのです。

登場した主なキーワード

- **レイアウトマネージャ**：コンポーネントのレイアウト（配置）方法を管理するオブジェクト。**BorderLayout**、**FlowLayout**、**BoxLayout**、**GridLayout**などがあります。

まとめ

- レイアウトマネージャを変更することで、コンポーネントの配置方法を変更できます。
- **BorderLayout**オブジェクトを使うと、上下左右と中央にコンポーネントを配置できます。
- **FlowLayout**オブジェクトを使うと、コンポーネントが左上から右に向かって順番に配置されます。

- **BoxLayout**オブジェクトを使うと、コンポーネントを縦1列、または横1列に配置できます。
- **GridLayout**オブジェクトを使うと、コンテナを格子状に区切ったそれぞれの領域に、左上から右に向かって順番にコンポーネントを配置できます。
- パネル（**JPanel**オブジェクト）は、その上にコンポーネントを配置できるコンポーネントです。

8-3 イベント処理

学習のポイント

- ボタンをクリックするなど、コントロールに対して何らかの操作が行われると「イベント」が発生します。
- イベント処理を行うには、ソースから発生したイベントの通知を受け取るリスナの登録が必要になります。

イベントとは

KEYWORD

- イベント
- イベントオブジェクト
- java.awt.Eventクラス
- イベント処理

ウィンドウ上のボタンがクリックされた、キーボードのキーが押されたなど、アプリケーションに対して何らかの操作が行われたときには、プログラム内に「操作が行われた」という通知が送られます。この通知のことをイベントと呼びます。また、通知のあったことを「イベントが発生した」などといいます。

プログラム実行時に発生する例外を、例外オブジェクト（**java.lang.Exception**オブジェクト）で表したのと同じように、イベントはイベントオブジェクト（**java.awt.Event**オブジェクト）で表されます。

また、イベントが発生したときの処理をイベント処理といいます。イベント処理をプログラムに組み込むことによって、ユーザーの操作に応じて動作するアプリケーション（注❽-4）を作成できます。

注❽-4
「対話的なアプリケーション」ともいいます。

KEYWORD

- ソース
- リスナ

イベント処理を行うには、ソース（source）とリスナ（listener）の存在を理解する必要があります。ソースはイベントを発生するオブジェクトのことです。ボタンをクリックした場合、ボタンがソースとなってイベントが発生します。ソースから発生したイベントの通知を受け取るのがリスナです（図❽-4）。

図❽-4 ソースとリスナの関係

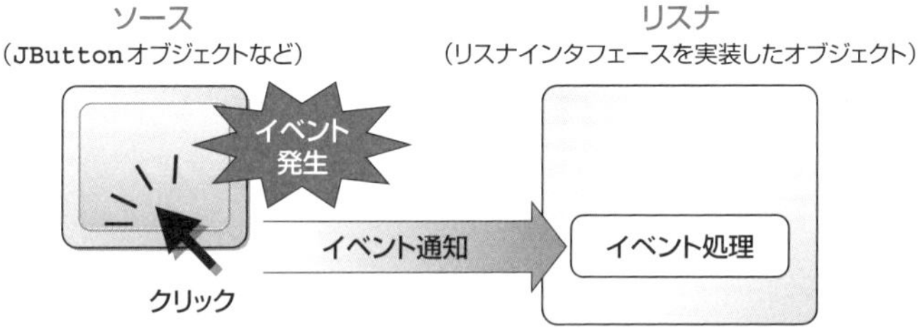

ソース
（JButtonオブジェクトなど）
リスナ
（リスナインタフェースを実装したオブジェクト）
イベント発生
イベント通知
イベント処理
クリック

KEYWORD
●リスナインタフェース

ソースになれるのは、`JButton`などの、`java.awt.Component`クラスのサブクラスに限られます。一方、リスナはイベント通知を受け取るために必要なインタフェース（リスナインタフェース）を実装していれば、どんなクラスでもなることができます。リスナが実装するべきインタフェースは、処理するイベントの種類によって異なります。

イベントの発生と受け取り

イベント処理を行うプログラムを作成するには、「リスナの作成」と「リスナの登録」という2つのステップが必要になります。

KEYWORD
●`ActionListener` インタフェース
●`actionPerformed`メソッド

●ステップ1：リスナを作成する

イベント発生の通知を受け取ることができるクラスを作成します。イベント発生の通知を受け取るには、`ActionListener`（アクションリスナ）インタフェースを実装する必要があります。イベントが発生したときには、このインタフェースで宣言されている`actionPerformed`（アクションパフォームド）メソッドが呼び出されます。`ActionListener`インタフェースの実装ではこの`actionPerformed`メソッドをオーバーライドし、イベントに応じた処理を記述します。

KEYWORD
●リスナ登録
●`addActionListener` メソッド

●ステップ2：ソースにリスナを登録する

イベントが発生したときに、その通知を誰に送るのかをソース（ボタンなど）に登録します。これをリスナ登録（とうろく）といいます。ステップ1で作成したオブジェクトをリスナ登録しておけば、イベントが発生したときに、そのオブジェクトに通知が送られます。たとえばボタンの場合、`JButton`クラスの`addActionListener`（アドアクションリスナ）メソッドでリスナ登録をします（リスナ登録のメソッドはイベントの種類ごとに異なります）。

この手順に従って、ボタンがクリックされたときのイベント処理を行うプログラムコードを作成するとList❽-8のようになります。

List❽-8 08-08/SingleButtonExample.java

```
 1: import javax.swing.*;
 2: import java.awt.event.*;   ← イベント処理に関するクラスが含まれます
 3:
 4: public class SingleButtonExample extends JFrame implements ➡
    ActionListener {
 5:   public static void main(String[] args) {      ActionListener
 6:     new SingleButtonExample();                  インタフェースを
 7:   }                                             実装します
 8:
 9:   SingleButtonExample() {            ボタンオブジェクトを生成します
10:     JButton button = new JButton("ボタン");
11:     button.addActionListener(this);  ← ボタンに対して自分自身
12:     getContentPane().add(button);      をリスナ登録します
13:     setDefaultCloseOperation(JFrame.EXIT_ON_CLOSE);
14:     setSize(200, 100);
15:     setVisible(true);
16:   }                        ActionListenerを実装したら
17:                            必ず定義するメソッドです
18:   public void actionPerformed(ActionEvent ae) {
19:     System.out.println("ボタンが押されました"); ← ボタンが押された
20:   }                                             ときの処理です
21: }
```

➡は紙面の都合で折り返していることを表します。

実行結果

ボタンをクリックすると、コンソールに次のように出力されます。

```
ボタンが押されました
```

SingleButtonExampleクラスは、**ActionListener**インタフェースを実装し、**actionPerformed**メソッドを持っています。つまり、このクラスはボタンがクリックされたときのイベントを受け取ることができます。プログラムコードの11行目、

```
button.addActionListener(this);
```

で、ボタンにリスナ（ここでは**SingleButtonExample**オブジェクト自身）を登録しています。ボタンクリックのイベントが発生したときには、リスナ（自

分自身）に通知が届き、**actionPerformed**メソッドが呼び出されることになります。その**actionPerformed**メソッドの中では、

```
System.out.println("ボタンが押されました");
```

という命令文を記述し、「ボタンが押されました」という文字列がコンソールに出力されるようになっています（図❽-5）。これで、ボタンをクリックするたびに、この文字列が出力されます。

図❽-5 リスナ登録したオブジェクトへイベントが通知される

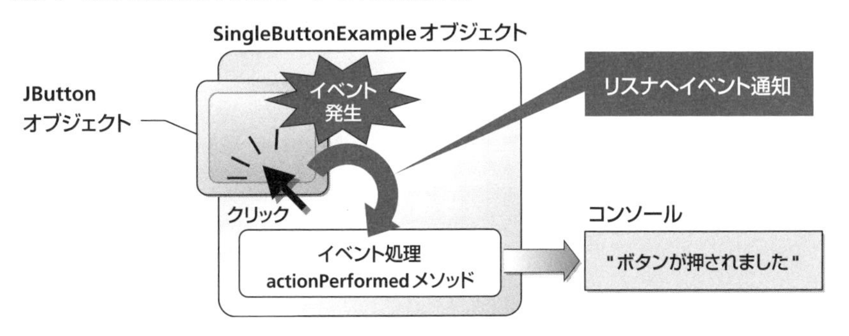

複数のコンポーネントがある場合

「ボタンがクリックされた」というイベントの発生が通知されたとき、ボタンが1つしかなければ、そのボタンからの通知だとわかります。しかし、ボタンが2つ以上あるときには、どのボタンから通知されたかを知るにはどうすればよいでしょう？ どのボタンがクリックされてもイベントは通知されます（図❽-6）。

図❽-6 どちらのボタンがクリックされてもイベントが通知される

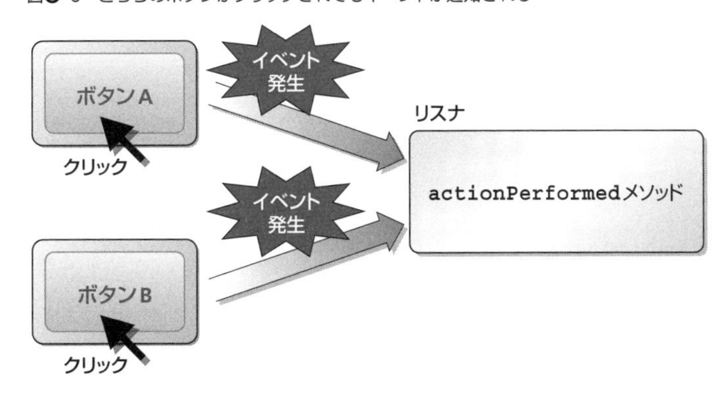

KEYWORD
- ActionEventクラス
- getSourceメソッド

API仕様書で、イベントの通知を受け取るactionPerformedメソッドの説明を見てみると、ActionEvent(アクションイベント)オブジェクトが引数として渡されるとあります。このActionEventオブジェクトには、イベントを発生させたオブジェクトに関する情報が含まれています。ActionEventオブジェクトのgetSource(ゲットソース)メソッドを呼び出すと、イベントを発生させたオブジェクトを取得できます。それがどのボタンのオブジェクトかを調べることで、イベント発生を通知してきたボタンがわかります。

それでは、ウィンドウにボタンを2つ配置し、クリックされたボタンにより処理を切り替えるプログラムを作ってみましょう。プログラムコードはList❽-9のとおりです。

List❽-9 08-09/MultiButtonsExample.java

```
 1: import java.awt.*;
 2: import javax.swing.*;
 3: import java.awt.event.*;
 4:
 5: public class MultiButtonsExample extends JFrame implements ➡
    ActionListener {
 6:   public static void main(String[] args) {
 7:     new MultiButtonsExample();
 8:   }
 9:
10:   JButton button1;
11:   JButton button2;
12:
13:   MultiButtonsExample() {
14:     button1 = new JButton("ボタン1");
15:     button1.addActionListener(this);
16:     getContentPane().add(BorderLayout.WEST, button1);
17:
18:     button2 = new JButton("ボタン2");
19:     button2.addActionListener(this);
20:     getContentPane().add(BorderLayout.EAST, button2);
21:
22:     setDefaultCloseOperation(JFrame.EXIT_ON_CLOSE);
23:     setSize(200, 100);
24:     setVisible(true);
25:   }
26:
27:   public void actionPerformed(ActionEvent ae) {
28:     if (ae.getSource() == button1) {
29:       System.out.println("ボタン1が押されました");
30:     } else if (ae.getSource() == button2) {
31:       System.out.println("ボタン2が押されました");
32:     }
33:   }
34: }
```

- 5行目: ActionListenerインタフェースを実装します
- 10〜11行目: actionPerformedメソッドの中で参照できるように、コンストラクタの中ではなくフィールドで宣言します
- 14〜15行目: ボタンを作成し、リスナを登録します
- 18〜19行目: ボタンを作成し、リスナを登録します
- 28・30行目: イベントソースとボタンオブジェクトを比較します

➡は紙面の都合で折り返していることを表します。

実行結果

［ボタン1］と［ボタン2］を順番にクリックすると、次のようにコンソールに出力されます。

```
ボタン1が押されました
ボタン2が押されました
```

28～32行目では、`ActionEvent`オブジェクトの`getSource`メソッドを呼び出してイベントのソースとなっているオブジェクトを取得し、それがどちらのボタンか（`button1`か`button2`か）を調べて処理を切り替えています。

登場した主なキーワード

- **イベント**：ボタンがクリックされたり、キーボードのキーが押されるなど、アプリケーションに対して何かの操作が行われること。
- **ソースとリスナ**：ソースは、イベントの発生源（たとえばボタン）のオブジェクト。リスナは、そのイベントを受け取るオブジェクト。
- **リスナ登録**：イベントが発生したときに、その通知を受け取るオブジェクトをソースに登録すること。

まとめ

- ボタンが押されたときには、イベントが発生します。
- イベントの通知を受け取るオブジェクトをリスナといいます。
- あるオブジェクトがリスナになるには、イベントの通知を受け取るためのインタフェース（リスナインタフェース）を実装している必要があります。
- ソースにリスナ登録されたオブジェクトへイベントの発生が通知されます。

8-4 さまざまなコンポーネント

学習のポイント

- Swingライブラリには、ボタンのほかにもさまざまなコンポーネントがあります。
- これらのコンポーネントにどのような種類があるか、そしてそれらをどのように使用するか学習します。

Swingのコンポーネントには、ボタンだけでなくラジオボタンやチェックボックス、リストなどさまざまなものがあります。画面❽-7に挙げたのは本章で取り上げているもので、これら以外にも多数のコンポーネントがあります。

画面❽-7 Swingで使用できるさまざまなコンポーネント

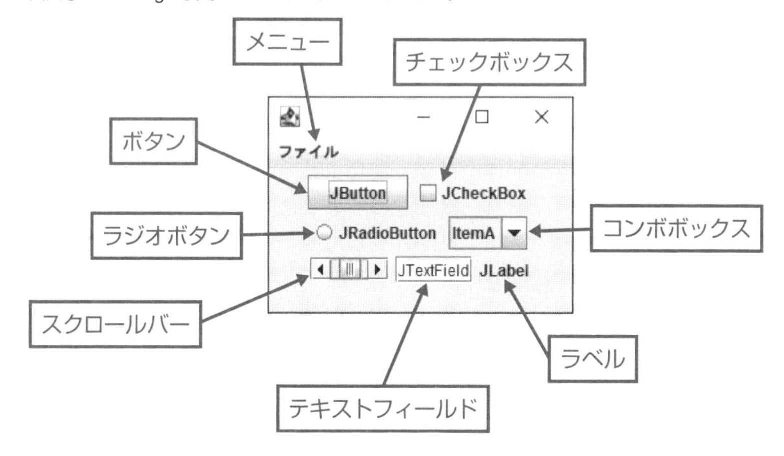

以降では、各コンポーネントを使用するプログラムの例を紹介します。

チェックボックス（JCheckBox）

KEYWORD
●JCheckBoxクラス

JCheckBox（ジェイチェックボックス）クラスはチェックボックスのためのクラスで、クリックによってオン／オフの切り替えを行えます（画面❽-8）。

画面❽-8　チェックボックス

KEYWORD

● isSelectedメソッド

isSelected（イズセレクテッド）メソッドの戻り値でオン（true）とオフ（false）の状態を取得できます。次のプログラムコードは、[OK] ボタンが押されたときにチェックボックスがオン／オフのどちらであるかをコンソールに出力します（List❽-10）。

List❽-10　08-10/CheckBoxExample.java

```
 1: import java.awt.event.*;
 2: import javax.swing.*;
 3: import java.awt.*;
 4:
 5: public class CheckBoxExample extends JFrame implements ➡
    ActionListener {
 6:
 7:   public static void main(String[] args) {
 8:     new CheckBoxExample();
 9:   }
10:
11:   JCheckBox checkBox;   ← actionPerformedメソッドで参照できるようにフィールドで宣言します
12:
13:   CheckBoxExample() {
14:     getContentPane().setLayout(new FlowLayout());
15:     JButton button = new JButton("OK");
16:     button.addActionListener(this);
17:     checkBox = new JCheckBox("チェックボックス");
18:     getContentPane().add(checkBox);
19:     getContentPane().add(button);
20:     setDefaultCloseOperation(JFrame.EXIT_ON_CLOSE);
21:     setSize(250, 80);
22:     setVisible(true);
23:   }                                   [OK]ボタンが押されたときに呼び出されます
24:
25:   public void actionPerformed(ActionEvent e) {  ←
26:     if (checkBox.isSelected()) {  ← チェックボックスの状態を調べます
27:       System.out.println("チェックボックスはONです");
28:     } else {
29:       System.out.println("チェックボックスはOFFです");
30:     }
31:   }
32: }
```

実行結果（マウスでチェックボックスにチェックを入れて [OK] ボタンをクリックしたとき）

```
チェックボックスはONです
```

ラジオボタン（JRadioButton）

KEYWORD
- JRadioButtonクラス
- ButtonGroupクラス
- addメソッド

JRadioButton（ジェイラジオボタン）クラスは、複数の選択肢の中から1つを選ぶラジオボタンのためのクラスです。ButtonGroup（ボタングループ）クラスのadd（アド）メソッドを使って、複数のJRadioButtonオブジェクトを1つのグループにまとめます。これにより、このグループの中で1つだけ選択できるようになります（画面❽-9）。

画面❽-9 ラジオボタン

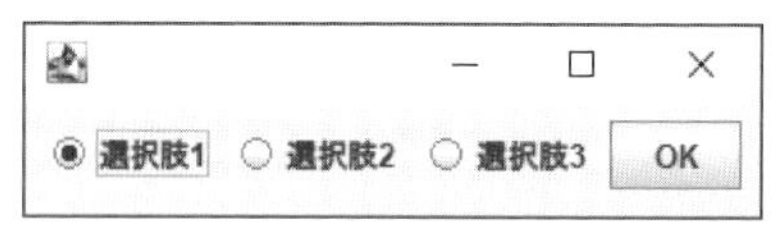

KEYWORD
- isSelectedメソッド

それぞれのJRadioButtonオブジェクトのisSelected（イズセレクテッド）メソッドの戻り値で、選択状態にあるか確認できます。選択されていれば戻り値はtrue、そうでなければfalseです。次のプログラムコードは、［OK］ボタンが押されたときに選択されているラジオボタンを調べてコンソールに出力します（List❽-11）。

List❽-11 08-11/RadioButtonExample.java

```
 1: import java.awt.event.*;
 2: import javax.swing.*;
 3: import java.awt.*;
 4:
 5: public class RadioButtonExample extends JFrame implements ➡
    ActionListener {
 6:
 7:   public static void main(String[] args) {
 8:     new RadioButtonExample();
 9:   }
10:
11:   JRadioButton rb1 = new JRadioButton("選択肢1", true);
12:   JRadioButton rb2 = new JRadioButton("選択肢2");
13:   JRadioButton rb3 = new JRadioButton("選択肢3");
14:
15:   RadioButtonExample() {
16:     getContentPane().setLayout(new FlowLayout());
17:     JButton button = new JButton("OK");
18:     button.addActionListener(this);
19:     ButtonGroup bg = new ButtonGroup();
20:     bg.add(rb1);
21:     bg.add(rb2);
22:     bg.add(rb3);
23:     getContentPane().add(rb1);
24:     getContentPane().add(rb2);
25:     getContentPane().add(rb3);
26:     getContentPane().add(button);
27:     setDefaultCloseOperation(JFrame.EXIT_ON_CLOSE);
28:     setSize(300, 80);
```

（注：11行目「最初から選択された状態になります」／11〜13行目「3つのJRadioButtonオブジェクトを生成します。このようにフィールドの宣言でオブジェクトを生成することもできます」／16行目「レイアウト方法をFlowLayoutにします」／19行目「ボタングループを作成します」／20〜22行目「3つのラジオボタンを同じグループに登録します」／23〜25行目「3つのラジオボタンをコンテナに追加します」）

```
29:      setVisible(true);
30:    }
31:
32:    public void actionPerformed(ActionEvent e) {
33:      if (rb1.isSelected()) {
34:        System.out.println("[選択肢1]が選択されています");
35:      }
36:      if (rb2.isSelected()) {
37:        System.out.println("[選択肢2]が選択されています");
38:      }
39:      if (rb3.isSelected()) {
40:        System.out.println("[選択肢3]が選択されています");
41:      }
42:    }
43: }
```

[OK]ボタンが押されたときに呼び出されます

ラジオボタンの状態を調べます

➡は紙面の都合で折り返していることを表します。

実行結果（[選択肢2] を選んで [OK] ボタンをクリックしたとき）

```
[選択肢2]が選択されています
```

コンボボックス（JComboBox）

KEYWORD

● JComboBox クラス

JComboBox（ジェイコンボボックス）クラスはコンボボックスのためのクラスです。プルダウン形式のリストから、1つの項目を選択できます（画面❽-10）。

画面❽-10　コンボボックス

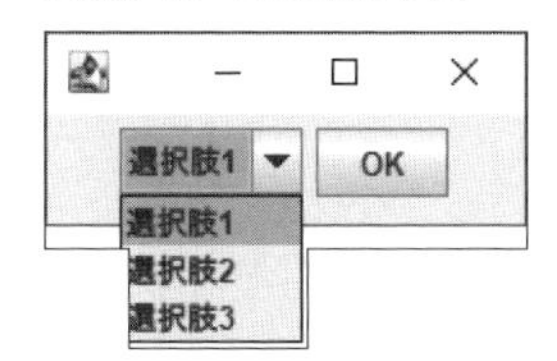

KEYWORD

● addItem メソッド

● getSelectedItem メソッド

addItem（アドアイテム）メソッドで項目を追加し、getSelectedItem（ゲットセレクテッドアイテム）メソッドで、現時点で選択されている項目を取得できます。次のプログラムコードは、[OK] ボタンが押されたときに、コンボボックスで選択されている項目をコンソールに出力します（List❽-12）。

List❽-12　08-12/ComboBoxExample.java

```
1: import java.awt.event.*;
2: import javax.swing.*;
3: import java.awt.*;
4:
5: public class ComboBoxExample extends JFrame implements ➡
   ActionListener {
```

```
 6:
 7:   public static void main(String[] args) {
 8:     new ComboBoxExample();
 9:   }
10:
11:   JComboBox<String> comboBox = new JComboBox<String>();
12:
13:   ComboBoxExample() {
14:     JButton button = new JButton("OK");
15:     button.addActionListener(this);
16:     getContentPane().setLayout(new FlowLayout());
17:     comboBox.addItem("選択肢1");
18:     comboBox.addItem("選択肢2");
19:     comboBox.addItem("選択肢3");
20:     getContentPane().add(comboBox);
21:     getContentPane().add(button);
22:     setDefaultCloseOperation(JFrame.EXIT_ON_CLOSE);
23:     setSize(200, 80);
24:     setVisible(true);
25:   }
26:
27:   public void actionPerformed(ActionEvent e) {
28:     System.out.println(comboBox.getSelectedItem() + "➡
      が選択されています");
29:   }
30: }
```

Stringオブジェクトのリストを持つJComboBoxオブジェクトを生成します

現在選択されている項目を取得します

➡は紙面の都合で折り返していることを表します。

実行結果（[選択肢2] を選んで [OK] ボタンをクリックしたとき）

```
選択肢2が選択されています
```

ラベル（JLabel）とスクロールバー（JScrollBar）

KEYWORD
- JLabelクラス
- setTextメソッド
- JScrollBarクラス

JLabel（ジェイラベル）クラスは文字列を表示するだけの単純なクラスです。コンストラクタの引数で表示する文字列を指定できるほか、setText（セットテキスト）メソッドで後から文字列を変更できます。一方、JScrollBar（ジェイスクロールバー）クラスは、マウスドラッグで値を指定できるスクロールバーとなるクラスです（画面❽-11）。

画面❽-11　スクロールバーとラベル

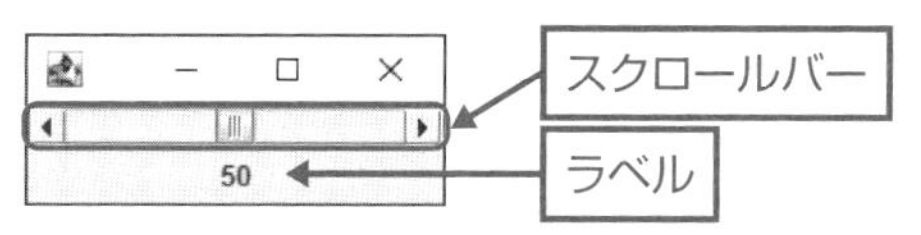

JScrollBarクラスのコンストラクタは少し複雑で、次のように値を指定します。

```
JScrollBar(JScrollBar.HORIZONTAL, 50, 5, 0, 105)
```

KEYWORD
- JScrollBar.HORIZONTAL
- JScrollBar.VERTICAL
- getValueメソッド

注❽-5
実際にスクロールバーで設定できる値は引数で指定した「最大値 − バーの長さ」になります。

KEYWORD
- addAdjustmentListenerメソッド
- AdjustmentListenerインタフェース
- adjustmentValueChangedメソッド

最初の引数で、横置き（JScrollBar.HORIZONTAL）か縦置き（JScrollBar.VERTICAL）かを指定します。2～5番目の引数で「初期値」「バーの長さ」「最小値」「最大値」をそれぞれ指定します（注❽-5）。現在のスクロールバーの値はgetValueメソッドで取得できます。

「スクロールバーがマウスドラッグされるのと同時にラベルの表示を変更する」など、スクロールバーの値が変更されたときのイベント処理を行うには、JScrollBarオブジェクトのaddAdjustmentListenerメソッドで、AdjustmentListenerインタフェースを実装したクラスをリスナとして登録する必要があります。これによって、値が変化したときにadjustmentValueChangedメソッドが呼び出されます。

次のプログラムコードでは、スクロールバーの値がラベルに表示されます（List❽-13）。スクロールバーを動かすと、それに合わせて表示されている値が変化します。

List❽-13　08-13/ScrollBarExample.java

```
 1: import java.awt.event.*;
 2: import javax.swing.*;
 3: import java.awt.*;
 4:
 5: public class ScrollBarExample extends JFrame implements ➡
    AdjustmentListener {
 6:
 7:   public static void main(String[] args) {
 8:     new ScrollBarExample();
 9:   }
10:
11:   JScrollBar scrollBar = new JScrollBar(JScrollBar.➡
      HORIZONTAL, 50, 5, 0, 105);
12:   JLabel label = new JLabel("50", JLabel.CENTER);
13:
14:   ScrollBarExample() {
15:     scrollBar.addAdjustmentListener(this);
16:     getContentPane().add(BorderLayout.NORTH, scrollBar);
17:     getContentPane().add(BorderLayout.CENTER, label);
18:     setDefaultCloseOperation(JFrame.EXIT_ON_CLOSE);
19:     setSize(200, 80);
20:     setVisible(true);
21:   }
22:
23:   public void adjustmentValueChanged(AdjustmentEvent e) {
24:     JScrollBar sb = (JScrollBar)e.getSource();
```

- 5行目：JScrollBarオブジェクトの値が変更されたイベントを受け取るために、AdjustmentListenerインタフェースを実装します
- 11行目：JScrollBarオブジェクトを生成します
- 12行目：JLabelオブジェクトを生成します。2番目の引数で、文字列を中央に表示することを指示します
- 15行目：JScrollBarオブジェクトにリスナ登録をします
- 23行目：スクロールバーの値が変更されると呼び出されます

```
25:     label.setText("" + sb.getValue()); ←
26:   }
27: }
```

JScrollBarオブジェクトの値をラベルに表示する文字列に設定します

➡は紙面の都合で折り返していることを表します。

テキストフィールド (JTextField)

KEYWORD
- JTextFieldクラス

JTextField（ジェイテキストフィールド）クラスは1行の文字列を入力するためのクラスです（画面❽-12）。

画面❽-12 テキストフィールド

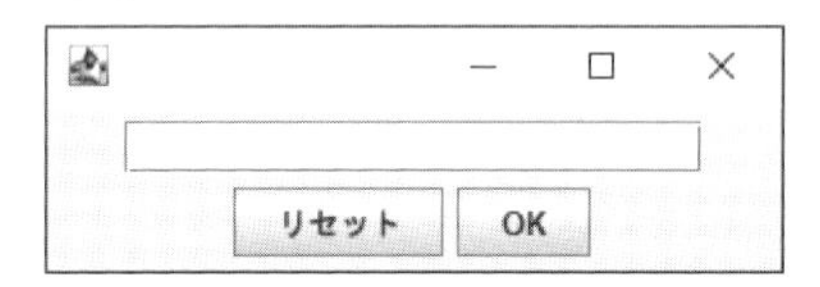

KEYWORD
- getTextメソッド
- setTextメソッド

コンストラクタで表示する文字数を指定し、getText（ゲットテキスト）メソッドで文字列を取得できます。また、setText（セットテキスト）メソッドで文字列を変更できます。

次のプログラムコードでは、［リセット］ボタンを押すとテキストフィールドの文字列が削除され、［OK］ボタンを押すとテキストフィールドの文字列を取得してコンソールに表示します（List❽-14）。

List❽-14 08-14/TextFieldExample.java

```
 1: import java.awt.event.*;
 2: import javax.swing.*;
 3: import java.awt.*;
 4:
 5: public class TextFieldExample extends JFrame implements ➡
    ActionListener {
 6:
 7:   public static void main(String[] args) {
 8:     new TextFieldExample();
 9:   }
10:
11:   JTextField textField = new JTextField(20);
12:   JButton clearButton = new JButton("リセット");
13:   JButton OKButton = new JButton("OK");
14:
15:   TextFieldExample() {
16:     getContentPane().setLayout(new FlowLayout());
17:     getContentPane().add(textField);
18:     getContentPane().add(clearButton);
19:     getContentPane().add(OKButton);
20:     clearButton.addActionListener(this);
21:     OKButton.addActionListener(this);
22:     setDefaultCloseOperation(JFrame.EXIT_ON_CLOSE);
```

20文字分の表示領域を持つJTextFieldオブジェクトを生成します

2つのボタンに対してリスナを登録します

```
23:     setSize(300, 100);
24:     setVisible(true);
25:   }
26:
27:   public void actionPerformed(ActionEvent e) {
28:     if (e.getSource() == clearButton) {
29:       textField.setText("");
30:     } else if(e.getSource() == OKButton) {
31:       System.out.println("値は[" + textField.getText() ➡
          + "]です");
32:     }
33:   }
34: }
```

イベントが発生したボタンに応じて処理を切り替えます

テキストフィールドの文字列を空にします

テキストフィールドの文字列を取得します

➡は紙面の都合で折り返していることを表します。

メニュー（JMenuItem・JMenu・JMenuBar）

KEYWORD
- JMenuItemクラス
- JMenuクラス
- JMenuBarクラス

メニューは多くのアプリケーションに備わっているGUI部品ですが、単純なメニューであっても**JMenuItem**（メニューアイテム）、**JMenu**（メニュー）、**JMenuBar**（メニューバー）という3つの部品から構成されます。

画面❽-13はメニューを表示したところです。［開く］［終了］といった1つ1つの項目が**JMenuItem**で、マウスでクリックしたときに、何か処理を行うために使用します。**JMenu**は［ファイル］メニューのように、**JMenuItem**をひとまとめにしたグループを扱います。

画面❽-13　メニュー

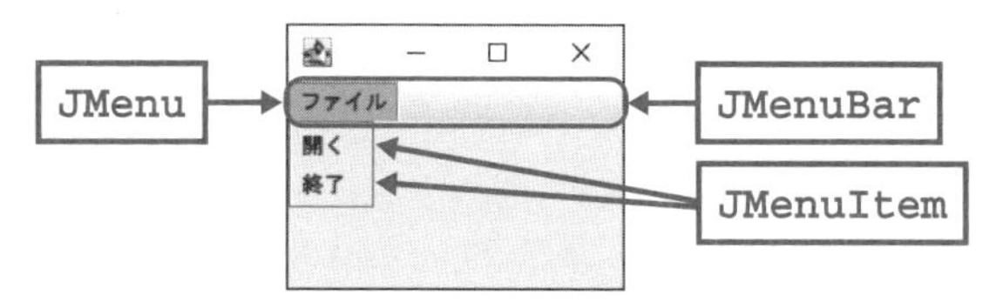

JMenuBarは、メニューを管理するためのものです。普段見かけるアプリケーションでは［ファイル］［表示］［編集］［ヘルプ］などの名前のメニューがウィンドウ上部に並んでいますが、**JMenuBar**はこれらが配置される領域を管理します。

KEYWORD
- addメソッド
- setJMenuBarメソッド

これらは階層構造となっていて、**JMenuBar**に**JMenu**をのせ、**JMenu**に**JMenuItem**をのせます。のせるときには、それぞれ**JMenuBar**と**JMenu**の**add**メソッドを使用します。最後に、**JFrame**クラスの**setJMenuBar**メソッドを使用して、**JMenuBar**を**JFrame**（フレーム）にのせます。

KEYWORD

● addActionListener メソッド

JMenuItemに表示する文字列は、ボタンと同じようにオブジェクトを生成するときの引数で指定できます。また、マウスでクリックしたときの処理は、**addActionListener**(アドアクションリスナ)メソッドでリスナ登録します。

次のプログラムコードでは、[開く] メニューを選択すると「[開く] が選択されました」とコンソールに出力し、[終了] ボタンを選択すると**System.exit(0)**という命令によってプログラムを終了します (List❽-15)。

List❽-15 08-15/MenuExample.java

```
 1: import java.awt.event.*;
 2: import javax.swing.*;
 3:
 4: public class MenuExample extends JFrame implements ➡
    ActionListener {
 5:
 6:   public static void main(String[] args) {
 7:     new MenuExample();
 8:   }
 9:
10:   JMenuBar menuBar = new JMenuBar();
11:   JMenu menuFile = new JMenu("ファイル");
12:   JMenuItem menuOpen = new JMenuItem("開く");
13:   JMenuItem menuExit = new JMenuItem("終了");
14:
15:   MenuExample() {
16:     menuFile.add(menuOpen);
17:     menuFile.add(menuExit);
18:     menuBar.add(menuFile);
19:     setJMenuBar(menuBar);
20:     menuOpen.addActionListener(this);
21:     menuExit.addActionListener(this);
22:     setDefaultCloseOperation(JFrame.EXIT_ON_CLOSE);
23:     setSize(200, 150);
24:     setVisible(true);
25:   }
26:
27:   public void actionPerformed(ActionEvent e) {
28:     if (e.getSource() == menuOpen) {
29:       System.out.println("[開く]が選択されました");
30:     } else if (e.getSource() == menuExit) {
31:       System.exit(0);
32:     }
33:   }
34: }
```

(10〜13行目) メニューを構築するためのオブジェクトを生成します

(16〜18行目) メニューの階層構造を構築します

(19行目) JMenuBarオブジェクトをフレームに追加します

(20〜21行目) メニューアイテムがクリックされたときのリスナを登録します

(28・30行目) イベントを発生したメニューに応じて処理を切り替えます

(31行目) プログラムを終了します

➡は紙面の都合で折り返していることを表します。

そのほかのSwingコンポーネント

本章では、Swingライブラリの主だったコンポーネントを紹介しましたが、ほかにも数多くのコンポーネントがあります。それらの基本的な扱いはここまでに説明してきたコンポーネントとおおむね同じで、以下の手順で行うことになります。

1. コンポーネントオブジェクトを生成する
2. コンポーネントをフレームの上に配置する
3. 必要に応じて、コンポーネントにイベントのリスナ登録を行う
4. リスナ登録したクラスに、イベントが発生したときの処理を記述する

イベント処理のために使用するインタフェースや、リスナ登録するためのメソッドはコンポーネントによって異なるので、必要に応じてAPI仕様書を調べるようにしましょう。

まとめ

- Swingライブラリには、さまざまなGUIコンポーネントがあり、それらをフレーム上に配置して使用できます。
- コンポーネントに対してユーザーが行った操作に応じて処理を行うには、コンポーネントにリスナ登録をする必要があります。
- 各コンポーネントの詳しい使用方法は、`javax.swing`パッケージのAPI仕様書を見て調べましょう。

練習問題

8.1 次の文章の空欄に入れるべき語句を、選択肢から選び記号で答えてください。

- GUIアプリケーションの外観を構成する各種コンポーネントのうち、ウィンドウとなるものを (1) と呼ぶ。
- コンポーネントを配置することができるコンポーネントのことを特に (2) と呼ぶ。
- コンポーネントのレイアウト方法を決定する (3) には複数の種類があり、`JFrame`では上下左右と中央にコンポーネントを配置する (4) が初期状態で使用される。
- 左から右に向かって順番にコンポーネントを配置し、横に納まらなくなったら改行して、再び左から右に向かってコンポーネントを配置する方法を (5) と呼ぶ。
- ボタンがクリックされたときには、イベントが発生する。このイベントの通知を受け取るクラスを (6) と呼び、 (6) はイベントの通知を受け取るためのインタフェースを実装している必要がある。
- ボタンがクリックされたときのイベントを受け取るには (7) インタフェースを実装する。
- インタフェースを実装したクラスを、コンポーネントに (8) することで、コンポーネントからのイベント通知を受け取れるようになる。

【選択肢】
(a) ActionListener　(b) MouseListener　(c) レイアウトマネージャ
(d) コンテナ　(e) リスナ登録　(f) フレーム　(g) ボーダーレイアウト
(h) フローレイアウト　(i) グリッドレイアウト　(j) リスナ

8.2 203ページのList❽-10 (CheckBoxExample.java) は、ボタンがクリックされたときにチェックボックスの状態が出力されるプログラムでした。これを、チェックボックスがクリックされたときにも、チェックボックスの状態が出力されるように変更してください。

【ヒント】チェックボックスがクリックされたときには、`JButton`クラスと同じように`addActionListener`メソッドでリスナ登録されたオブジェクトにイベントが通知されます。

第9章 グラフィックスとマウスイベント

描画処理
マウスイベント処理

Java

この章のテーマ

Java実行環境には、直線や円、長方形などの図形を画面に描画するためのクラスライブラリがあります。本章では、このライブラリのクラスを使ってグラフィック描画を行う方法を学習します。また、マウスをクリックした場所（画面上の座標）を取得し、それに応じた処理を行う方法も学習します。これらを組み合わせることで、簡単なお絵かき用のアプリケーションを作ることができます。

9-1　描画処理

- JPanelクラスの拡張
- 座標系
- 直線の描画
- 色の指定
- さまざまな描画メソッド
- 幾何学模様の描画

9-2　マウスイベント処理

- マウスイベント
- マウスイベント処理を使ったお絵かきツール

9-1 描画処理

学習のポイント

- JPanelクラスのpaintComponentメソッドをオーバーライドして、その中にグラフィック描画の命令を記述します。
- Graphicsオブジェクトが持っているさまざまなメソッドを使ってグラフィック描画を行えます。

JPanelクラスの拡張

前章では、さまざまなコンポーネントをフレームに配置する方法を学習しましたが、本章ではウィンドウ上に、直線や円、四角形などの図形を描画するアプリケーションを作成する方法を学習します。各種の図形を画面に描画するためのクラスは、主にjava.awtパッケージに入っています。

Swingで図形を画面に表示する場合、「コンポーネントの上に図形を描画し、次にそのコンポーネントをこれまでに学習した方法でフレームにのせる」という手順を踏みます。ボタンやチェックボックス、パネルなどのコンポーネントが画面に表示されるときには、どれもpaintComponent（ペイントコンポーネント）メソッドが実行されるので、このメソッドをオーバーライドして独自の描画命令を記述することにより、好きな図形をコンポーネントの上に描画できます。

KEYWORD
- paintComponentメソッド

単に図形を描画するだけであれば、パネル（JPanelクラス）に描くのが一般的です。そこで、JPanelクラスを継承したクラスを新しく作成し、paintComponentメソッドをオーバーライドして図形を描画する命令を記述します。List❾-1は、その方法で作成したプログラムコードです。

List❾-1 09-01/MyPanel.java

```
1: import java.awt.*;
2: import javax.swing.*;
3:
4: public class MyPanel extends JPanel {
5:   public void paintComponent(Graphics g) {
6:     g.fillRect(50, 30, 150, 100);
7:   }
8: }
```

（4行目：JPanelクラスを継承します）
（5行目：描画が必要なときに自動的に呼び出されるメソッドです）
（6行目：長方形を描画します）

MyPanelクラスでは**paintComponent**メソッドを、次の描画命令でオーバーライドしています。

```
g.fillRect(50, 30, 150, 100);
```

KEYWORD
- **Graphics**クラス
- **fillRect**メソッド

変数**g**に代入されているのは、引数で渡された**Graphics**（グラフィックス）オブジェクトです。Swingで直線や円、長方形といった図形の描画を行うには、**paintComponent**メソッドに引数として渡されてくる**Graphics**オブジェクトを使います。ここでは**Graphics**クラスの**fillRect**（フィルレクト）メソッドを呼び出し、パネル（**MyPanel**オブジェクト）の中で(50, 30)の座標で表される場所に幅が150ピクセル、高さが100ピクセルの大きさの長方形を描画します。

次に、前章でフレームにボタンなどのコンポーネントを配置したのと同じ要領で、List❾-1で定義したパネル（**MyPanel**オブジェクト）をフレームに配置しましょう（List❾-2）。

List❾-2 09-01/GraphicsExample.java

```
 1: import javax.swing.*;
 2:
 3: public class GraphicsExample extends JFrame {
 4:   public static void main(String[] args) {
 5:       new GraphicsExample();
 6:   }
 7:
 8:   GraphicsExample() {
 9:     setDefaultCloseOperation(JFrame.EXIT_ON_CLOSE);
10:     getContentPane().add(new MyPanel()); ← MyPanelオブジェクトを配置します
11:     setSize(300, 200);
12:     setVisible(true);
13:   }
14: }
```

実行結果

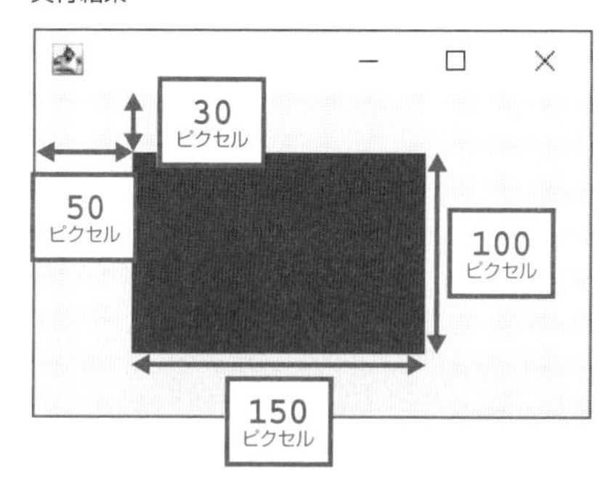

実行結果からは、フレームにMyPanelオブジェクトが配置され、paintComponentメソッドにより長方形が描画されていることを確認できます。

なお、長方形を描画するfillRectメソッド以外にも、直線を描画するメソッドや描画色を設定するメソッドなど、Graphicsクラスには図形を描画するためのメソッドが数多く準備されています。これらを使ってコンポーネント上にさまざまな図形を書くことができます。

座標系

Graphicsオブジェクトの座標系は、原点(0, 0)がコンポーネントの左上隅で、x座標軸は画面の右方向、y座標軸は画面の下方向です（図❾-1）。座標値の単位はピクセル数です。この座標系を使って点や図形の位置を指定し、ピクセル数で大きさを指定したりします。

図❾-1　Graphicsオブジェクトの座標系

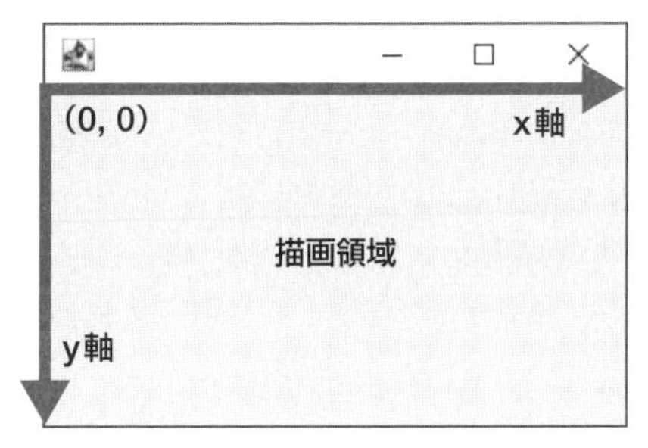

右下隅の座標値は、描画を行うコンポーネントのサイズによって決まります。コンポーネントのサイズはgetSize（ゲットサイズ）メソッドで取得できるので、描画領域のサイズに応じて描画する図形のサイズを変更することもできます（この方法についてはすぐ後で説明します）。

KEYWORD
●getSizeメソッド

直線の描画

KEYWORD
●drawLineメソッド

GraphicsクラスのdrawLine（ドローライン）メソッドで直線を描画できます。drawLineメソッドでは、直線の始点と終点の座標を次のように4つの引数で指定します。

```
drawLine(始点のx座標, 始点のy座標, 終点のx座標, 終点のy座標);
```

MyPanelクラスのpaintComponentメソッドを次のようにすると、画面❾-1のように描画領域の対角線を描くことができます。

```
public void paintComponent(Graphics g) {
  Dimension d = getSize(); ←コンポーネントのサイズを取得します
  g.drawLine(0, 0, d.width, d.height);
  g.drawLine(0, d.height, d.width, 0);
}
```

画面❾-1 drawLineメソッドを使った直線の描画

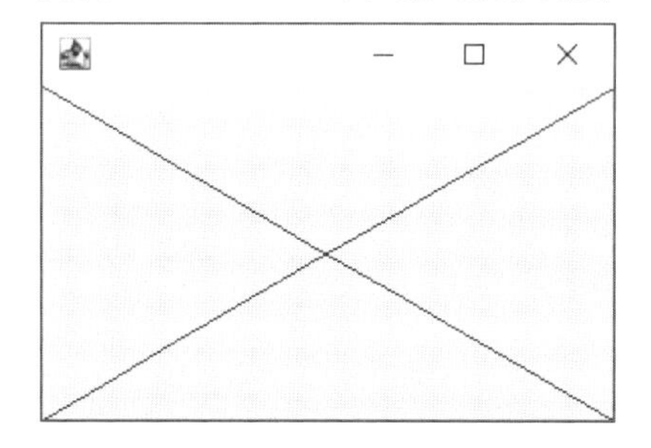

この例では、getSizeメソッドでパネル（MyPanelオブジェクト）の大きさを取得し、Dimension（ディメンション）型の変数に代入しています。Dimensionはコンポーネントのサイズを扱うクラスで、このオブジェクトのインスタンス変数widthとheightの値を参照することで、コンポーネントの幅（横）と高さ（縦）がわかります。

KEYWORD
●Dimensionクラス

色の指定

Graphicsオブジェクトは、初期状態で描画色が黒に設定されています。描画色を変更するにはsetColor（セットカラー）メソッドを使用します。setColorメソッドには、引数として色を表すColor（カラー）オブジェクトを渡します。Colorクラスには、表❾-1のように特定の色を表すColorオブジェクトがあらかじめ定義されていて、setColorメソッドにこれを渡すことができます。

KEYWORD
●setColorメソッド
●Colorクラス

表❾-1 Colorクラスに定義されている色

色	色を表すColorオブジェクト
白	Color.WHITE
薄い灰色	Color.LIGHT_GRAY
灰色	Color.GRAY
濃い灰色	Color.DARK_GRAY
黒	Color.BLACK
赤	Color.RED
ピンク	Color.PINK
オレンジ	Color.ORANGE
黄	Color.YELLOW
緑	Color.GREEN
シアン	Color.CYAN
青	Color.BLUE
マゼンタ	Color.MAGENTA

たとえば、描画色を赤にするには次のように書きます。

```
g.setColor(Color.RED);
```

この命令文より後に実行される描画処理は、赤色で行われます。表❾-1に含まれない色の**Color**オブジェクトは、光の3原色（赤、緑、青）を表す数値を引数としてコンストラクタに渡して生成します。生成した**Color**オブジェクトは、次のようにして**setColor**メソッドに渡すことができます。

```
g.setColor(new Color(255, 128, 128));
```

Colorクラスのコンストラクタの引数は、先頭から赤、緑、青を表す数値で、それぞれ**0**～**255**で各色の混合割合を指定します。たとえば、赤、緑、青の値がすべて0だと、まったく色の要素がない黒色になります。すべて**255**だと、3色が混ざって白色になります。

次の**paintComponent**メソッドは、赤色の正方形と水色の正方形を描画します。4行目で**Color**クラスのコンストラクタに渡している赤、緑、青の数値をいろいろ変えてみると、色の指定の仕方がよくわかると思います。

```
public void paintComponent(Graphics g) {
  g.setColor(Color.RED);  ←描画色を赤にします
  g.fillRect(10, 10, 100, 100);  ←正方形を描画します
  g.setColor(new Color(128, 200, 255));  ←描画色を赤・緑・青の値で指定します。青色の割合が大きいので水色になります
  g.fillRect(120, 10, 100, 100);  ←正方形を描画します
}
```

実行結果

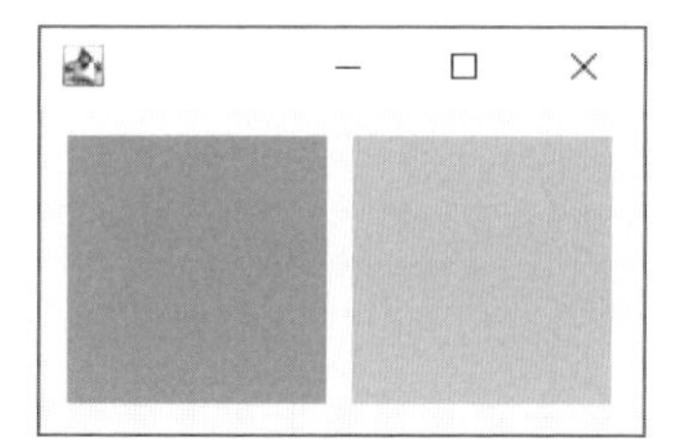

さまざまな描画メソッド

これまでに見てきた直線と長方形の描画以外にも、Graphicsクラスには表❾-2のような多数の描画用のメソッドがあります。それらを組み合わせることで、さまざまな図形を描くことができます。

KEYWORD
- drawArcメソッド
- drawOvalメソッド
- drawPolygonメソッド
- drawPolylineメソッド
- drawRectメソッド
- drawStringメソッド

表❾-2 Graphicsクラスの主なメソッド

メソッド	説明
void drawArc(int x, int y, int w, int h, int degrees0, int degrees1)	左上隅を(x, y)、幅と高さをw, hとする四角形に内接する円の一部を描画する。描画する範囲はdegrees0とdegrees1の角度で指定する（0度は時計の3時の場所に相当）
void drawLine(int x0, int y0, int x1, int y1)	(x0, y0)の点と(x1, y1)の点を結ぶ線分を描画する
void drawOval(int x, int y, int w, int h)	左上隅を(x, y)、幅と高さをw, hとする四角形に内接する楕円を描画する
void drawPolygon(int x[], int y[], int n)	n個の頂点を持つ多角形を描画する。頂点の座標は配列xとyの要素で指定する
void drawPolyline(int x[], int y[], int n)	n個の頂点を持つ折れ線を描画する。頂点の座標は配列xとyの要素で指定する
void drawRect(int x, int y, int w, int h)	左上隅を(x, y)、幅と高さをw, hとする四角形を描画する
void drawString(String str, int x, int y)	文字列strを(x, y)の位置に描画する

KEYWORD

- fillArcメソッド
- fillOvalメソッド
- fillPolygonメソッド
- fillRectメソッド
- setColorメソッド

メソッド	説明
void fillArc(int x, int y, int w, int h, int degrees0, int degrees1)	drawArcメソッドと同じ要領で指定される弧を塗りつぶす
void fillOval(int x, int y, int w, int h)	drawOvalと同じ要領で指定される楕円を塗りつぶす
void fillPolygon(int x[], int y[], int n)	drawPolygonと同じ要領で指定される多角形を塗りつぶす
void fillRect(int x, int y, int w, int h)	drawRectと同じ要領で指定される四角形を塗りつぶす
void setColor(Color c)	描画色を設定する

表❾-2にまとめたもののうち、メソッド名に**draw**がつくものは、図形の輪郭を線で描画します。また、メソッド名に**fill**がつくものは図形を塗りつぶします。それぞれ、そのメソッドを呼び出したときにグラフィックスコンテキストに設定されている色が使用されます。表❾-2で紹介している以外にも、**Graphics**クラスにはまだまだ数多くのメソッドがあります。API仕様書にある**Graphics**クラスの説明を見てみましょう。

幾何学模様の描画

for文による繰り返しと、**Math**クラスの**sin**、**cos**といったメソッドを使った計算を組み合わせることで、きれいな模様を描くことができます。

たとえば画面❾-2のような幾何学模様を、List❾-3に示すプログラムコードで描画できます。List❾-3は、これまでの説明と同様に**JPanel**を継承した**MyPanel**クラスを定義したものなので、実際のアプリケーションでは、このインスタンスをフレームに載せる必要があります。

画面❾-2　幾何学模様の描画例

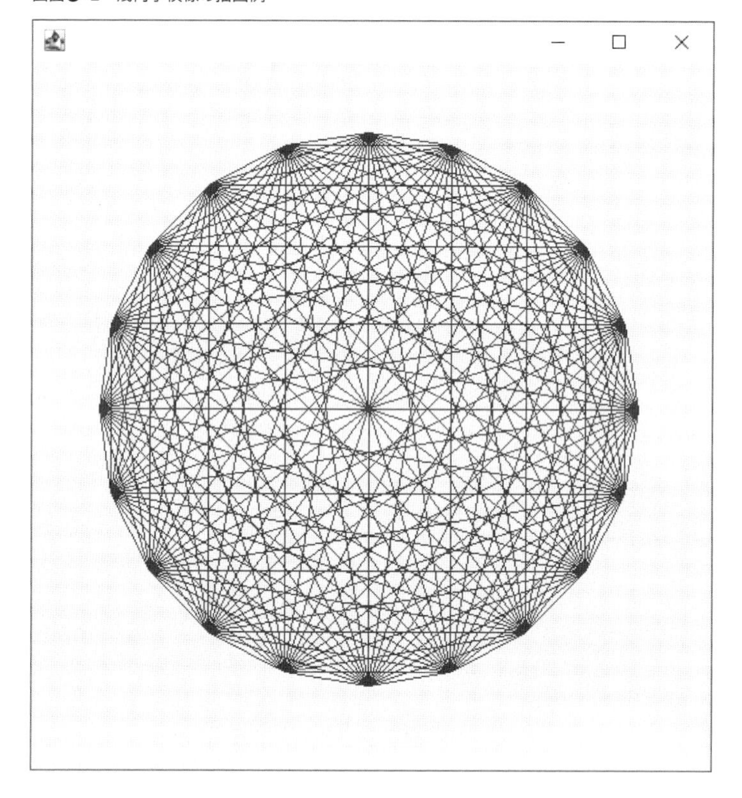

List❾-3　09-02/MyPanel.java

```
 1: import java.awt.Graphics;
 2: import javax.swing.JPanel;
 3:
 4: public class MyPanel extends JPanel {
 5:   public void paintComponent(Graphics g) {
 6:     int N = 20;    // 円周上の点の数
 7:     int r = 200;   // 円の半径
 8:     int[] arrayX = new int[N]; ← 円周上の点のx座標の値を格納する配列です
 9:     int[] arrayY = new int[N]; ← 円周上の点のy座標の値を格納する配列です
10:
11:     // 円周上の点のx,y座標値を計算して配列に格納
12:     for (int i = 0; i < N; i++) {
13:       arrayX[i] = (int)(250 + r * Math.cos(2 * Math.PI ➡
          * i / N));
14:       arrayY[i] = (int)(250 + r * Math.sin(2 * Math.PI ➡
          * i / N));
15:     }
16:
17:     // 円周上の2点を結ぶ直線を描画
18:     for (int i = 0; i < N; i++) {
```

```
19:         for (int j = i + 1; j < N; j++) {
20:           g.drawLine(arrayX[i], arrayY[i], arrayX[j], ➡
            arrayY[j]);
21:         }
22:       }
23:     }
24: }
```

➡は紙面の都合で折り返していることを表します。

6～7行目で、円周上の点の数と円の半径を、それぞれ変数**N**と**r**に設定しています。この値を変えることで、描画される図形が変化します。8～9行目では、円周上の点のx座標、y座標を格納するための配列を生成しています。各点の座標値は12～15行目の**for**ループの中で計算し、その結果を配列に格納しています。原点を中心とする半径rの円周上の点の座標は、x軸との成す角度を反時計回りにθとすると、x = r*Math.cos(θ)、y = r*Math.sin(θ)で計算できます。θは0～2πの値で指定します。ここでは(250, 250)を中心とする半径rの円周上をN等分した各点の座標値を求めています。18～22行目では、**for**文をネストすることで、円周上の2つの点を結ぶ直線すべてを描画しています。

KEYWORD

● Graphics2Dクラス

注❾-1

Javaの歴史的な経緯で、このような仕組みになっています。

注❾-2

画面を拡大したときに見えるドットのギザギザをなくしてスムーズに見せる技術。

ワン・モア・ステップ！

Graphics2Dクラス

Graphicsクラスのサブクラスに、**Graphics2D**（グラフィックス ツーディー）クラスがあります。**Graphics2D**クラスには、**Graphics**クラスよりも高機能で多岐にわたる描画メソッドが定義されています。

コンポーネントの**paintComponent**メソッドは、引数として**Graphics**型のオブジェクトを受け取っていますが、実はこのオブジェクトは**Graphics2D**型のオブジェクトです（注❾-1）。そのため、**paintComponent**メソッドに渡されるオブジェクトを次のようにして**Graphics2D**型にキャスト（型変換）することで、**Graphics**クラスにはない、高度な描画機能を使用できるようになります。

```
public void paintComponent(Graphics g) {
  Graphics2D g2 = (Graphics2D)g; ←Graphics2D型にキャストします
  // Graphics2Dのメソッドを使った描画
}
```

Graphics2Dクラスでは、アンチエイリアシング（注❾-2）やグラデーションを用いた塗りつぶし、破線や点線への線のスタイルの変更など、**Graphics**クラスのメソッドでは実現できない多くのことを行えます。

本書では**Graphics2D**クラスの詳しい説明はしませんが、List❾-4のプログラムコードで、グラデーションによる円の塗りつぶしと、アンチエイリアシングによるスムーズな線の描画ができます。

List❾-4 09-03/MyPanel.java

```
 1: public void paintComponent(Graphics g) {
 2:   Graphics2D g2 = (Graphics2D)g; ←Graphics2D型にキャストします
 3:  g2.setRenderingHint(RenderingHints.KEY_ANTIALIASING,
 4:     RenderingHints.VALUE_ANTIALIAS_ON); ↑アンチエイリアシングを有効にします
 5:   int width  = getWidth()  - 20;
 6:   int height = getHeight() - 20;
 7:   GradientPaint paint = new GradientPaint(0f, 10f, ➡
      Color.WHITE, 0f,(float)height, Color.BLACK);
 8:   g2.setPaint(paint);        ↑円形のオブジェクトを生成します
 9:   Ellipse2D shape = new Ellipse2D.Double(10, 10, ➡
      width, height);                              グラデーションの設定をします
10:   g2.fill(shape); ←円形のオブジェクトを描画します
11:   g2.setColor(Color.BLACK); ←描画色を黒にします
12:   g2.setStroke(new BasicStroke(3)); ←線の太さを3にします
13:   g2.draw(shape); ←円形のオブジェクトの輪郭線を描画します
14: }
```

➡は紙面の都合で折り返していることを表します。

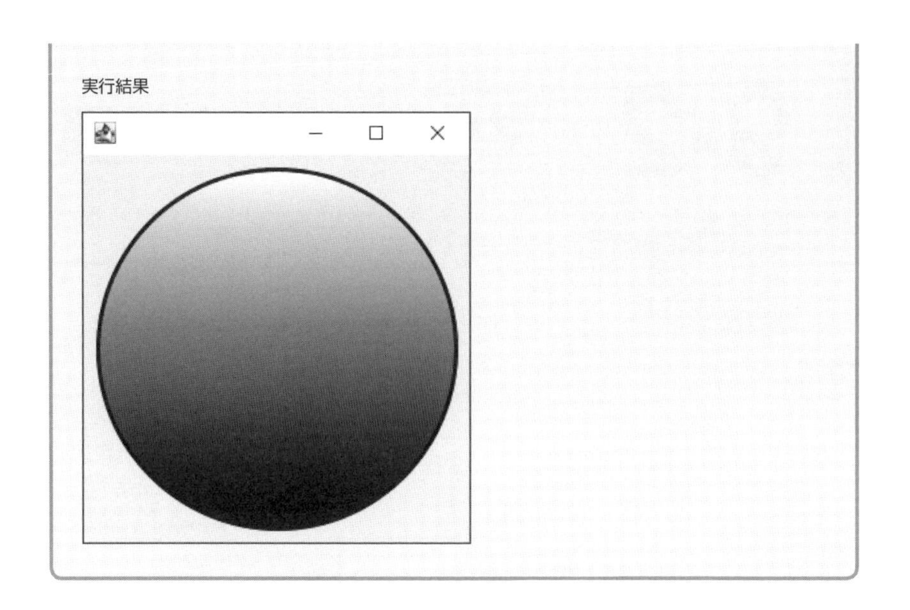

登場した主なキーワード

- **paintComponent メソッド**：コンポーネントが画面に表示されるときに必ず呼び出されるメソッド。このメソッドを直線や円、四角形などを描画する命令でオーバーライドすることにより、好きな図形をコンポーネントの上に表示できます。

まとめ

- グラフィックス描画はコンポーネントの**paintComponent**メソッドに渡される**Graphics**オブジェクトを使用して行います。
- **Graphics**クラスには、直線、円、長方形などを描画するメソッドや、描画色を設定するメソッドなど、図形を描くための便利なメソッドが多数あります。

9-2 マウスイベント処理

学習のポイント

- マウスクリックやマウスカーソルの移動、ドラッグ操作などもイベントの1つです。
- イベント処理によって、ユーザーによるマウス操作に応じたプログラムを作成できます。

マウスイベント

「マウスを使って図形を描画する」といった、マウスを使って何かを行うプログラムでは、マウスカーソルの位置などの情報を取得する必要があります。また、マウスカーソルを動かした、マウスでクリックした、ドラッグした、などのマウス操作に反応して何らかの処理を実行できなければなりません。これを実現するには、マウス操作に対してイベント処理を行う仕組みをプログラムに組み込む必要があります。

前章で学習したように、コンポーネントからイベント通知を受け取るには、受け取るクラスが、イベントに応じたリスナインタフェースを実装している必要があります。たとえば、マウスがクリックされたときのイベントを受け取るには、`MouseListener`（マウスリスナ）インタフェースを実装します。また、マウスがドラッグされたときのイベントを受け取るには、`MouseMotionListener`（マウス モーション リスナ）インタフェースを実装します。

KEYWORD
- `MouseListener`インタフェース
- `MouseMotionListener`インタフェース

`MouseListener`インタフェースを実装する場合、次の5つのメソッドをすべて実装する必要があります。

KEYWORD
- `mouseClicked`メソッド
- `mouseEntered`メソッド

- **`void mouseClicked(MouseEvent e)`**（マウスクリックト）

  クリックされたときに呼ばれます。

- **`void mouseEntered(MouseEvent e)`**（マウスエンタード）

  マウスカーソルがコンポーネントの上にのったときに呼ばれます。

KEYWORD

- mouseExitedメソッド
- mousePressedメソッド
- mouseReleasedメソッド
- mouseDraggedメソッド
- mouseMovedメソッド

● **void mouseExited(MouseEvent e)**（マウスイグジテッド）

マウスカーソルがコンポーネントの外に出たときに呼ばれます。

● **void mousePressed(MouseEvent e)**（マウスプレスド）

マウスボタンが押されたときに呼ばれます。

● **void mouseReleased(MouseEvent e)**（マウスリリースド）

マウスボタンが離されたときに呼ばれます。

同様に、**MouseMotionListener**インタフェースを実装する場合には、次の2つのメソッドも実装する必要があります。

● **void mouseDragged(MouseEvent e)**（マウスドラッグド）

マウスでドラッグしたときに呼ばれます。

● **void mouseMoved(MouseEvent e)**（マウスムーブド）

マウスカーソルが移動したときに呼ばれます。

KEYWORD

- addMouseListenerメソッド
- addMouseMotionListenerメソッド

これらのメソッドをすべて実装してイベント通知を受け取れるようにしたら、イベントを発生するコンポーネントに対し、**addMouseListener**（アドマウスリスナ）メソッドと**addMouseMotionListener**（アドマウス モーション リスナ）メソッドを使って、リスナ登録を行います。

List❾-5のプログラムコードは、**JPanel**クラスを拡張した**MyPanel**クラスで、パネルの上で行ったマウス操作に関するイベントを受け取り、受け取った内容をコンソールに出力する例です。

List❾-5　09-04/MouseEventExample.java

```
 1: import java.awt.event.*;
 2: import javax.swing.*;
 3:
 4: class MyPanel extends JPanel
 5:   implements MouseListener, MouseMotionListener {
 6:
 7:   public MyPanel() {
 8:     addMouseListener(this);
 9:     addMouseMotionListener(this);
10:   }
11:
12:   public void mouseClicked(MouseEvent e) {
13:     System.out.println("マウスがクリックされました (" + ➡
        e.getX() + ", " + e.getY() + ")");
```

MouseListenerとMouseMotionListenerという2つのインタフェースを実装します

リスナ登録します

```
14:   }
15:
16:   public void mouseEntered(MouseEvent e) {
17:     System.out.println("マウスがパネル内に入りました");
18:   }
19:
20:   public void mouseExited(MouseEvent e) {
21:     System.out.println("マウスがパネルの外に出ました");
22:   }
23:
24:   public void mousePressed(MouseEvent e) {
25:     System.out.println("マウスのボタンが押されました");
26:   }
27:
28:   public void mouseReleased(MouseEvent e) {
29:     System.out.println("マウスのボタンが離されました");
30:   }
31:
32:   public void mouseDragged(MouseEvent e) {
33:     System.out.println("マウスがドラッグされました (" + ➡
      e.getX() + ", " + e.getY() + ")");
34:   }
35:
36:   public void mouseMoved(MouseEvent e) {
37:     System.out.println("マウスが移動しました (" + e.getX() ➡
      + ", " + e.getY() + ")");
38:   }
39: }
40:
41: public class MouseEventExample extends JFrame {
42:   public static void main(String[] args) {
43:     new MouseEventExample();
44:   }
45:
46:   MouseEventExample() {
47:     setDefaultCloseOperation(JFrame.EXIT_ON_CLOSE);
48:     getContentPane().add(new MyPanel());
49:     setSize(300, 200);
50:     setVisible(true);
51:   }
52: }
```

➡は紙面の都合で折り返していることを表します。

実行結果
マウスカーソルを動かしたりクリックしたりすると…

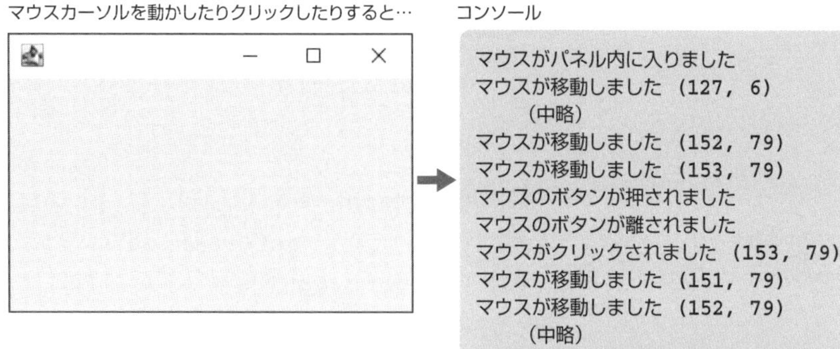

このプログラムでは、イベントを発生するオブジェクトが**MyPanel**で、イベントを受け取るオブジェクトも**MyPanel**です。つまり、8〜9行目にあるように、自分自身をリスナ登録することになります。また、マウス操作のイベント通知を受け取るために、12〜38行目で**MouseListener**インタフェースと**MouseMotionListener**インタフェースで宣言されている計7つのメソッドをすべて実装しています。発生したイベントの種類に応じたメソッドが呼び出されていることが、実行結果から確認できます。

なお、**MouseListener**インタフェースと**MouseMotionListener**インタフェースで宣言されているメソッドは、いずれも引数として**MouseEvent**（マウスイベント）オブジェクトを受け取ります。オブジェクトの**getX**（ゲットエックス）メソッドと**getY**（ゲットワイ）メソッドを呼び出すと、それぞれマウスカーソルのx座標値とy座標値を取得できます。マウスクリックやマウスドラッグに対する処理で必要になります。

KEYWORD
- MouseEventクラス
- getXメソッド
- getYメソッド

マウスイベント処理を使ったお絵かきツール

マウスイベントに応じて描画命令を実行することで、簡単な「お絵かきプログラム」を作ることができます。たとえば、マウスドラッグしている間、イベント通知で得られた座標に小さな円を次々に描画すれば、結果として線を引いたように見えます。マウスドラッグのイベントは**mouseDragged**メソッドで受け取りますから、この処理は次のように書けます。

```
public void mouseDragged(MouseEvent e) {
  Graphics g = getGraphics();
  g.setColor(Color.BLACK);
  g.fillOval(e.getX() - 2, e.getY() - 2, 5, 5);
}
```

KEYWORD

●getGraphicsメソッド

描画用のGraphicsオブジェクトは、paintComponentメソッドの引数に渡されるだけでなく、getGraphics（ゲットグラフィックス）メソッドで取得することもできます。ここでは、このgetGraphicsメソッドで取得したGraphicsオブジェクトを使って、描画を行っています。まずsetColorメソッドで色を黒に設定し、次にfillOvalメソッドで、マウスカーソルの座標値を中心とした直径5ピクセルの円を描画しています。

List❾-6のプログラムコードは、この描画処理を組み込んだプログラムの例です。

List❾-6 09-05/SimpleDraw.java

```
 1: import java.awt.*;
 2: import java.awt.event.*;
 3: import javax.swing.*;
 4:
 5: class MyPanel extends JPanel
 6:   implements MouseListener, MouseMotionListener {
 7:
 8:   public MyPanel() {
 9:     addMouseListener(this);
10:     addMouseMotionListener(this);
11:     setBackground(Color.WHITE);
12:   }
13:
14:   public void mouseClicked(MouseEvent e) {
15:     Graphics g = getGraphics();
16:     g.setColor(new Color(
17:       (int)(Math.random()*256),
18:       (int)(Math.random()*256),
19:       (int)(Math.random()*256)));
20:     g.fillRect(e.getX() - 5, e.getY() - 5, 10, 10);
21:   }
22:
23:   public void mouseDragged(MouseEvent e) {
24:     Graphics g = getGraphics();
25:     g.setColor(Color.BLACK);
26:     g.fillOval(e.getX() - 2, e.getY() - 2, 5, 5);
27:   }
28:
29:   public void mouseEntered(MouseEvent e) {}
30:   public void mouseExited(MouseEvent e) {}
31:   public void mousePressed(MouseEvent e) {}
32:   public void mouseReleased(MouseEvent e) {}
```

```
33:   public void mouseMoved(MouseEvent e) {}
34: }
35:
36: public class SimpleDraw extends JFrame {
37:   public static void main(String[] args) {
38:     new SimpleDraw();
39:   }
40:
41:   SimpleDraw() {
42:     setDefaultCloseOperation(JFrame.EXIT_ON_CLOSE);
43:     getContentPane().add(new MyPanel());
44:     setSize(600, 400);
45:     setVisible(true);
46:   }
47: }
```

実行結果

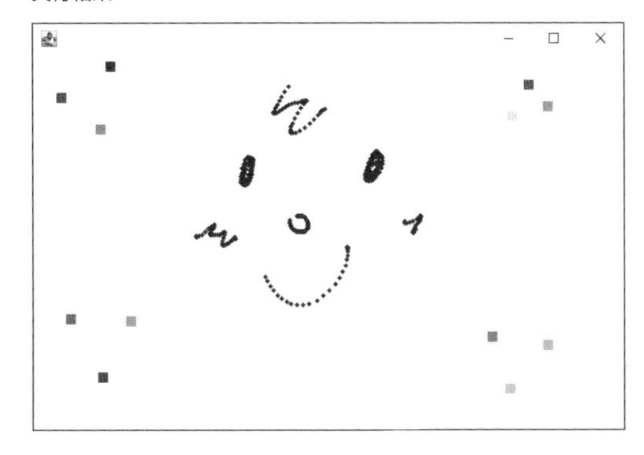

このプログラムでは、マウスドラッグで黒色の線を描けます。そのほかに、マウスクリックをするとその場所にランダムな色で四角形が描画されます。ランダムな色は、16～19行目で赤、緑、青の各値を**0**～**255**のランダムな値に設定することで作成しています。

KEYWORD

●**setBackground**メソッド

コンポーネントの**setBackground**（セットバックグラウンド）メソッドを呼び出すと、背景色を設定できます。11行目の**setBackgraound(Color.WHITE)**では、背景色を白に設定しています。

このプログラムで実際に処理を行うイベントはマウスドラッグとマウスクリックの2つだけですが、**MouseListener**インタフェースと**MouseMotionListener**インタフェースの使わないメソッドも実装しておく必要があるので注意しましょう。プログラムで使用しないメソッドについては、29～33行目のようにブロックの中に何も書かずにオーバーライドします。実行する命令が何もない、という実装もあるのです。

登場した主な キーワード

- `MouseListener` **インタフェース**：マウスクリックによるイベントを受け取るクラスで実装する必要のあるインタフェース。
- `MouseMotionListener` **インタフェース**：マウスドラッグによるイベントを受け取るクラスで実装する必要のあるインタフェース。

まとめ

- マウスカーソルの移動やマウスクリック、ドラッグ操作なども、コンポーネントで発生するイベントとして扱えます。
- マウスがクリックされたときなどのイベントを受け取るには、`MouseListener` インタフェースで宣言されているメソッドをすべて実装する必要があります。
- マウスがドラッグされたときなどのイベントを受け取るには、`MouseMotionListener` インタフェースで宣言されているメソッドをすべて実装する必要があります。
- イベントが発生したときに渡されるオブジェクトから、マウスカーソルの座標値を取得できます。

練習問題

9.1　Swingライブラリを使ったGUIアプリケーションでの図形の描画について、次の文章の空欄に入れるべき語句を選択肢から選び、記号で答えてください。

- 図形をアプリケーションの上に描画するには、コンポーネントが自分自身の描画を行う［(1)］メソッドをオーバーライドし、そのメソッドの中に描画命令を記述する。
- ［(1)］メソッドでは、引数に［(2)］オブジェクトが渡される。このオブジェクトに備わっている各種の描画メソッドを使用して図形の描画を行う。
- 図形を描画するときには、描画する場所の (x, y) 座標をピクセル単位で指定する。(0, 0) は描画領域の［(3)］隅になる。
- 描画領域の大きさ（コンポーネントの大きさ）は、［(4)］メソッドで `Dimension`型のオブジェクトとして取得できる。
- マウスがクリックされたときのイベント処理を行うには、［(5)］インタフェースを実装したクラスをリスナ登録する必要がある。

【選択肢】

(a) 左上　(b) 左下　(c) 右下　(d) 右上　(e) Graphics
(f) paintComponent　(g) MouseListener　(h) ActionListener
(i) MouseMotionListener　(j) getSize　(k) getComponentSize

9.2 次の画面❾-3は、描画領域全体の4分の1にあたる大きさの黒い長方形を、領域の右下に描画したところです。

画面❾-3　黒い長方形を右下に描画したところ

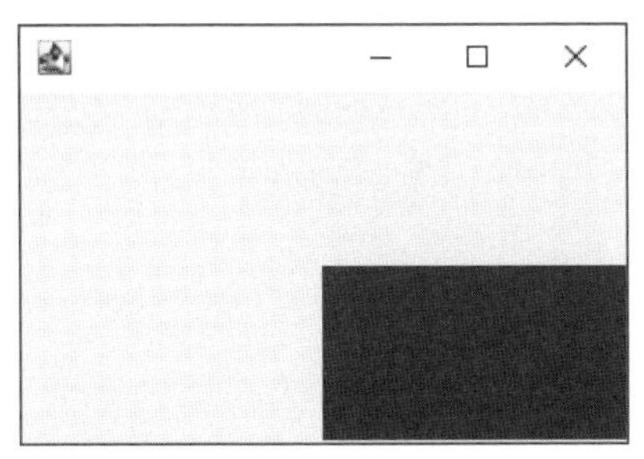

これを実行するために、JPanelクラスを継承したクラスのpaintComponentメソッドを次のように作成しました。空欄を埋めてプログラムコードを完成させてください。

```
public void paintComponent(Graphics g) {
  Dimension d = [ (1) ]; // 描画領域のサイズを取得
  g.[ (2) ]; // 描画色を黒色に設定
  g.[ (3) ]; // 長方形を描画
}
```

第10章 ネットワーク

通信するプログラムの基本
ネットワーク通信プログラムの作成

この章のテーマ

今ではコンピュータをネットワークに接続して使用することがごく当然のことになりました。Java実行環境には、ネットワークを活用するためのクラスライブラリが標準で用意されています。本章ではそれを使って、ネットワークを介して2つのプログラムを通信させる方法を学習します。例として、最も普及しているTCP/IPプロトコルを用いたソケット接続によって通信を行います。

10-1 通信するプログラムの基本

学習のポイント

- 2つのプログラムがネットワーク接続する場合、クライアントがサーバーに対して接続要求を行います。
- クライアントは、サーバーの「IPアドレス」と「ポート番号」を指定します。
- データの送受信は、`Socket`オブジェクトを介して行います。

ネットワーク接続

KEYWORD
- ネットワーク
- TCP/IP
- プロトコル

最近では、ネットワークから完全に独立した(ネットワークに接続されていない)コンピュータをほとんど見かけなくなりました。インターネットに接続してWebページを閲覧したり、メールの送受信をしたり、ほかのコンピュータへファイルの転送を行うなど、ネットワークを介した通信が一般的に行われるようになっています。

本章では、このようにネットワークを介して互いに情報のやりとりを行うプログラムを作成する方法を学習します。

ネットワーク経由でのデータの送受信は、一般的にTCP/IP(ティーシーピー アイピー)というプロトコル(通信のルール)を用いて行われます。Javaでは、このようなネットワーク経由でのデータの流れも、ファイル入出力と同じようにストリームオブジェクトを介して行います。そのため、一度ネットワーク接続が確立した後は、これまでに学習したデータ入出力の方法と同じようにしてデータの送受信が行えます。

サーバーとクライアント

KEYWORD
- サーバー
- クライアント

2つのプログラムがネットワーク接続によって通信を行う場合、一方をサーバーと呼び、他方をクライアントと呼びます。ネットワークを介した接続を待ち受け、接続の要求があればそれに応答する側のプログラムをサーバーといい、サーバーに接続の要求を出す側のプログラムをクライアントといいます(図⑩-1)。

図⑩-1 クライアントがサーバーに対して接続要求を出す

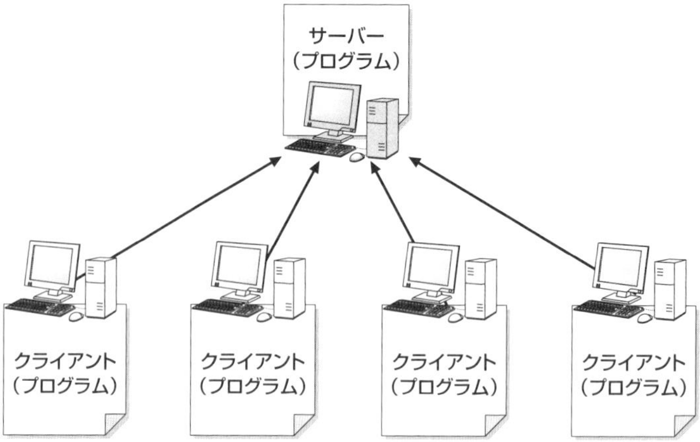

皆さんがWebページを閲覧するときには、Webページのデータを提供するサーバー（Webサーバー）と、そのデータを受信して表示するWebブラウザと呼ばれるクライアントが通信を行っています。複数のユーザーがメッセージを投稿してコミュニケーションを行うシステムでは、サーバーが投稿されたメッセージの内容を一元管理し、各クライアントがサーバーからデータを受信します。また、次節で例題として取り上げる「天気予報サービス」のシステムでは、天気予報の情報をサーバーが管理し、クライアントがサーバーに接続してその情報を受信します。

このように、ネットワーク上でWebページを公開したり、メッセージ投稿システムを利用可能にしたり、天気予報を返したりするサービスでは、サーバー側でデータの管理を行い、その情報をクライアントが受信するのが一般的です。必要に応じて、クライアントからサーバーに情報を送ることもできます。

IPアドレスとポート番号

KEYWORD

- 接続要求
- 確立
- IPアドレス
- ポート番号

クライアントとサーバーの間で通信を始めるとき、クライアントはサーバーに対して「接続してもいいですか？」という**接続要求**を行います。サーバーが、接続要求に応答することでネットワーク通信が**確立**します。

したがって、クライアントは接続要求を送る先の「住所」を前もって知っている必要があります。この住所は、サーバープログラムが動作しているコンピュータの**IPアドレス**と、プログラムが使用する**ポート番号**の2つの情報から構成されます。IPアドレスとは、ネットワークに接続しているコンピュータに割り振られた、ネットワーク上の所在地情報です。現在のところ「192.168.1.11」のように4つの数字をドット(.)でつなげたもの(IPv4)と、「::ffff:c0a8:10b」のように16進数をコロン(:)でつなげたもの(IPv6)の両方が使われています。一方のポート番号は、プログラムどうしが通信でデータをやりとりするときに使用する「出入り口(ポート)」につけられた番号で、0から65535までの数字で表されます(注⑩-1)。コンピュータは複数のプログラムが同時に通信を行えるように、ポート番号によって接続を管理しているのです。

注⑩-1
0から1023までは使い道が決まっているので、自分で作成したプログラムで使用するポート番号には1024以上の数字を使います。

つまり、クライアントから見たサーバーへの接続先は「IPアドレスが192.168.1.11でポート番号が5000」というような形で表すことができます。

ServerSocketとSocket

KEYWORD
●ソケット
●ソケット通信

プログラムで通信を行うときには、ソケット(Socket)という仕組みを使います。ソケットにIPアドレスとポート番号の組み合わせを設定しておき、ソケットに対してデータを読み書きすることでプログラム間での通信(ソケット通信)を行います。

図⑩-2は、サーバーとクライアントのコンピュータ上で動作するJavaプログラムどうしがソケット通信を行うようすを示しています。

図⑩-2 ソケット通信が行われるまで

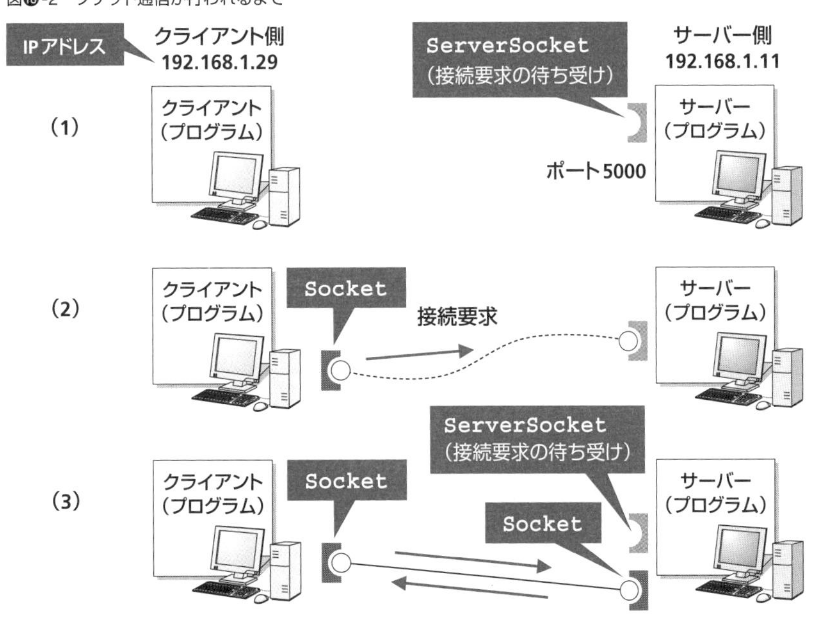

図⑩-2の（1）～（3）では次のことを行っています。

KEYWORD
- ServerSocketクラス
- Socketクラス

（1）接続要求を受け取るためのServerSocket（サーバーソケット）オブジェクトをサーバーが生成します。ServerSocketオブジェクトは、指定されたポートへ接続要求が来るのを待ち続けます。
（2）クライアントがサーバーのIPアドレスとポート番号を指定して、Socket（ソケット）オブジェクトを生成します。この時点で、サーバーのServerSocketオブジェクトに対して接続要求が送られます。
（3）サーバーは、接続要求に応えるために、新しいポートでSocketオブジェクトを生成し、クライアントとソケット通信を確立します。

SocketとServerSocketが、ソケット通信を行うために必要となるオブジェクトです。なお、接続要求を待ち受けるポート番号はプログラムで指定しますが、実際にサーバーのJavaプログラムとクライアントのJavaプログラムが通信するのに使用する（Socketオブジェクトに割り当てられる）ポート番号は、コンピュータによって自動的に割り当てられます。プログラムを作成するときには、接続要求を待ち受けるポート番号を意識するだけで済みます。

簡単なネットワーク通信の例

それではさっそく、サーバーとクライアント間で通信するプログラムを作ってみましょう。以降ではサーバーがクライアントに文字列を送信し、クライアントは受信した文字列を標準出力に出力する、簡単なプログラムを作ります。

なお、これまでは、サーバーとクライアントが別のコンピュータで動作していることを前提に説明をしていました。しかし、サーバーとクライアントを1台のコンピュータで動作させて、2つのプログラムを1台のコンピュータの中で通信させることもできます。以降で作成するプログラムも、サーバーとクライアントを1台のコンピュータの中で動作させます。

サーバーのプログラム

サーバーのプログラムでは、次の手順でネットワークの接続と文字列の送信を行います。

●ステップ1

ServerSocketオブジェクトを生成します。

```
ServerSocket serverSocket = new ServerSocket(5000);
```

コンストラクタの引数に、このプログラムで接続要求を受け付けるポート番号（1024～65535）を指定します。

ポート番号は、ほかのプログラムで使われているものと重複してはいけません。ほかのプログラムで使われている番号を指定すると、**java.net.BindException**（ジャバ ネット バインド エクセプション）型の例外オブジェクト（注⑩-2）が投げられます。このような場合には、ほかの番号に変えてみましょう。

KEYWORD

●java.net.BindExceptionクラス

注⑩-2

java.net.BindExceptionはjava.io.IOExceptionのサブクラスです。

●ステップ2

クライアントからの接続要求を**accept**（アクセプト）メソッドで待ちます。

KEYWORD

●acceptメソッド

```
Socket socket = serverSocket.accept();
```

acceptメソッドは接続要求があるまで待機し続けるので、接続要求のない間は次の処理に移りません。クライアントから接続要求があったタイミングで**Socket**オブジェクトが生成され、次の処理（上の例では代入）に移ります。

●ステップ3

Socketオブジェクトを使って、文字列を出力するためのストリームオブジェクトである**PrintWriter**オブジェクトを生成します。

```
PrintWriter writer = new PrintWriter(socket.getOutputStream());
```

●ステップ4

PrintWriterオブジェクトを介して文字列の送信を行います。このとき、ファイル出力や標準出力と同じようにして文字列を送信できます。ネットワーク接続を意識する必要はありません。次のように記述すれば、この文字列がクライアント側に送信されます。

```
writer.println("こんにちは。私はサーバーです。");
```

PrintWriterオブジェクトを介してサーバーから文字列が送信される流れをまとめると、図⑩-3のようになります。

図⑩-3 サーバーから文字列が送信される

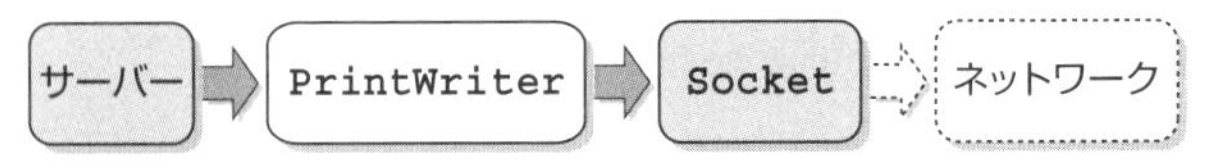

●ステップ5

通信が終わったら**close**メソッドでストリームを閉じます。

```
writer.close();
```

ストリームオブジェクトはネットワークに接続されているので、ストリームオブジェクトを閉じることでネットワーク接続が終了し、**Socket**オブジェクト（ソケット）が手放され（解放され）ます。

これらを踏まえて作成したサーバーのプログラムコードはList⑩-1のようになります。

List⑩-1 10-01/SimpleServer.java

```
 1: import java.io.*;
 2: import java.net.*;
 3:
 4: public class SimpleServer {
 5:   public static void main(String[] args) {
 6:     try {
 7:       ServerSocket serverSocket = new ServerSocket(5000);
 8:       while(true) {
 9:         Socket socket = serverSocket.accept();
10:         PrintWriter writer =
11:           new PrintWriter(socket.getOutputStream());
12:         writer.println("こんにちは。私はサーバーです。");
13:         writer.close();
14:       }
15:     } catch (IOException e) {
16:       System.out.println(e);
17:     }
18:   }
19: }
```

5000番ポートでソケットを作成します（7行目）
クライアントからの接続要求を待ちます（9行目）
ストリームを作成します（10〜11行目）
ストリームに文字列を出力します（12行目）
ストリームを閉じます（ソケットが解放されます）（13行目）

➡は紙面の都合で折り返していることを表します。

クライアントのプログラム

クライアントは、サーバーに対して接続要求を送り、接続を確立できた後にサーバーからの文字列を受信します。このようなプログラムは、次の手順で作成します。

●ステップ1

Socketオブジェクトを作成します。

```
Socket socket = new Socket("127.0.0.1", 5000);
```

コンストラクタの引数に、サーバーのIPアドレスとポート番号を指定します。サーバーがクライアントと同じコンピュータ上で動作している場合には、IPアドレスに127.0.0.1を指定します（注⑩-3）。

Socketオブジェクトを生成するときに、サーバーに対して接続要求が送られます。サーバー側のコンピュータが起動していない、または指定したサーバー側のポートが空いていない、などの理由で接続を確立できない場合にはjava.net.ConnectException（ジャバ ネット コネクトエクセプション）型の例外オブジェクト（注⑩-4）が投げられます。

サーバーと接続できると、Socketオブジェクトが生成されます。

注⑩-3
127.0.0.1は、そのコンピュータ自身の位置を表す特別なIPアドレスです。ほかのコンピュータに接続する場合は、接続したいコンピュータのIPアドレスを指定します。使用しているコンピュータのIPアドレスは、Windowsの場合はコマンドプロンプトでipconfigと入力することで確認できます。ただし、使用しているネットワーク環境によっては、通信ができない設定になっていることもあります。

KEYWORD
● java.net.ConnectExceptionクラス

注⑩-4
java.net.ConnectExceptionはjava.io.IOExceptionのサブクラスです。

●ステップ2

SocketオブジェクトをCSV使用して、文字列の入力を受け取るBufferedReaderオブジェクトを生成します。

```
BufferedReader reader = new BufferedReader(
  new InputStreamReader(socket.getInputStream()));
```

●ステップ3

BufferedReaderオブジェクトを介してサーバーからの文字列を受け取ります。BufferedReaderはストリームオブジェクトなので、ネットワーク接続かどうかを意識せず、ファイル入力や標準入力と同じように次の命令文で、改行までの文字列を受信できます。

```
reader.readLine();
```

InputStreamReaderとBufferedReaderオブジェクトを介してクライアントが文字列を受信する流れをまとめると、図⑩-4のようになります。

図⑩-4 クライアントが文字列を受け取るまでの流れ

●ステップ4

受信が終わったらストリームを閉じます。

```
reader.close();
```

ストリームはネットワークに接続しているので、ストリームを閉じるとネットワーク接続が終了します。

これらを踏まえて作成したクライアントのプログラムコードはList⑩-2のようになります。

List⑩-2　10-01/SimpleClient.java

```
 1: import java.io.*;
 2: import java.net.*;
 3:
 4: public class SimpleClient {
 5:   public static void main(String[] args) {
 6:     try {
 7:       Socket socket = new Socket("127.0.0.1", 5000);
 8:       BufferedReader reader = new BufferedReader(
 9:         new InputStreamReader(socket.getInputStream()));
10:       String message = reader.readLine();
11:       System.out.println("サーバーから受け取った文字列:" ➡
          + message);
12:       reader.close();
13:     } catch (IOException e) {
14:       System.out.println(e);
15:     }
16:   }
17: }
```


➡は紙面の都合で折り返していることを表します。

実行結果（クライアントプログラム）

```
サーバーから受け取った文字列: こんにちは。私はサーバーです。
```

プログラムを実行するには、まずサーバーのプログラムを実行し、それからクライアントのプログラムを実行します(注⑩-5)。

クライアントは、サーバーから文字列を受け取り、それをコンソールに出力して終了します。一方、サーバーは動作し続けて、プログラムを終了するまでは別のクライアントからの接続を待機している状態になります。

注⑩-5
このプログラムコードの例では、外部との通信を行いませんが、実行時に「Windowsセキュリティの重要な警告」のメッセージウィンドウが表示されることがあります。その場合は［キャンセル］ボタンを押してください。

クライアントとサーバーの処理を個別に見ると、互いの接続確立から通信までの流れがわかりにくいと思います。クライアントとサーバーがネットワーク接続を確立してから通信するまでの流れを図⑩-5で確認してみましょう。

図⑩-5　クライアントとサーバーが通信する流れ

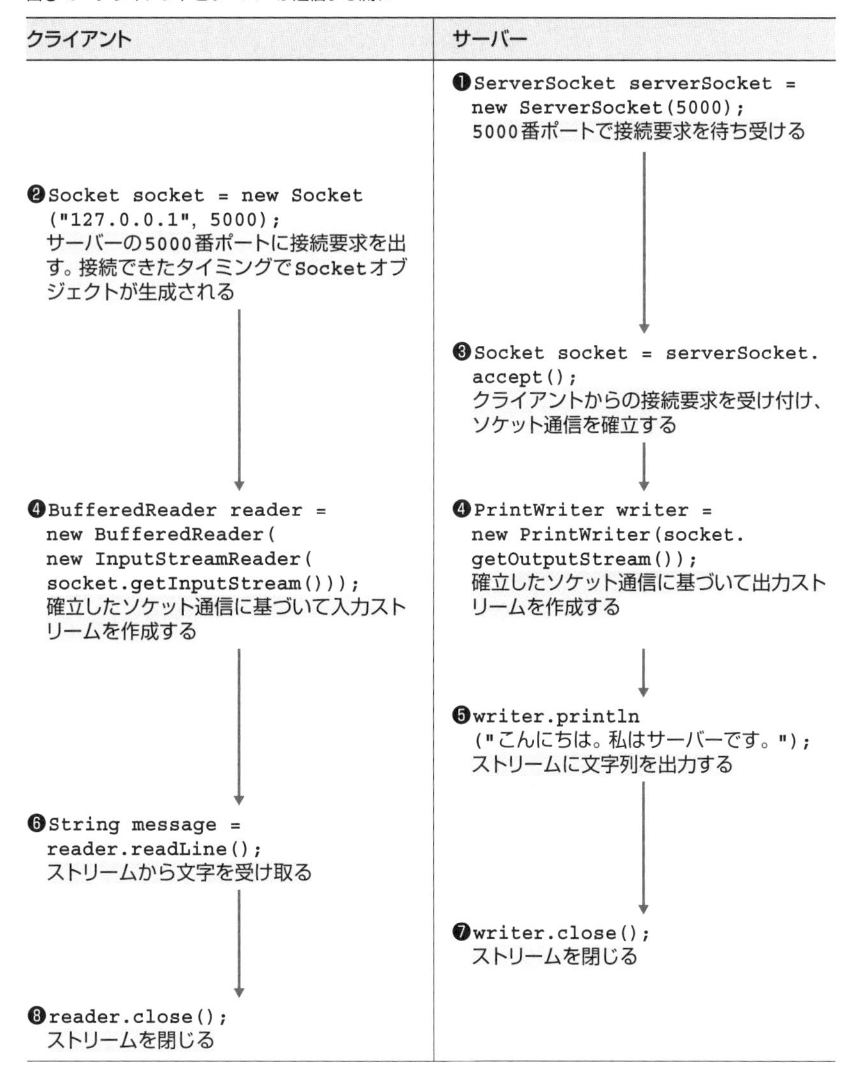

このようにして、互いに独立した2つのプログラムがネットワークを介して文字列を送受信できるようになります。

メモ

Eclipseでは［コンソール］ビューの （選択されたコンソールの表示）ボタンを押すことで、プログラムを切り替えられます。サーバープログラムを終了するには、コンソールをサーバープログラムに切り替えてから、（終了）ボタンを押して終了させます（画面⑩-1）。

画面⑩-1　プログラムの切り替え／終了を行うボタン

登場した主なキーワード

- **サーバー**：ネットワークを介した接続を待ち受け、接続の要求があればそれに応答するプログラム。
- **クライアント**：サーバーにネットワークを介した接続の要求を出す側のプログラム。
- **IPアドレス**：ネットワーク上のコンピュータの住所。
- **ポート番号**：プログラム間で通信を行うときに使用される「出入り口（ポート）」につけられている番号。
- **ソケット**：プログラムで通信を行うときに使う仕組み。ソケットにIPアドレスとポート番号の組み合わせを設定しておき、データを読み書きすることで通信できます。

まとめ

- 2つのプログラムがネットワーク接続する場合、クライアントがサーバーに対して接続要求を行います。
- クライアントが接続要求するときには、サーバーのIPアドレスとポート番号を指定します。
- ストリームオブジェクトを使って、クライアントはサーバーから送られた文字列を受け取ることができます。
- サーバーでは`ServerSocket`オブジェクトを、クライアントは`Socket`オブジェクトを生成して通信します。

10-2 ネットワーク通信プログラムの作成

学習のポイント

- 第8章で学習したSwingライブラリと組み合わせて、サーバーとクライアントの間でネットワーク通信を行い、取得した文字列をウィンドウに表示するプログラムを作成します。
- 複数のクライアントが1つのサーバーから情報を受け取れます。

天気予報サービス

ネットワーク通信を行う具体的なプログラムの例として、「天気予報サービス」を提供するサーバーと、そのサーバーに接続して天気予報情報を表示するクライアントを作成してみましょう。

作成するプログラムの概要を図❿-6に示します。

図❿-6　天気予報サービスを提供するプログラムの概要

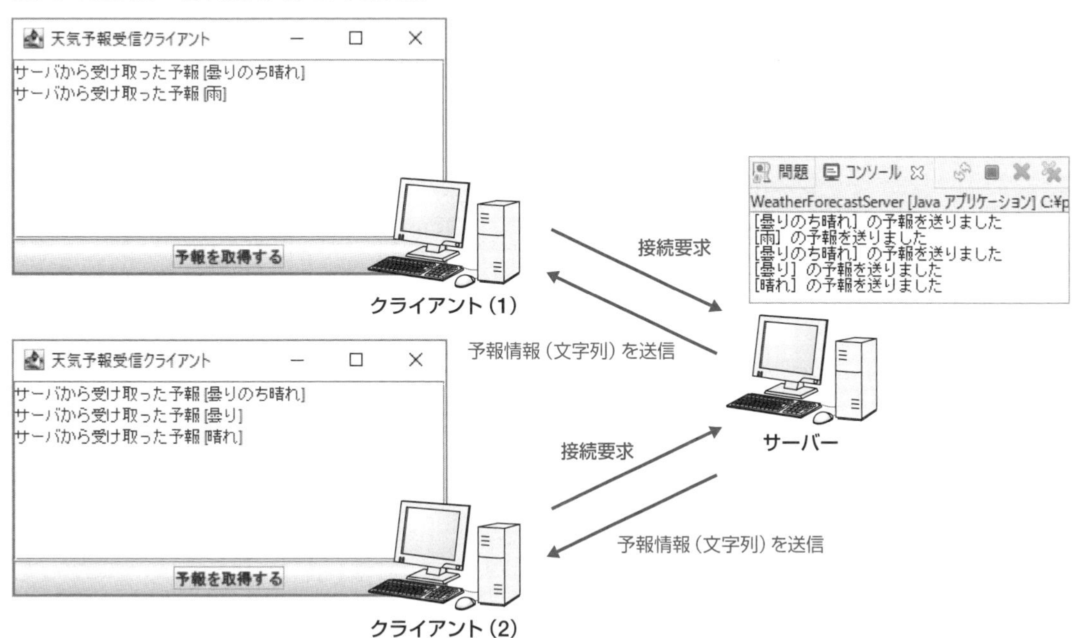

クライアントはGUIアプリケーションで、ウィンドウ上にテキストエリアと［予報を取得する］ボタンが配置されています。ユーザーが［予報を取得する］ボタンを押すと、クライアントはサーバーに接続して天気予報情報を受け取ります。そして、受け取った内容をテキストエリアに表示します。このようなウィンドウアプリケーションは、第8章で学習したSwingライブラリを用いて作成します。

サーバーは、クライアントからの問い合わせがあると、天気予報の情報をクライアントに送り出します。確認のために、送り出した情報をコンソールに出力します。サーバーとクライアントは独立して動き、必要な情報の送受信が終わると接続を閉じます。サーバーは複数の異なるクライアントからの接続要求にも応答できます。

サーバーの作成

サーバーのプログラムコードはList⑩-3のようになります。

List⑩-3　10-02/WeatherForecastServer.java

```
 1: import java.io.*;
 2: import java.net.*;
 3:
 4: public class WeatherForecastServer {
 5:
 6:   static String[] weathers = { "晴れ", "曇り", "雨", ➡
      "晴れのち曇り", "晴れのち雨", "曇りのち晴れ" };  ← 予報で使用する文字列を配列に格納しておきます
 7:
 8:   public static void main(String[] args) {
 9:     try {
10:       ServerSocket serverSocket = new ServerSocket(5000);
11:       while (true) {  ← プログラムが終了するまで処理を繰り返します
12:         Socket socket = serverSocket.accept();
13:         PrintWriter writer = new PrintWriter(socket. ➡
            getOutputStream());
                                              (12-13: クライアントと接続します)
14:
15:         String weather = getWeatherForecast();  ← 天気情報を取得します
16:         writer.println(weather);
17:         writer.close();
                                              (16-17: 天気情報を送信します)
18:         System.out.println("[" + weather + "] の予報を ➡
            送りました");  ← 状況をコンソールに出力します
19:       }
20:     } catch (IOException e) {
21:       System.out.println(e);
22:     }
23:   }
24:
```

```
25:   static String getWeatherForecast() {
26:     return weathers[(int) (Math.random() * weathers.➡
        length)]; ←今回は文字列の配列からランダムに決定します
27:   }
28: }
```

➡は紙面の都合で折り返していることを表します。

11～19行目の**while (true)**によるループ処理の中で、ソケット通信を行っています。クライアントにデータを送信すると、その内容をコンソールに出力します。この処理は、プログラムを終了するまで続けられます。つまり、クライアントからの接続をひたすら待ち続け、接続要求があれば、天気予報情報を送信する処理を繰り返します。

getWeatherForecastメソッドの中では、

```
(int)(Math.random() * weathers.length)
```

という記述で、ランダムに配列のインデックスを決めています。**Math**クラスの**random**メソッドは0～1の値をランダムに返すため、この記述方法では0から「配列の要素数－1」までの整数値になります。

クライアントの作成

クライアントのプログラムコードはList⑩-4のようになります。

List⑩-4 10-02/WeatherForecastClient.java

```
 1: import java.awt.*;
 2: import java.awt.event.*;
 3: import java.io.*;
 4: import java.net.*;
 5: import javax.swing.*;
 6:
 7: public class WeatherForecastClient extends JFrame ➡
    implements ActionListener {
 8:   public static void main(String[] args) {
 9:     new WeatherForecastClient();
10:   }
11:
12:   JTextArea textArea = new JTextArea(5, 20);
13:   JButton button = new JButton("予報を取得する");
14:
15:   WeatherForecastClient() {
16:     setTitle("天気予報受信クライアント");
```

```
17:     setDefaultCloseOperation(JFrame.EXIT_ON_CLOSE);
18:     JScrollPane scrollPane = new JScrollPane(textArea);
19:     getContentPane().add(scrollPane);
20:     getContentPane().add(BorderLayout.SOUTH, button);
21:     button.addActionListener(this);
22:
23:     setSize(350, 200);
24:     setVisible(true);
25:   }
26:
27:   public void actionPerformed(ActionEvent ae) {
28:     try {
29:       Socket socket = new Socket("127.0.0.1", 5000);
30:       BufferedReader reader = new BufferedReader(
31:         new InputStreamReader(socket.getInputStream()));
32:       String weather = reader.readLine();
33:       reader.close();
34:       textArea.append("サーバーから受け取った予報 [" ➡
          + weather + "]¥r¥n");
35:     } catch(IOException e) {
36:       System.out.println(e);
37:     }
38:   }
39: }
```

ボタンが押されたときにactionPerformedメソッドが呼び出されるようになります

ボタンが押されたときの処理です

サーバーのIPアドレスとポート番号を指定します

サーバーから文字列を受け取ります

サーバーから受け取った内容をテキストエリアに出力します

➡は紙面の都合で折り返していることを表します。

コンストラクタの中で、テキストエリアとボタンが配置されたウィンドウを構築しています。ボタンが押されたときには、**actionPerformed**メソッドが呼び出されます。このメソッドの中では、サーバーにネットワーク接続し、サーバーから受け取った文字列をテキストエリアに追加します（注❿-6）。

注❿-6
テキストエリアに文字列を追加するには、**JTextArea**クラスの**append**メソッドを使用します。

文字列を受け取ったら、ストリームオブジェクトの**close**メソッドでソケットを閉じます。これにより、ほかのクライアントがサーバーに接続できるようになります。1つのサーバーを起動しておいて、2つのクライアントを実行し、それぞれで［予報を取得する］ボタンを数回押した結果は247ページの図❿-6に示したようになります。クライアントのウィンドウには受け取った予報が、サーバーのコンソールにはクライアントに送信した予報が表示されています。

このように、Swingライブラリとネットワーク通信を行うクラスを組み合わせることで、情報の送受信を行う簡単なプログラムを作ることができました。

ワン・モア・ステップ！

複数のクライアントとの同時通信

天気予報サービスでは、サーバーが文字列をクライアントに送り終えれば、すぐに通信を切断し、また別のクライアントからの接続要求を待つことができました。しかし、この方法だとサイズの大きいデータを送受信する場合のようにクライアントとの接続が長い時間にわたって継続される場合、その間にサーバーが接続要求を受け取れない（ほかのクライアントがサーバーに接続できない）という問題が生じます。

この問題を解決するためには、第3章で学習したスレッドを使用します。ソケット通信が確立して**Socket**オブジェクトが生成されたときに、新しいスレッドを作成して、その**Socket**による通信を任せてしまうのです。このようにすることで、サーバープログラムでは、ソケット通信を行っている間にも接続要求を待ち受けることができるようになります。

サーバー側のプログラムコードを簡単にまとめると、次のようになります。

```
ServerSocket serverSocket = new ServerSocket(5000);
while(true) {  ←アプリケーションが終了させられるまで繰り返します
  Socket socket = serverSocket.accept();  ←接続要求を待ち受けます
  MyThread thread = new MyThread(socket);  ←接続ができたSocketオブジェクトをスレッドに渡します
  thread.start();  ←スレッドを開始し、後のソケット通信の処理はスレッドに任せます
}
```

クライアントとソケット通信が確立した後、**Socket**オブジェクトをスレッドに渡して、再びすぐに接続要求を待ち受けます。クライアントとのソケット通信を任せる**MyThread**クラスは、**Thread**クラスのサブクラスとして宣言し、List⑩-3の13〜17行目で行っている処理（ストリームオブジェクトを使ってソケットに送信データを書き込む処理）を定義しておきます。

このようにすることで、複数のクライアントと同時にソケット通信を行うことが可能になります。

まとめ

- ネットワーク通信を行うクラスとSwingライブラリを組み合わせてプログラムを作成できます。
- 複数のクライアントが1つのサーバーから情報を受け取ることができます。
- スレッドを利用することで、複数のクライアントから同時に接続要求を受け付けるサーバーを作ることができます。

練習問題

10.1 次の文章の空欄に入れるべき語句を選択肢から選び、記号で答えてください。

- ネットワーク通信に関するクラスの多くは［(1)］パッケージに収められている。
- サーバー側のソケットには、［(2)］クラスを使用し、クライアント側のソケットには［(3)］クラスを使用する。
- サーバー側が、クライアントからの要求を待機するには、［(2)］クラスの［(4)］メソッドを使用する。このメソッドは、クライアントからの要求に対して接続を行う。
- クライアント側が、サーバーに対して接続を要求するには、あらかじめ接続先の［(5)］アドレスと［(6)］番号を知っている必要がある。

【選択肢】

(a) IP (b) ポート (c) `accept` (d) `java.net`
(e) `java.io` (f) `ServerSocket` (g) `Socket`

10.2 次の文章のうち、誤っているものには×を、正しいものには○をつけてください。

(1) サーバーと一度に通信を行えるクライアントは1つだけである。
(2) クライアントはサーバーから送られたデータを受信できるが、サーバーに対してデータを送ることはできない。
(3) クライアントがサーバーのIPアドレスとポート番号を指定して`Socket`オブジェクトを生成するときに、サーバーが起動していないと、例外が発生する。

第11章 一歩進んだJavaプログラミング

ストリーム
知っておきたい機能

Java

この章のテーマ

コレクションに格納されたオブジェクトに対して、抽出や並べ替えなどを行うのに便利な「ストリーム」の扱いについて学習します。また、これまでの学習で扱わなかったものの、これからもJavaの学習を進める上で、知っておきたい機能や、便利なメソッドなども紹介します。

11-1　ストリーム

- コレクションとストリーム
- ストリームの生成
- ストリームに対する終端操作
- ストリームに対する中間操作
- ストリーム処理の例

11-2　知っておきたい機能

- スタティックインポート
- インタフェースのデフォルトメソッドとスタティックメソッド
- アノテーション
- System.out.printfメソッド
- enum宣言
- ==演算子とequalsメソッド

11-1 ストリーム

学習のポイント

- コレクションに格納されたオブジェクトに対して、特定の条件での抽出や並べ替えなどの操作を行う場合に、ストリームを用いると便利です。
- `Stream`インタフェースが持つ`filter`、`sorted`、`forEach`メソッドなどを活用する方法を学びます。

コレクションとストリーム

第5章では、コレクションフレームワークの説明をしました。実際のプログラムでは、コレクションにオブジェクトを格納するだけではなく、格納されたオブジェクトから条件に合うものだけを抽出したり、その抽出されたオブジェクトに対して並べ替えを行うなど、さまざまな操作を行う必要が生じます。

このような操作を実現する方法として、これまでには拡張`for`文（110ページ）、またはコレクションの`forEach`メソッド（139ページ）を使って、オブジェクトを1つ1つ取り出す方法を説明しました。

しかしながら、ここで説明するストリーム（Stream）という概念を使ってオブジェクトの集合を扱うと、たくさんのプログラムコードが必要だった処理を、とても短く直感的に書くことができます（注⓫-1）。

図⓫-1は、ストリームによる一連の処理の流れを表したものです。オブジェクトのまとまりに対して、何かしらの処理を行って、最後に出力を行います。処理と処理の間をオブジェクトが流れていくようなイメージです。最後に行う処理を終端操作（しゅうたんそうさ）と呼び、終端操作を行うまでの処理を中間操作（ちゅうかんそうさ）と呼びます。中間操作はいくつあってもかまいませんし、中間操作を行わずに、終端操作だけで済ますこともできます。

KEYWORD

- ストリーム
- 終端操作
- 中間操作

注⓫-1

第7章のファイル入出力や、第10章のネットワークでの説明では、データの流れを「ストリーム」という言葉で表現しました。ここでは、複数の処理の間を受け渡しされていく、たくさんのオブジェクトの流れを「ストリーム」という言葉で表しています。

図⓫-1 ストリームによる処理の流れ

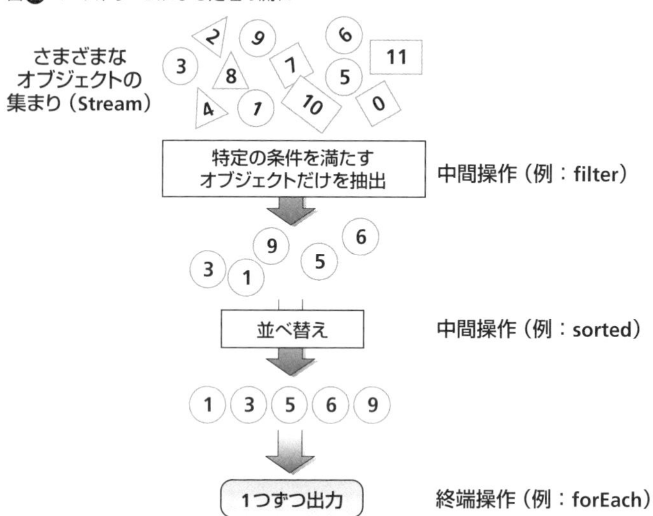

図⓫-1の例では、特定の条件を満たすデータだけを抽出する操作や、並べ替え操作を行って、最後に1つ1つのデータに対する処理を行うようすを示しています。それぞれの処理は、**java.util.stream.Stream**インタフェースに宣言されている**filter**、**sorted**、**forEach**メソッドで実現します。それぞれのメソッドで、どのように抽出するオブジェクトを決定するか、どのように並べ替えるか、といった具体的な操作内容は、第6章で説明したラムダ式を使って指定します。

図に示した抽出や並べ替えだけではなく、**Stream**インタフェースに宣言されているほかのメソッドを使ったり、独自の処理を行わせることができます。

ストリームの生成

KEYWORD
●Streamオブジェクト

ストリームを使うには、はじめに**Stream**（ストリーム）オブジェクトを生成する必要があります。**Stream**は**java.util.stream**パッケージの中でインタフェースとして定義されているので、**new**演算子を使って生成することはできません。

その代わりに、**ArrayList**などのコレクションクラスが持つ**stream**という名前のメソッドを使用して取得します。次のプログラムコードでは、**List<String>**型のオブジェクト（注⓫-2）に対して、**stream**メソッドでストリームを取得します。

注⓫-2
プログラムコードの例のように、**Arrays**クラスの**asList**メソッドを使って**List**オブジェクトを作成できます。

```
List<String> list = Arrays.asList("January", "February", ➡
"March");
Stream<String> stream = list.stream();
```

➡は紙面の都合で折り返していることを表します。

Streamインタフェースの型パラメータには、格納されているオブジェクトの型（上の例ではString）を指定します。

KEYWORD
●ofメソッド

この方法とは別に、Streamインタフェースのof（オブ）メソッドを使って、オブジェクトの列から直接Streamを作ることもできます。

```
Stream<String> stream = Stream.of("January", "February", ➡
"March");
```

➡は紙面の都合で折り返していることを表します。

このように、インタフェースに定義されたメソッドを実行できることを不思議に思うかもしれません。このofメソッドは、Streamというインタフェースに宣言されているstaticメソッドで、クラスのstaticメソッドと同じように使うことができます。インタフェースのstaticメソッドについては次節で説明します。

ストリームに対する終端操作

StreamのforEachメソッドを使用することで、1つ1つのオブジェクトを取り出して処理を行えます。処理の内容は、ラムダ式で記述して、forEachメソッドの引数とします。

次のプログラムコードは、s -> System.out.println(s)というラムダ式をforEachメソッドの引数にした例です。作成したストリームからオブジェクト（文字列）を1つずつ取り出して、コンソールに出力します。

```
List<String> list = Arrays.asList("January", "February", ➡
"March");
list.stream().forEach(s -> System.out.println(s));
```

➡は紙面の都合で折り返していることを表します。

Streamのcountメソッドを使用すると、ストリームに含まれるオブジェクトの数をlong型の値で取得できます。次のプログラムコードでは、listに含まれる要素数が出力されます。countメソッドは引数を受け取りません。

```
long n = list.stream().count();
System.out.println(n);
```

ここで説明したforEachとcountメソッドは、ストリームに対する一連の操作の最後に行うものなので、終端操作といいます。

ストリームに対する中間操作

先ほど説明した終端操作を行う前に、ストリームに対する別の操作をはさみ込むことができます。これを中間操作と呼びます。中間操作の代表的なものの1つが、「ある条件を満たすオブジェクトだけを取り出して、次の操作に渡す」というものです。これはfilterメソッドを使って行えます。filterメソッドの戻り値は、条件に合うものだけを含むStreamオブジェクトなので、ドット（.）で連結して、また別のメソッドを呼び出すことができます。

filterメソッドには、引数で渡されたオブジェクトが条件を満たすかどうかをboolean型で返すラムダ式を渡します。たとえば、文字列が含まれるストリームから、文字数が5より多い文字列だけを抽出するには、「s -> s.length() > 5」というラムダ式をfilterメソッドの引数にします。これは、変数sでString型のオブジェクトを受け取り、その文字数が5より大きければtrueを返す処理を表します。先ほどのcountメソッドを終端操作として連結すると、次のようなプログラムコードで、条件に合うオブジェクトの数を取得できます。

```
long l = list.stream().
filter(s -> s.length() > 5).    ←条件を満たすオブジェクトだけを次に渡します
count();
```

先ほどの例と比べてみると、countメソッドが実行される前に、条件を満たすものだけを取り出す処理（フィルタ処理）が差し込まれた状態になっています。

Streamのmapメソッドを使用すると、個々のデータを別のオブジェクトにマッピングすることができます。たとえば、

```
map(s -> "[" + s + "]")
```

と書くことで、文字列の前後に[と]をつける処理を行えます。もとのデータが変更されるわけではなくて、新しく[と]がついた文字列が生成されます(注⓫-3)。先ほどのforEachメソッドを終端操作として連結すると、次のようなプログラムコードで、前後を[ ]で囲った文字列を出力できます。

注⓫-3
データの中身を変更するような処理は書けません。

```
list.stream().
map(s -> "[" + s + "]").
forEach(s -> System.out.println(s));
```

Streamのsortedメソッドを使うと、オブジェクトを並べ替えることができます。オブジェクトがComparableインタフェースを実装している場合には、引数を与えなくてもかまいません。そうでない場合は、141ページで説明したのと同じように、順序を決めるための方法をラムダ式で指定します。ラムダ式の引数には、格納しているオブジェクトが2つ渡されます。たとえば、

```
sorted((s0, s1) -> s0.length() - s1.length())
```

と書くことで、文字列の長さが短い順に並べ替えを行えます。

mapメソッドもsortedメソッドも、戻り値がStreamオブジェクトなので、やはりドット(.)で連結して別の中間操作、または、終端操作を行うことができます。

ストリーム処理の例

これまでに説明した方法の具体例を紹介します。はじめに、次のようにしてJanuaryからDecemberまでの12個の文字列を含むListを準備しておきます。

```
List<String> list = Arrays.asList(
"January", "February", "March", "April", "May", "June",
"July", "August", "September", "October", "November", ➡
"December");
```

➡は紙面の都合で折り返していることを表します。

次のプログラムコードでは、文字数が5以下のものに対して、アルファベット順で並べ替え、文字列の両端に[と]記号をつけて、最後に1つ1つ出力します。

```
list.stream().   ←ストリームを生成します
  filter(s -> s.length() <= 5).   ←文字数が5以下のものだけを取り出します
  sorted().   ←文字列の並べ替えを行います
  map(s -> "[" + s + "]").   ←[ ]で囲んだ文字列に置き換えます
  forEach(s-> System.out.println(s));   ←要素を出力します
```

実行結果(5文字以下のものだけがアルファベット順に並んでいます)

```
[April]
[July]
[June]
[March]
[May]
```

この例のように、複数のメソッドによる一連の操作を、ドット(.)記号で連結して記述できます。コレクションに格納されているオブジェクトが、それぞれのメソッドに定義された処理の間を順番に流れていくようすをイメージしましょう。

ワン・モア・ステップ!

ストリームからオブジェクトの配列やコレクションを生成するには

コレクションに格納されたデータからストリームを作成するには、コレクションクラスが持つ**stream**メソッドを使用する、または**Stream**インタフェースが持つ**of**メソッドを使用しました。

たとえば、次のようにして3つの文字列をデータに持つストリームを生成できます。

```
Stream<String> stream = Stream.of("A", "B", "C");
```

では反対に、ストリームから配列やコレクションを生成するには、どのようにすればよいでしょうか。

配列を生成するには、**toArray**メソッドを用います。しかし、この方法で得られるのは**Object**型の配列です。**String**型の配列を取得するには、**size -> new String[size]**というラムダ式を**toArray**メソッドの引数にして、次のように記述します。

```
String[] strings = stream.toArray(size -> new String[size]);
```

➡は紙面の都合で折り返していることを表します。

コレクションオブジェクトを生成するには、**collect**メソッドを使用します。**java.util.stream.Collectors**クラスの**toList**メソッドの戻り値を引数とすることで、次のようにして**List<String>**型のコレクションオブジェクトを取得できます。

```
List<String> list = stream.collect(Collectors.toList());
```

ここで紹介した2つの処理は、どちらもストリームに対する終端操作の1つです。

登場した主なキーワード

- **ストリーム**：本章で使われる「ストリーム」という言葉は、複数の操作の間を受け渡しされていく、たくさんのオブジェクトの流れのこと。
- **中間操作**：ストリームに対して操作を行い、次の操作へ再びストリームを受け渡すもの。
- **終端操作**：ストリームに対して行う最後の操作。

まとめ

- コレクションクラスには**stream**という名前のメソッドがあり、このメソッドで**java.util.stream.Stream**インタフェース型のオブジェクト（ストリーム）を取得できます。
- ストリームが持つ、**filter**、**sorted**、**forEach**などのメソッドを組み合わせることで、コレクションに格納されたオブジェクトに対する一連の操作を簡潔に記述できます。
- 中間操作を行うメソッドはストリームオブジェクトを戻り値とするため、メソッドの呼び出しをドット（**.**）で連結して記述できます。

11-2 知っておきたい機能

学習のポイント

- スタティックインポート、インタフェースのデフォルトメソッド、enum宣言など、これまでの学習で扱わなかったものの、知っておきたい機能を紹介します。
- オブジェクトを比較する2つの方法（==演算子とequalsメソッド）の違いを確認します。

スタティックインポート

KEYWORD
●import static

1-1節で学習したように、**import**文でクラスの完全限定名を宣言すると、プログラムコードの中でそのクラスを使うときにパッケージ名の記述を省略できました。それだけにとどまらず、クラス名の記述までも省略できる**import static**（インポート スタティック）という**import**文があります。構文は次のとおりです。

構文⓫-1 import static文

```
import static パッケージ名.クラス名.クラス変数名;
```

KEYWORD
●スタティックインポート

このように記述すると、パッケージ名とクラス名を省略して、クラス変数名やクラスメソッドを直接記述できるようになります。このようなインポートをスタティックインポートといいます。具体的な使用例を、次のプログラムコードで見てみましょう（List⓫-1）。

List⓫-1 11-01/StaticImportExample.java

```
1: import static java.lang.Math.PI;      // 円周率を表す定数
2: import static java.lang.Math.abs;     // 絶対値を求めるメソッド
3:
4: public class StaticImportExample {
5:     public static void main(String[] args) {
6:         System.out.println("PI=" + PI);
7:         System.out.println("abs(-2)=" + abs(-2));
8:     }
9: }
```

実行結果

```
PI=3.141592653589793
abs(-2)=2
```

List⓫-1の1～2行目では、

```
import static java.lang.Math.PI;
import static java.lang.Math.abs;
```

と記述して、**java.lang.Math**クラスの**PI**というクラス変数（円周率の値）と、**abs**というクラスメソッド（絶対値を求めるメソッド）をスタティックインポートしています。これで、**PI**と記述するだけでクラス変数**java.lang.Math.PI**を参照できるようになります。同様に、**abs**と記述するだけで**java.lang.Math.abs**メソッドを呼び出すことができます。

ただし、スタティックインポートできるのは、その名前が示すとおり**static**修飾子のついたフィールドとメソッド、つまりクラス変数とクラスメソッドだけです。

import文ではアスタリスク（*）を使って、複数のクラスをまとめてインポートすることができました。これと同じことを**import static**文でも行うことができます。たとえば、次のように記述することで、**Math**クラスにあるすべてのクラス変数とクラスメソッドを一度にスタティックインポートできます。

```
import static java.lang.Math.*;
```

インタフェースのデフォルトメソッドとスタティックメソッド

注⓫-4
詳しくは入門編の第8章で説明しています。

インタフェースとは、「クラスが持つべきメソッドを記したルールブックのようなもの」です（注⓫-4）。インタフェースの宣言にはメソッドの戻り値と引数だけを記述し、実際の処理の内容は、そのインタフェースを実装したクラスの中で定義します。

次のプログラムコードの例では、**SayHello**インタフェースに**hello**メソッドの宣言が含まれますが、そのメソッドの中身は記述していません。その代わりに、**SayHello**インタフェースを実装するクラスが**hello**メソッドをオーバーライドして、具体的な処理の内容を記述しています。

```
interface SayHello {
  void hello(); ←── メソッドの処理の中身は記述しません
}
```

しかしながら、default(デフォルト)修飾子(しゅうしょくし)をつけると、次のようにメソッドの中身を記述できます(注⓫-5)。

KEYWORD
- default修飾子
- デフォルトメソッド

注⓫-5
defaultとは「既定値」という意味を持つ英単語です。

```
interface SayHello {
  default void hello() {              ┐ インタフェースの宣言の中で
    System.out.println("Hello");      ├ メソッドの中身を記述できます
  }                                   ┘
}
```

このように、default修飾子とともに、中身が記述されたメソッドのことをデフォルトメソッドといいます。インタフェースを実装するクラスでは、デフォルトメソッドをオーバーライドせずに済ませることができます。もちろん、通常のインタフェースと同様に、オーバーライドすることもできます。このことを次のプログラムコードで確認しましょう(List⓫-2)。

List⓫-2 11-02/DefaultMethodExample.java

```
 1: interface SayHello {
 2:   default void hello() {                 ┐
 3:     System.out.println("Hello");         ├ デフォルトメソッドです
 4:   }                                      ┘
 5: }
 6:
 7: class EnglishGreet implements SayHello {  ┐ helloメソッドを
 8: }                                         ┘ オーバーライドしなくても済みます
 9:
10: class JapaneseGreet implements SayHello {
11:   public void hello() {                  ┐ SayHelloインタフェースのhello
12:     System.out.println("こんにちは");     ├ メソッドをオーバーライドします
13:   }                                      ┘
14: }
15:
16: public class DefaultMethodExample {
17:   public static void main(String[] args) {
18:     SayHello a = new EnglishGreet();
19:     SayHello b = new JapaneseGreet();
20:     a.hello(); ←── SayHelloインタフェースのデフォルトメソッドが実行されます
21:     b.hello(); ←── オーバーライドされたhelloメソッドが実行されます
22:   }
23: }
```

実行結果

```
Hello
こんにちは
```

EnglishGreetクラスは、**SayHello**インタフェースを実装していますが、その中で宣言されている**hello**メソッドをオーバーライドせずに済ませています。この場合、**SayHello**インタフェースの中で宣言されているデフォルトメソッドが、そのまま**EnglishGreet**クラスの**hello**メソッドとして使用されます。

一方、**JapaneseGreet**クラスは、**hello**メソッドをオーバーライドしています。**JapaneseGreet**オブジェクトに対して**hello**メソッドを呼び出すと、ここで宣言した**hello**メソッドの処理が実行されます。

インタフェース内でのメソッドの宣言に**static**キーワードを付けると、クラスメソッドと同じように、インタフェースに**static**メソッド（静的メソッド）を定義できます。このメソッドは、インタフェース名にドット（**.**）を付けて呼び出せます。

たとえばList⓫-2の2行目の**hello()**メソッドの宣言を次のように変えてみます。

```
static void hello() {
```

すると、この**hello()**メソッドは**SayHello**インタフェースの**static**メソッドとなり、次のようにして呼び出すことができます。

```
SayHello.hello();
```

インタフェースを実装したクラスを作ったり、そのクラスのインスタンスを生成することなく、メソッドを呼び出せます。257ページで説明した**Stream**インタフェースの**of**メソッドは、このような**static**メソッドの1つです。

アノテーション

Eclipseを用いてプログラムを作成していると、**@Override**という表記がメソッド名の前に表示されることがあります。これは、「このメソッドはスーパークラスまたはインタフェースのメソッドをオーバーライドしたものである」ということをコンパイラに伝える役割を持ちます。うっかりメソッド名や引数を間違えるなどして、（本人は適切にオーバーライドしたつもりでも）適切にオーバーライドができていないときに、コンパイラがエラーを出します。Eclipseを使用している場合は、プログラムコードの編集中にもエラーアイコンが表示されます。

KEYWORD
●アノテーション

このように、記号（@）を先頭に持つ表記をアノテーションといい、コンパイラ（またはEclipseのエディタ）に対して、プログラム作成時の意図を伝えることができ、単純なミスを防ぐのに役立ちます。ここで説明した`@Override`が、アノテーションの代表的なものです（注⓫-6）。

注⓫-6
これ以外にも、クラスやメソッドの説明書をHTML形式で自動生成するJavadocに対して、情報を伝える目的で使われることもあります。

System.out.printfメソッド

これまで、変数の値をコンソールに出力するときには、次のように`System.out.println`メソッドを使ってきました。

```
int i = 99;
System.out.println("iの値は" + i + "です");
```

この処理では、文字列と変数の値を連結して新しい文字列を作成し、それを`println`メソッドの引数としています。

KEYWORD
●System.outオブジェクト
●printfメソッド

`System.out`（システム アウト）は`PrintStream`型のオブジェクトで、`println`メソッドはこの`PrintStream`クラスに宣言されています。`PrintStream`クラスには`printf`（プリントエフ）というメソッドもあり、これを使うと、先ほどのコンソールへ出力する処理を次のように記述できます。

```
int i = 99;
System.out.printf("iの値は%dです%n", i);
```

実行結果は`println`メソッドを使用した場合と同じで、

```
iの値は99です
```

と出力されます。

上記のように記述した**printf**メソッドでは、1つ目の引数で渡された文字列**"iの値は%dです%n"**の中の**%d**が変数**i**の値に置き換わり、**%n**が改行となって出力されます。**printf**は、文字列に埋め込まれた記号（**%d**や**%n**など）を2つ目以降の引数の値で置き換え、その結果を出力するメソッドなのです。構文は次のとおりです。

構文⓫-2 printfメソッド

```
System.out.printf(記号を埋め込んだ文字列, 記号と置き換える引数1,
記号と置き換える引数2, ……)
```

printfメソッドでは置き換える記号とそれと置き換える引数をいくつでも指定できます。また、文字列に埋め込んだ記号の順番と、それと置き換える引数の順番は一致しています。たとえば、最初に埋め込んだ記号は「記号と置き換える引数1」と、2番目に埋め込んだ記号は「記号と置き換える引数2」と対応します。ただし、先ほどの**%n**のように置き換える引数を指定する必要のない記号は、この対応関係からはずれます。

printfメソッドは、次のように、複数の変数の値をまとめて出力するときにとても便利です。

```
int x = 5;
int y = 10;
int z = 15;

System.out.printf("x = %d%n", x);
System.out.printf("(x, y) = (%d, %d)%n", x, y);
System.out.printf("(x, y, z) = (%d, %d, %d)%n", x, y, z);
```

実行結果は次のようになります。

```
x = 5
(x, y) = (5, 10)
(x, y, z) = (5, 10, 15)
```

記号ごとに、置き換えられる値の種類が決まっています。**%d**は整数に、**%n**は改行に置き換えられます。

そのほかにも使用できる記号は多数ありますが、小数点を含む数値を出力するための**%f**と、文字列を出力するための**%s**がよく使われます。次の2行は、**%f**と**%s**を使った例です。

```
double d = 1.0/3.0;
System.out.printf("1/3 = %f%n", d);
String s = "晴れ";
System.out.printf("今日の天気は%sです%n", s);
```

実行結果は次のようになります。

```
1/3 = 0.333333
今日の天気は晴れです
```

小数点を含む数値を出力する場合には、「`%.桁数f`」と記述すれば小数点以下何桁目まで出力するかを制御できます。

```
double d = 1.0/3.0;
System.out.printf("1/3 = %.2f%n", d);
System.out.printf("1/3 = %.10f%n", d);
```

これを実行すると、次のように出力されます。

```
1/3 = 0.33
1/3 = 0.3333333333
```

このように、文字列の一部に数値を埋め込んで出力する場合には**println**メソッドよりも**printf**メソッドのほうが便利です。**printf**メソッドには、ほかにもさまざまなオプションがあります。詳しくはAPI仕様書を参照してください（注⓫-7）。

注⓫-7
使用できるすべての記号とその詳しい説明は、`java.io.PrintStream`クラスの`printf`メソッドの説明からリンクされている「書式文字列の構文」に記載されています。

enum宣言

整数の定数を宣言するとき、通常は、

```
final int A = 1;
```

のように**final**修飾子をつけて、値を変更できない**int**型にします。その代わりに**enum**（イーナム）の機能を使うと、**int**型ではない独自の型の定数を宣言できます。

KEYWORD
● enum

具体的な例として、**Student**クラスに名前と性別の情報を持たせることを考えてみましょう。名前は**String**型で表せますが、性別を表す適当な型はないので、**int**型で代用することとして、次のようにクラスを宣言してみます。

```
class Student {
  String name;
  int gender; // 0であれば男性、1であれば女性を表す
}
```

このクラスを使用するときには、「インスタンス変数**gender**の値が**0**なら男性、**1**なら女性」というルールを覚える必要がありますが、しばらく使わないと忘れてしまいそうです。もし、これを**MALE = 0**、**FEMALE = 1**という定数にすれば、プログラムコードを見てすぐに性別がわかるでしょう。これは、次のようなプログラムコードで実現できます。

```
class Student {
  final static int MALE = 0;     // 男性を表す定数
  final static int FEMALE = 1;   // 女性を表す定数
  String name;
  int gender; // 0であれば男性、1であれば女性を表す
}
```

このように定義した定数は、次のように扱えます。

```
Student s = new Student();
s.name = "山田太郎";
s.gender = Student.MALE;  ← 値が0の定数です
```

これなら、「**gender**の値が**0**なら男性、**1**なら女性」というルールを覚えていなくても、プログラムコードから、インスタンスに設定された性別をすぐに理解できます。

ところが、変数**gender**は**int**型なので、**s.gender = 3;**と誤って記述しても問題なくコンパイルできてしまいます。ほかのプログラムコードでは、**gender**の値は**0**または**1**のどちらかであることを前提としているはずなので、それ以外の値を設定できてしまうとトラブルのもとになります。

enumを使うと、このような問題を回避できます。**enum**では、**int**型でない独自の型を持った定数を宣言できます。たとえば、

```
enum Gender { MALE, FEMALE };
```

と記述すると、**Gender**という名前で、**MALE**と**FEMALE**という2つの定数だけをとれる独自の型を宣言できます。先ほどの**Student**クラスを、この**enum**を使って書き換えると次のようになります。

```
class Student {
  enum Gender { MALE, FEMALE };   ← Genderという型とその定数を定義します
  String name;
  Gender gender;   ← Gender型のインスタンス変数としてgenderを宣言します
}
```

このStudentクラスを使用する場合には、次のように記述します。

```
Student s = new Student();
s.name = "山田太郎";
s.gender = Student.Gender.MALE;   ← Studentクラスに定義された
                                     Gender型の定数値を指定します
```

enumで宣言された定数は、**クラス名.型名.定数名**という形式で記述します。ここでは**Student**クラスで**Gender**型の**MALE**という定数を、**Gender**型の変数**gender**に代入しています。**Gender**型の変数には、**Gender**型として定義されている定数（**Student.Gender.MALE**か**Student.Gender.FEMALE**）しか代入できません。これで、誤って想定外の値が代入される心配がなくなります。

また、**enum**で宣言した型に対しては、**toString**メソッドを使用して、宣言に使用された文字列を取得できます。たとえば、

```
System.out.println(s.gender.toString());
```

と記述すれば、

```
MALE
```

と出力されます。これにより、性別が「男性」として登録されていることを文字列でも確認できます。これも**int**型の定数では実現できなかったことです。

==演算子とequalsメソッド

==演算子とequalsメソッドは、ともに2つのオブジェクトが等しいかどうかを調べるときに使用できます。それでは、両者は同じ働きをするのでしょうか？試しに、Pointクラスの2つのインスタンスを、==演算子とequalsメソッドを使って比較してみましょう（List⓫-3）。

List⓫-3 11-03/CompareExample.java

```
 1: class Point {
 2:   int x;
 3:   int y;
 4:   Point(int x, int y) {
 5:     this.x = x;
 6:     this.y = y;
 7:   }
 8: }
 9:
10: public class CompareExample {
11:   public static void main(String[] args) {
12:     Point p1 = new Point(2, 3);
13:     Point p2 = new Point(2, 3);  ← p2にp1と同じ値を設定します
14:     Point p3 = p2;  ← p3はp2と同じオブジェクトを参照します
15:
16:     System.out.println(p1 == p2);
17:     System.out.println(p2 == p3);
18:
19:     System.out.println(p1.equals(p2));
20:     System.out.println(p2.equals(p3));
21:   }
22: }
```

（16～20行目）p1とp2、p2とp3をそれぞれ==演算子とequalsメソッドで比較した結果を出力します

実行結果

```
false  ← p1==p2の比較結果です
true   ← p2==p3の比較結果です
false  ← p1.equals(p2)の比較結果です
true   ← p2.equals(p3)の比較結果です
```

==演算子での比較では、参照先のインスタンスが同じであるかが判定されます。インスタンスが保持する変数の値が同じであっても、参照先のインスタンスが「違うもの」であれば、等しくないと判断されます。そのため、p1とp2が参照するインスタンスは同じ座標値を持っていますが異なるものであるため、==演算子による比較結果はfalseとなります。p2とp3は同じインスタンスを参照しているので、比較結果はtrueになります。

次はequalsメソッドです。Pointクラスにはequalsメソッドの宣言があ

注⓫-8
すべてのクラスがObjectクラスを継承するからです。

りませんが、すべてのクラスが継承しているObjectクラスで宣言されているメソッドなので問題なく呼び出せます(注⓫-8)。実行結果を見ると、==演算子での比較と同じです。参照先のインスタンスが同じであれば**true**、そうでなければ**false**になっています。両者の働きは同じだということがわかりました。

しかし、**equals**メソッドをオーバーライドすることで、「等しい」と判断する基準を変更できます。もし、p1(x=2, y=3)とp2(x=2, y=3)のように、「座標値が同じである場合には等しい」(このほうが自然ですね)と判断されるようにしたい場合には、**Object**クラスの**equals**メソッドをオーバーライドして、独自の**equals**メソッドを宣言します(List⓫-4)。

List⓫-4 11-04/CompareExample2.java

```
 1: class Point {
 2:   int x;
 3:   int y;
 4:   Point(int x, int y) {
 5:     this.x = x;
 6:     this.y = y;
 7:   }
 8:
 9:   public boolean equals(Object p) {
10:     Point point = (Point)p;
11:     return (point.x == this.x && point.y == this.y);
12:   }
13: }
14:
15: public class CompareExample2 {
16:   public static void main(String[] args) {
17:     Point p1 = new Point(2, 3);
18:     Point p2 = new Point(2, 3);
19:     Point p3 = p2;
20:
21:     System.out.println(p1 == p2);
22:     System.out.println(p2 == p3);
23:
24:     System.out.println(p1.equals(p2));
25:     System.out.println(p2.equals(p3));
26:   }
27: }
```

equalsメソッドをオーバーライドします（9行目）
引数のオブジェクトをPoint型に型変換します（10行目）
xとyの値が等しければtrueを返します（11行目）
p1と同じ値を設定しています（18行目）
p3はp2と同じオブジェクトを参照します（19行目）
p1とp2、p2とp3をそれぞれ==演算子とequalsメソッドで比較した結果を出力します（21〜25行目）

実行結果

```
false
true
true
true
```

false ← p1==p2の比較結果です
true ← p2==p3の比較結果です
true ← p1.equals(p2)の比較結果です
true ← p2.equals(p3)の比較結果です

このプログラムコードでは、**Point**クラスで**Object**クラスの**equals**メソッドをオーバーライドしています。**equals**メソッドの引数は**Object**型なので、**Point**型に型変換してから座標値を比較しています。これにより、**equals**メソッドでは「同じ座標値を持っていれば等しい」という結果を得られるようになりました。

ところで、**String**クラスも、この**Point**クラスと同様に**Object**クラスの**equals**メソッドがオーバーライドされていて、文字列の中身で比較が行われるようになっています。次のプログラムコードでは、**String**オブジェクトを**==**演算子と**equals**メソッドで比較しています(List⓫-5)。

List⓫-5 11-05/StringCompare.java

```
1: public class StringCompare {
2:   public static void main(String[] args) {
3:     String s1 = new String("Hello");
4:     String s2 = new String("Hello");
5:     System.out.println(s1 == s2);
6:     System.out.println(s1.equals(s2));
7:   }
8: }
```

(3〜4行目)s1とs2は中身の文字列が同じ2つのインスタンスを別々に参照します

(5〜6行目)s1とs2を==演算子とequalsメソッドで比較した結果を出力します

実行結果

```
false
true
```

(false)s1==s2の比較結果です

(true)s1.equals(s2)の比較結果です

実行結果から、**==**演算子ではインスタンスの比較が行われ、**equals**メソッドでは文字列としての比較が行われていることを確認できます。

第5章で説明したセットコレクションでは、同じオブジェクトが2回格納されることはないのですが、この「同じオブジェクト」の判定には**==**演算子ではなく、格納するオブジェクトの**equals**メソッドが呼び出されています。

登場した主なキーワード

- **スタティックインポート**:クラス名を記述しなくても、クラス変数とクラスメソッドを直接使用できるようにすること。
- **デフォルトメソッド**:インタフェースの中で、**default**修飾子をつけて宣言され、処理の内容が記述されたメソッド。
- **アノテーション**:先頭に記号(@)をつけたキーワードで、コンパイラまたはEclipseのエディタに対してプログラム作成時の意図を伝えるための表記。
- **enum**:独自の型を持った定数を宣言できる仕組み。

まとめ

- スタティックインポートを行うことで、クラス名を表記せずに、クラス変数とクラスメソッドを、その名前だけで直接使用できるようになります。
- インタフェースの中には、処理の内容を記述したデフォルトメソッドを宣言できます。このインタフェースを実装するクラスは、デフォルトメソッドをオーバーライドせずに済ますことができます。
- アノテーションを用いることで、コンパイラ（またはEclipseのエディタ）にプログラム作成時の意図を伝えることができ、単純なミスを防ぐのに役立ちます。
- **System.out.printf**メソッドは、文字列の中にある**%d**や**%f**などの記号を2つ目以降の引数で渡された値に置き換えるなどして出力します。
- **enum**宣言を使うことで、独自の型を持つ定数を宣言できます。
- **equals**メソッドをオーバーライドして、そのクラス独自の方法で「等しい」の判定を行えるようにできます。そのため、**==**演算子による比較と、**equals**メソッドによる比較では結果が異なることがあります。

練習問題

11.1 次のプログラムコードによって、**list**には**Point**オブジェクトが格納されているものとします。また、**Point**クラスはメンバ変数**x**と**y**、および**printInfo()**メソッドを持つものとします。

```
List<Point> list = Arrays.asList(
  new Point(8, 7),  new Point(3, 5),  …（中略）… , ➡
  new Point(5, 2),  new Point(9, 1)
  );
```

➡は紙面の都合で折り返していることを表します。

list.stream()で得られるストリームに対して、次の操作を行うプログラムコードを作成してください。
「格納されている**Point**オブジェクトの中から、メンバ変数**x**の値が3より大きいものだけを抽出し、その後、メンバ変数**y**の値の小さい順に並べ替え、最後に**printInfo**メソッドを呼び出す」

11.2 次の文章のうち、誤っているものには×を、正しいものには○をつけてください。

(1) スタティックインポートの宣言を行うと、そのクラスのすべてのフィールドとメソッドを、クラス名を指定せずに直接使用できる。

(2) `PrintStream`クラスの`printf`メソッドには、引数をいくつでも渡すことができる。

(3) どのようなクラスのインスタンスに対しても`equals`メソッドを呼び出すことができる。

(4) `==`演算子を用いて2つのオブジェクトを比較した結果と、`equals`メソッドで比較した結果は常に等しい。

11.3 (1) 次の`Student`クラスの`Gender`型に、「不明」を意味する定数として`UNKNOWN`を追加してください。また、名前の初期値を"匿名"、性別の初期値を`UNKNOWN`としてください（フィールドの宣言で初期化するものとします）。

```
class Student {
  enum Gender { MALE, FEMALE };
  String name; // 名前
  Gender gender; // 性別
}
```

(2) 設問(1)で定義した`Student`クラスに、名前と性別が一致した場合のみ`true`を返す`equals`メソッドを追加してください。`equals`メソッドは、`Object`クラスの`equals`メソッドをオーバーライドすることになります。

付録A

Eclipseの導入とサンプルプログラムの実行

Eclipseの準備

本書での学習を進めるには、Javaプログラムを作成・実行するソフトウェアである「Eclipse（エクリプス）」を使用すると便利です。Eclipseは、Eclipse Foundation（https://www.eclipse.org/）が無償で配布している統合開発環境です。

学校や企業では、すでにEclipseが準備されていることが多いですが、ご自宅のPCにインストールする場合には、MergeDoc Projectによって運営されている次のURLのWebページからダウンロードして利用することをおすすめします。ここでダウンロードできるFull Editionというパッケージは、Eclipseの各種設定が自動で行われるので、起動してすぐに利用できます。

https://mergedoc.osdn.jp/

このWebページから「Pleiades All in Oneダウンロード」の下にある最新版をクリックし、リンク先に移動します。そこで、使用しているOSの「Full Edition」の「Java」に対応する［Download］ボタンを押します。ダウンロードしたZipファイルを解凍するだけで準備が完了します※。以降の説明では、Windows上で使用することを前提としていますが、Pleiades All in OneはmacOSでも使用できます。詳しくは上記Webページの説明を参照してください。本書での説明は、執筆時点における最新版の「リリース 2020-12（Pleiades All in One Java）」に含まれるEclipseに基づいていますが、これ以降の新しいバージョンを使ってもかまいません。

Eclipseの起動

ステップ1：起動

Eclipseを起動するには、eclipseフォルダの中にある「eclipse」実行ファイル（eclipse.exe）をダブルクリックします（画面A-1）。

画面A-1 「eclipse」実行ファイルのアイコン

※ Webページに注意書きがあるように、Windowsで解凍する際には「7-Zip」という解凍ソフトを利用しましょう。注意書きのなかに、7-Zipのダウンロードページへのリンクがあります。

ステップ2：ワークスペースの設定

Eclipseを最初に起動したときには**画面A-2**のダイアログが表示され、「ワークスペース」の場所を尋ねられます。ワークスペースとは、Eclipse上で作成するプログラムコードなどを保存する場所（フォルダ）のことです。Eclipseでプロジェクトを作成すると、ワークスペースとして指定したフォルダに保存されます。

変更する必要がない場合は、そのままにしておきます。eclipseフォルダと同じ階層にworkspaceという名前のフォルダが作成され、そこに保存されます。

画面A-2　ワークスペースの設定を行うダイアログ

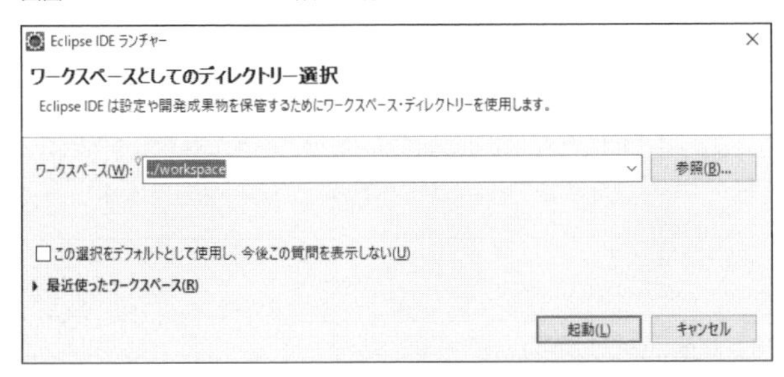

［起動］ボタンをクリックするとEclipseが起動し、**画面A-3**のような画面が表示されます。

画面A-3　Eclipseを起動したときの画面

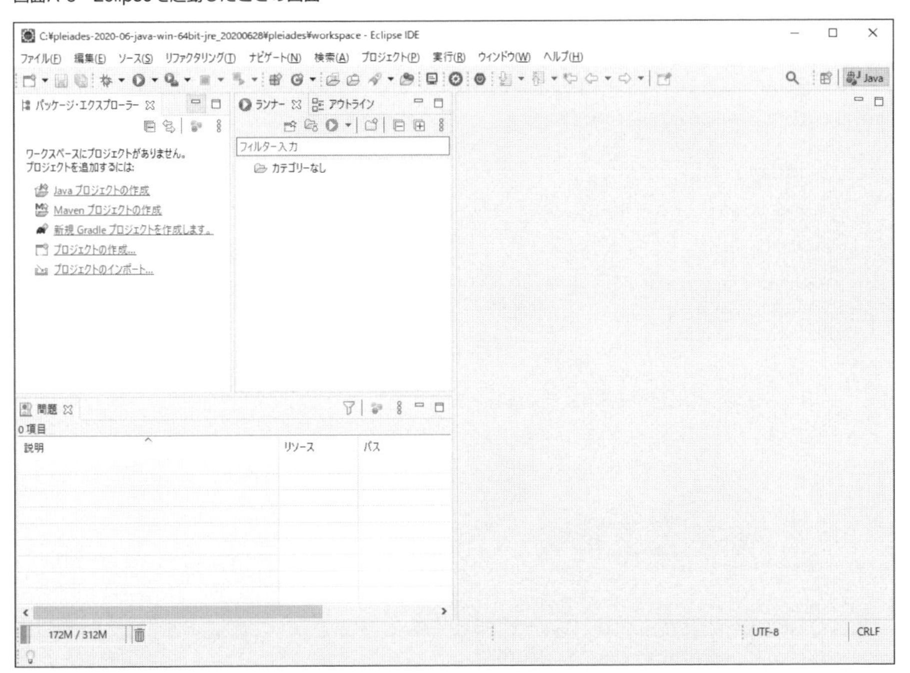

これ以降の操作については、入門編の1-3節を参照してください※。

Eclipseを終了させるときには、右上の［×］ボタン（［閉じる］ボタン）をクリックします。

サンプルプログラムの実行

本書のサンプルプログラムコードは、インターネットからダウンロードして入手できます。入手先のURLは巻頭のVIIIページを参照してください。

プログラムコードが、Eclipseにそのまま読み込める「プロジェクト」の形で収録されています。これを参照したり実行したりするには、次の手順でEclipseを操作して、プロジェクトを読み込んでください。

なお、皆さんが自分で作成したプロジェクトと重複しないように、**プロジェクトの名前には、末尾に「S」をつけてあります。**本文でのプロジェクト名が「01-01」の場合、収録されているプロジェクトの名前は「01-01S」です。

1. ［ファイル］メニュー→「インポート」を選択します。

2. 表示された「インポート（選択）」ダイアログで、［一般］→［既存プロジェクトをワークスペースへ］を選択し、［次へ］をクリックします。

画面A-4　［既存プロジェクトをワークスペースへ］を選択

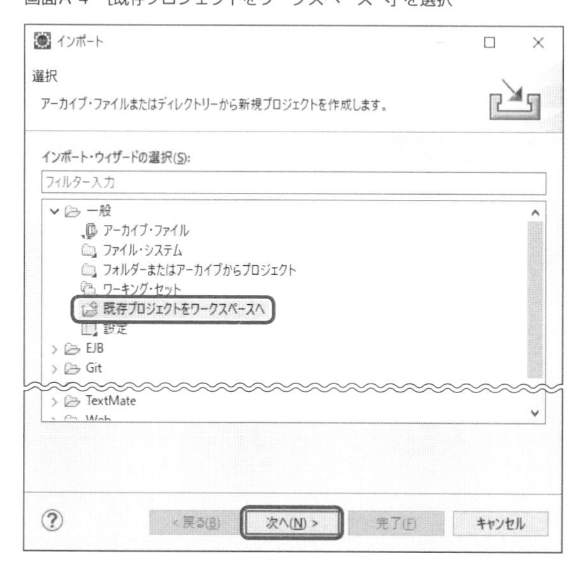

※ダウンロードPDF（「入門編1-3 プログラムの作成」）としても提供しています。次のURLから入手できます。
https://www.shoeisha.co.jp/book/download/9784798167077

3.　「インポート（プロジェクトのインポート）」ダイアログの「ルート・ディレクトリーの選択」を入力するために［参照］ボタンをクリックします。すると、「フォルダーの選択」ダイアログが開くので、ダウンロードした「sample」フォルダを選択して［フォルダーの選択］ボタンをクリックします。

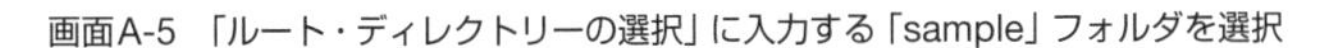
画面A-5　「ルート・ディレクトリーの選択」に入力する「sample」フォルダを選択

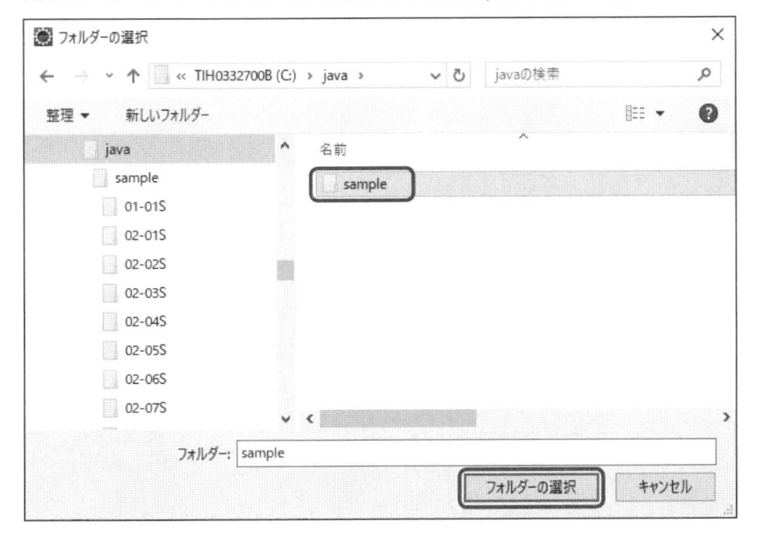

4.　「プロジェクト」にサンプルのプロジェクトの一覧が表示されるので、インポートしたいプロジェクトにチェックをつけ、「プロジェクトをワークスペースにコピー」にチェックをつけてから［完了］ボタンをクリックします。通常は、すべてのプロジェクトに最初からチェックがついています。

画面A-6 インポートしたいプロジェクトにチェックをつける

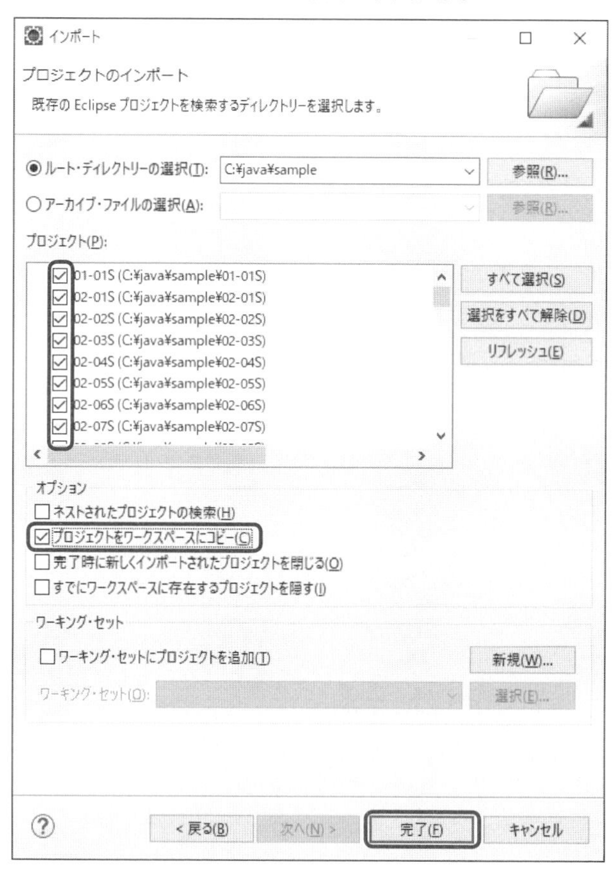

5. サンプルのプロジェクトが表示されたら、実行したいプロジェクトを［パッケージ・エクスプローラー］ビューで選択し、［実行］メニュー→［実行］－［Javaアプリケーション］を選択します。

画面A-7 ［実行］メニュー→［実行］－［Javaアプリケーション］を選択

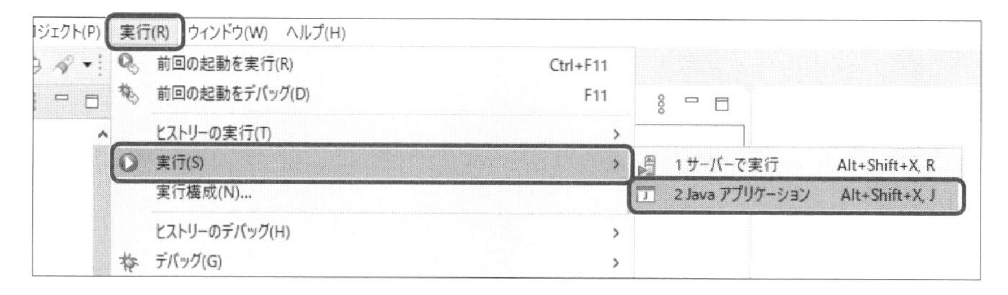

付録 B

Eclipseでのクラスパスの設定

インターネット上には、さまざまな機能を提供してくれるJavaのクラスライブラリがパッケージ（.jarファイル）として数多く配布されています。これらをJavaプログラムから利用するには、そのパッケージが置かれている場所をJavaのコンパイラや実行環境に教えておかなければなりません。その場所を記述するのが「クラスパス」です。

EclipseでJavaプログラムを作成している場合には、プロジェクト単位でクラスパスを設定します。

1. 「新規Javaプロジェクト」ダイアログでプロジェクト名など、プロジェクトの作成に必要な設定を行ったら、[次へ] ボタンをクリックします（画面B-1）。

画面B-1 「新規Javaプロジェクト」ダイアログで [次へ] ボタンをクリック

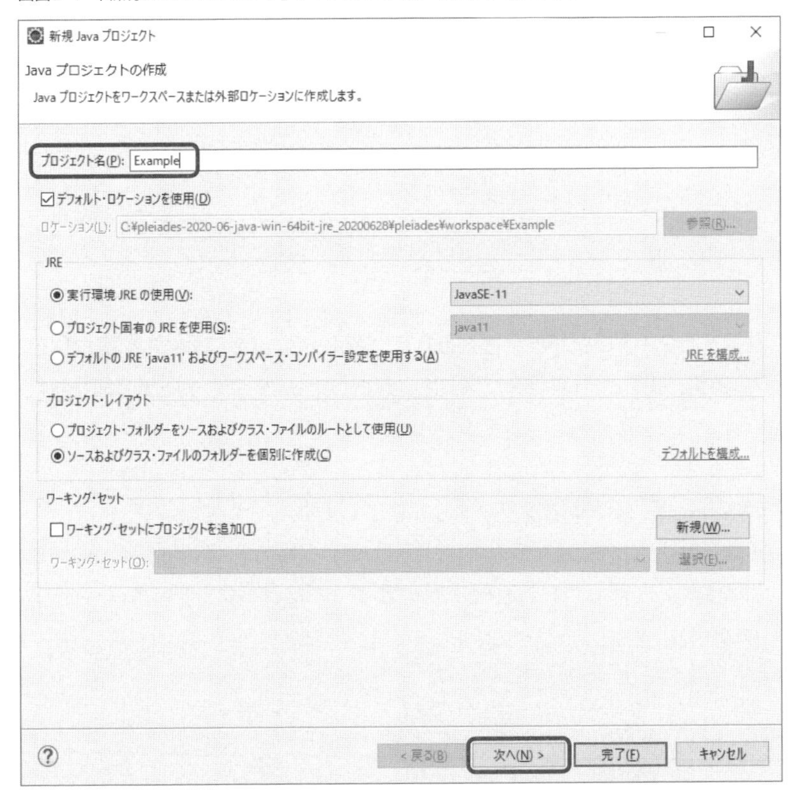

2. ［ライブラリー］タブを選択し、［クラスパス］を選択してから［外部JARの追加］ボタンをクリックします（画面B-2）。

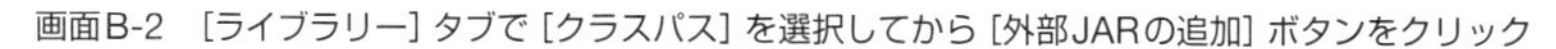
画面B-2　［ライブラリー］タブで［クラスパス］を選択してから［外部JARの追加］ボタンをクリック

3. JARファイルを選択するダイアログが表示されるので、使用したい.jarファイルを選択して［開く］ボタンをクリックします。すると、［クラスパス］に、選択したJARファイルが追加されたことを確認できます。

以上で作業は終了です。［完了］ボタンをクリックして終了します。

なお、既存のJavaプロジェクトにクラスライブラリを追加する場合には、［パッケージ・エクスプローラー］ビューで目的のプロジェクトを選択した状態で［プロジェクト］メニュー →［プロパティー］を選択します（画面B-3）。

画面B-3　既存のプロジェクトにビルド・パスを追加するときにはこのメニューを選択

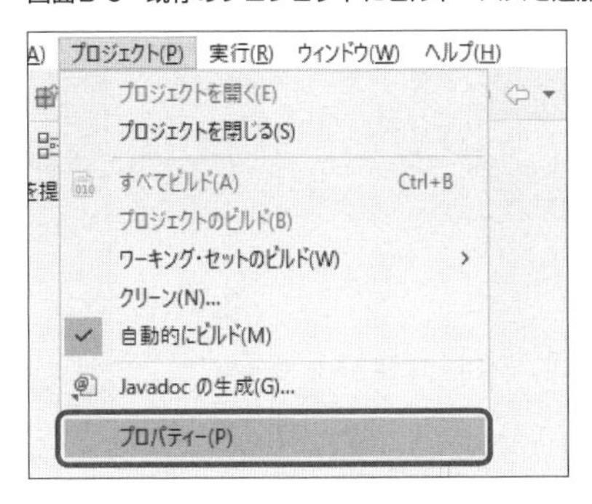

画面B-4のようなダイアログが開くので、左側にある［Javaのビルド・パス］を選択してください。［ライブラリー］タブを開くところからは、新規プロジェクトにクラスパスを設定する手順と同じです。

画面B-4　既存プロジェクトのプロパティー

付録C
実行可能JARファイルをEclipseで作成する方法

作成したJavaプログラムをほかの人にも使ってもらうには「実行可能JARファイル」にして、このファイルを提供するようにします。実行可能JARファイルはパッケージの一種で、Windowsの実行ファイル（拡張子が.exeのファイル）のようなものです。Java実行環境の整っているOS上で実行可能JARファイルをダブルクリックすると、その中のJavaプログラムを起動させることができます。

Eclipseでは、次の手順で実行可能なJARファイルを作成できます。

1. 最初に、実行可能JARファイルにしたいプロジェクトを実行します（これは、プログラムコードのコンパイルを行うためです）。

2. ［ファイル］メニュー →［エクスポート］を選択します（画面C-1）。

画面C-1 ［ファイル］メニュー→［エクスポート］を選択

3. 「エクスポート」ダイアログで［Java］フォルダの中の［実行可能JARファイル］を選択して、［次へ］ボタンをクリックします（画面C-2）。

画面C-2　「エクスポート」ダイアログで［実行可能JARファイル］を選択

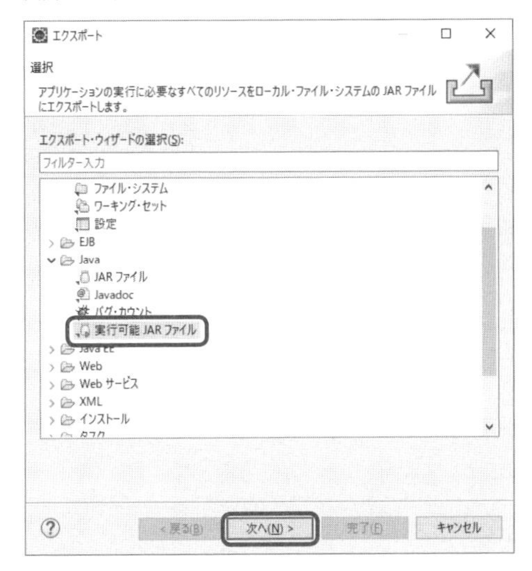

4. 「起動構成」をプルダウンすると、プロジェクトのプログラム名（`main`メソッドが宣言されているクラスの名前）とプロジェクト名がハイフン（-）で区切られて表示されます。これを選択してください。加えて、「エクスポート先」で実行可能JARファイルにつける名前と出力するフォルダを指定します。ファイル名の拡張子は.jarにします（画面C-3）。

画面C-3　エクスポート先の.jarファイルを指定

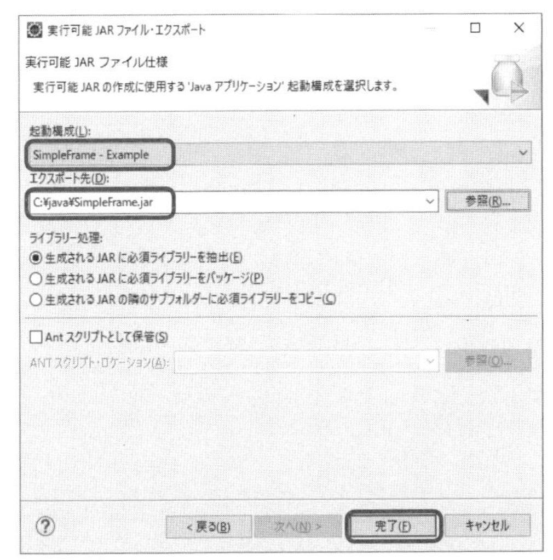

5. ［完了］ボタンをクリックすると、実行可能JARファイルが出力されます（画面C-4）。

画面C-4 生成された実行可能JARファイル

なお、ウィンドウの開くGUIアプリケーションであれば、出力されたJARファイルのアイコンをダブルクリックすることで実行できます。コマンドラインプログラム（WindowsのコマンドプロンプトやmacOSなどのターミナルで実行されるプログラム）であれば、

```
java -jar ファイル名.jar
```

と入力することで実行できます（ただし、実行時とコンパイル時のJavaのバージョンが異なると、エラーが生じることがあります）。

付録D
練習問題の解答

※ 解答がプログラムの場合、それは解答の一例です。ほかにも適正な動作をする書き方があることもあります。
※ リスト中の「➡」は、紙面の都合で折り返していることを表します。

第1章

1.1 （1）パッケージを使用するときには`import`文を使います。先頭に`import java.util.*;`と記述します。

（2）`package`宣言は、プログラムコードの先頭で行う必要があります。クラスの宣言より前であったとしても、ほかの記述（たとえば`import`文）より下にあってはいけません。

（3）`package`宣言を記述しなかった場合は、デフォルト・パッケージ（無名パッケージ）に属することになります。

（4）クラス名は重複してもかまいませんが、パッケージ名はほかの人が作ったものと同じにならないように、十分気をつける必要があります。

1.2 （2）、（3）

» 解説

（1）`javax.swing`パッケージと`javax.swing.event`パッケージは別物です。
（3）`java.lang`パッケージに含まれるクラスは、いつでもクラス名だけで使用できます。
（4）`java.lang`パッケージと`java.lang.reflect`パッケージは別物です。

1.3 （1）× …… クラスの宣言で使用できるアクセス修飾子は`public`だけです。`private`をつけることはできません。

（2）○

（3）× …… メソッドが`public`でも、クラスが`public`でなければ、パッケージの外から使用することはできません。

（4）× …… 1つのプログラムコードの中に複数のクラスの宣言を記述できます。`public`なクラスが含まれなくてもかまいません。ただし、`public`なクラスが複数あってはいけません。

第2章

2.1 (1) ○

(2) × …… catchブロックの引数で指定されている型の例外オブジェクトだけがキャッチされます。

(3) ○

(4) × …… RuntimeExceptionクラスのサブクラスとして宣言された例外については、try～catch文がなくてもコンパイルエラーにはなりません。

(5) × …… finallyブロックはなくてもかまいません。

2.2

```
void methodA() throws FileNotFoundException {
  FileReader fr = new FileReader("test.txt");
}
```

2.3 7～9行目のcatchブロックと10～12行目のcatchブロックを入れ替える。

サンプルプログラム： 02-P03/Practice2_3.java

» 解説

例外が発生したときには、その例外オブジェクトの型が最初に一致したcatchブロックの処理が実行されます。ArrayIndexOutOfBoundsExceptionオブジェクトはExceptionクラスのサブクラスのインスタンスなので、Exception型の例外オブジェクトとしてもキャッチされてしまいます。最初にArrayIndexOutOfBoundsException型の例外オブジェクトをキャッチするcatchブロックがくるべきです。

第3章

3.1 (1) × …… 処理は順番に1つずつ実行されるとは限りません。

(2) × …… スレッドが実行する処理はrunメソッドの中に記述します。

(3) × …… runメソッドも通常のメソッドと同じように呼び出すことができます。しかし、新しいスレッドで実行するにはstartメソッドを呼び出して、runメソッドは間接的に呼び出す必要があります。

(4) ○

(5) ○

(6) × …… 同時に変数の値を変更する可能性がなく、問題が発生するおそれがないのであれば、synchronized修飾子はなくてもかまいません。

3.2

```
 1: class SimpleThread implements Runnable {
 2:   public void run() {
 3:     for (int i = 0; i < 100; i++) {
 4:       System.out.println(i);
 5:     }
 6:   }
 7: }
 8:
 9: public class ThreadTest {
10:   public static void main(String[] args) {
11:     Thread t = new Thread(new SimpleThread());
12:     t.start();
13:   }
14: }
```

11～12行目は次のように3行で記述してもかまいません。

```
SimpleThread st = new SimpleThread();
Thread t = new Thread(st);
t.start();
```

第4章

4.1 空欄（1）（g）、空欄（2）（f）、空欄（3）（b）、空欄（4）（e）、空欄（5）（c）

4.2

（1）×……ガーベッジコレクションが行われるタイミングはJava仮想マシンが決めます。直ちに再利用されるとは限りません。

（2）×……ガーベッジコレクションの対象となる不要なインスタンスがないと、空きメモリがゼロになることがあります。

（3）○

（4）×……メソッドの呼び出しの階層が深くなりすぎると、スタック領域の空きが不足することがあります。

（5）×……ほかの変数からも参照されている可能性があります。

第5章

5.1　(1) マップ

(2) リスト

(3) セット

5.2　(1) `LinkedList`

(2) `LinkedList`

(3) `ArrayList`

5.3　(1)

```
for (String str : list) {
  System.out.println(str);
}
```

(2)

```
Iterator<String> it;
while(it.hasNext()) {
  System.out.println(it.next());
}
```

5.4

```
class Book implements Comparable<Book> {
  String title; // タイトル
  String author; // 著者名
  int price; // 価格

  public int compareTo(Book b) {
    return this.price - b.price; // 価格差を戻り値にする
  }
}
```

第6章

6.1　空欄(1)(e)、空欄(2)(h)、空欄(3)(b)、空欄(4)(i)、空欄(5)(c)、空欄(6)(f)

6.2
（1）`() -> doSomething()`
（2）`(a, b) -> a * b`
（3）`n -> n * 2`
（4）`n -> n > 0`

6.3
（1）`(int n) -> { return n * n; }`
（2）`(int n) -> { return n++; }`
（3）`(int i, int j) -> { return i - j; }`
（4）`() -> { printInfo(); }`

6.4
（1）

ラムダ式を使う場合

```
pointList.forEach(p -> {int tmp = p.y; p.y = p.x; p.x = tmp;});
```

ラムダ式を使わない場合

```
pointList.forEach(new Consumer<Point>() {
  public void accept(Point p) {
    int tmp = p.y;
    p.y = p.x;
    p.x = tmp;
  }
});
```

（2）

ラムダ式を使う場合

```
pointList.sort((p0, p1) -> p1.y - p0.y);
```

ラムダ式を使わない場合

```
pointList.sort(new java.util.Comparator<Point>() {
  public int compare(Point p0, Point p1) {
    return p1.y - p0.y;
  }
});
```

第7章

7.1 （1）× …… 最低限1つのストリームオブジェクトを介してファイル内のデータにアクセスすることになります。

（2）○

（3）× …… シリアライズできるのは、`Serializable`インタフェースを実装したオブジェクトだけです。

7.2 `Double.parseDouble(str)`

7.3 （1）`(s = br.readLine()) != null`

（2）`lineNumber + ":" + s + "¥r¥n"`

（3）`lineNumber++;`

第8章

8.1 空欄（1）(f)、空欄（2）(d)、空欄（3）(c)、空欄（4）(g)、空欄（5）(h)、空欄（6）(j)、空欄（7）(a)、空欄（8）(e)

8.2 List❽-10の17行目の後に次の1行を追加する。

```
checkBox.addActionListener(this);
```

第9章

9.1 空欄（1）(f)、空欄（2）(e)、空欄（3）(a)、空欄（4）(j)、空欄（5）(g)

9.2 （1）`getSize()`

（2）`setColor(Color.BLACK)`

（3）`fillRect(d.width / 2, d.height / 2, d.width /2, d.height / 2)`

第10章

10.1 空欄（1）(d)、空欄（2）(f)、空欄（3）(g)、空欄（4）(c)、空欄（5）(a)、空欄（6）(b)

10.2 （1）× …… ポート番号が異なれば複数のクライアントがサーバーと同時に通信できます。1つのサーバープログラムが、複数のポートを使用することもできます。

（2）× …… クライアントからサーバーにデータを送ることができます。

（3）○

第11章

11.1

```
list.stream().filter(p -> p.x > 3).sorted((p0, p1)-> p0.y - p1.y).➡
forEach(p -> p.printInfo());
```

11.2 （1）× …… 使用できるのは、クラス変数とクラスメソッドだけです。また、private修飾子がついているものにはアクセスできません。

（2）○

（3）○ …… ObjectクラスにequalsメソッドがあるTり、すべてのクラスがObjectクラスを継承しているので、どのクラスでもequalsメソッドを呼び出せます。

（4）× …… equalsメソッドをオーバーライドすることで「等しい」ことの定義を自分で定められます。

11.3 （1）

```
class Student {
  enum Gender { MALE, FEMALE, UNKNOWN };
  String name = "匿名"; // 名前
  Gender gender = Gender.UNKNOWN; // 性別
}
```

（2）

```
class Student {
  enum Gender { MALE, FEMALE, UNKNOWN };
  String name = "匿名"; // 名前
  Gender gender = Gender.UNKNOWN; // 性別
```

```
  public boolean equals(Object obj) {
    Student s = (Student)obj;
    return (this.name == s.name && this.gender == s.gender);
  }
}
```

索 引

記号

A

B

C

D

E

F

G

H

I

J

K

L

M

N

O

P

Q

R

S

T

レ

著者紹介

三谷 純（みたに じゅん）

筑波大学システム情報系教授。コンピュータ・グラフィックスに関する研究に従事。
1975年静岡県生まれ。2004年東京大学大学院博士課程修了、博士（工学）。
Java言語とは1996年ごろからの長い付き合いで、現在も研究開発においてJava言語をメインに使っている。大学内ではJava言語の授業を担当。最近は曲面を持つ立体折り紙の設計の研究に取り組んでおり、そのためのシステムもJava言語で開発した。
主な著書に『Java① はじめてみようプログラミング』『Java② アプリケーションづくりの初歩』（2010年・翔泳社）、『Java 第2版 入門編 ゼロからはじめるプログラミング』『Java 第2版 実践編 アプリケーション作りの基本』（2017年・翔泳社）、『立体折り紙アート』（2015年・日本評論社）がある。

装丁：イイタカデザイン 飯高 勉
組版：有限会社 風工舎 川月 現大

学習用教材のダウンロードについて
下記URLのページより、本書を授業などで教科書として活用していただくことを前提に作成した学習教材（スライド等）をダウンロードできます。大学や専門学校、または企業などで本書を教科書として採用された教員・指導員の方をはじめ、どなたでも自由にご使用いただけます。
https://mitani.cs.tsukuba.ac.jp/book_support/java/

プログラミング学習シリーズ
Java（ジャバ） 第3版 実践編
アプリケーション作りの基本

2010年 1月28日 初版第1刷発行
2017年 3月27日 第2版第1刷発行
2021年 1月28日 第3版第1刷発行
2023年 4月20日 第3版第4刷発行

著　者　三谷 純（みたに じゅん）
発行人　佐々木 幹夫
発行所　株式会社 翔泳社（https://www.shoeisha.co.jp）
印刷・製本　大日本印刷株式会社

ISBN978-4-7981-6707-7 Printed in Japan